深宇宙ニュートリノの発見

宇宙の巨大なエンジンからの使者

吉田滋

光文社新書

まえがき

この本は、宇宙からの貴重な信号を追い求める熱に浮かされた、ヘッポコな物理学者の失敗の物語でもあります。想像すら困難な、巨大な宇宙のエネルギー源を探り当てたいという難問に答えを出そうともがき続けた、さして才能に恵まれない科学者の苦闘の記録でもあります。

宇宙の様々な謎については、多くの解説本が世の中にあります。人類の歴史の中で、長い間、神話の舞台や信仰の対象でしかなかった宇宙を科学が解き明かし、その知見を目の当たりにすることは確かに心躍ることです。けれども、そうした知識は宇宙についてごくわずかな部分を語ったに過ぎず、宇宙は未だに我々を寄せ付けない未踏の時空間です。

広大な未踏の世界を踏破しようとするその試行錯誤の連続は、まさに科学研究の営みそのものであり、教科書には決して書かれることのない蓄積です。教科書や解説本や新聞記事に記述された、わずか数行の知見を得るためにどれほどの努力や時間が費やされてきたのか、その一部でもいいから皆さんに知ってほしい。それが、高エネルギーニュートリノ天文学という新興の、しかしエキサイティングこの上ないサイエンスを語ることと同じくらい、この本を書いた僕の大きな動機でした。分かっていることを勉強するよりも、分かっていないことは何かを知るほうが楽しいということも。

もう一つ分かっていただきたいのが、「科学者」とひと括りにされる職業についている人たちは、少数の例外を除いて天才でもなんでもない、普通の人々なんだということです。僕らは、欲もあれば、自信を失うこともある。打ちのめされることだってある。別世界の人間じゃない。皆さんと同じなんです。ただ、ちょっとばかり好奇心が強く、自己に対して楽観的で、諦めが悪い。ただ、それだけの「資質」とすら言えない単なる「性格」で科学者としてなんとかやってこれた——。それが僕です。

この本を読んで、科学者を、科学研究の現場を、そしてもちろん未知の信号ニュートリノを放つ宇宙の深淵を、どこか遠い世界のことではなく、お茶を飲みながらとりとめもなく話す世間話の一つのように受け取ってもらえれば、もう、この本の目的は達成されています。「お、科学者や物理学者っていうのも悪くない仕事だな〜。少なくとも退屈ではなさそうだ」と思ってくれたら、筆者としては言うことなしです。この本に書かれたエピソードの数々が、皆さんにそうした心持ちを運んでくれたらよいのですが。

深宇宙ニュートリノの発見　目次

第5章　超高エネルギー宇宙ニュートリノを捕まえろ……143

第8章　未来の展望

第1章

ニュートリノ40億光年の旅

南極からのメッセージ

それはいつもの土曜日の朝だった。仕事がたまっているとき、あるいは集中力が要る仕事を抱えているとき、5時過ぎには起き出して朝食までに一仕事終えるのが最近の僕の流儀だ。湯を沸かし、コーヒーをいれながら朝食の時間までに片付けるべき仕事の手順を反芻していた。そのときだった。僕の冴えない古めかしい携帯電話が震え出したのは。

それは南極に苦労の末に建設した観測装置アイスキューブ（IceCube）がニュートリノを捉えたという知らせだった。40億光年彼方から、40億年の歳月をかけて、南極点の氷河に突き刺さった宇宙からの使者だと判明するのはまだ先の話だ。四半世紀に及ぶ僕の物理学者生活の一つのメルクマールとなる達成であったが、そのときは、そんなことは考えもしていない。だが、携帯電話のメッセージを見た瞬間にそれまでの眠気は吹き飛ぶくらいのインパクトはあった。

なぜか――。この信号は、僕らが探し求めていたものに近いからだった。少なくとも、南極からの検出情報を衛星回線を通して即時にアラートとして送るシステムの運用を始めて以来、最も良いと思える信号だった。IceCube（アイスキューブ）と呼ばれる巨大国際共同観測装置で、僕ら日本グループがイチ押しして開発してきた宇宙ニュートリノ探索プログラムによって同定された信号でもある。こんな信号が検出されればいいなあと念頭にあったそのものが、今、古びた携帯電話の液晶画面に表示されているのであった。

しかし、喜ぶのはまだ早い。ニュートリノという不可思議な素粒子を検出するのは恐ろしく困難である。しかも、検出される信号の大半は地球大気で生成されるニュートリノか、あるいはニュートリノ信号に極めて似ている別物であるかのどちらかだ。宇宙からやってきたニュートリノを検出するのは難易度がさらに上がる。量が桁違いに少ないからだ。

僕ら日本グループは、この中でも飛び抜けてエネルギーの高いニュートリノを捕まえようとしていた。そして、そのようなエネルギーを生み出す宇宙の偉大さを理解したいのだ。土曜日の朝５時55分に僕の携帯電話に登場した信号は、この目的のために僕らが開発した信号同定アルゴリズムの網にかかっていた。だが、偽物である可能性も十分あった。アルゴリズムが不完全で偽物を誤認定した可能性も捨てきれないし、そうでなくても地球大気で作られたニュートリノである可能性はもっとある。信号をもう少し調べなくてはならない。

僕はいそいそとパソコンに向かい、信号情報の詳細を調べ始めた。悪くない。すべての数値は、これは偽物なんかではなく、ニュートリノであると考えてよいことを物語っていた。

南極氷河に突き刺さったこの信号の形状をビジュアル化してみると、それは見事な、例えて言うなら料理番組の最後を飾る華やかな出来栄えの料理のような、見栄えのよいものだった。ここまで立派なものなら解析された数値の精度も高い。到来方向もよく決まる。宇宙ニュートリノである確率は54パーセントと出ていた。この信号はIceCube-170922A（世界時で2017年9月22日に検出された最初の信号という意味）と名付けられた。

ここからが勝負である。これだけなら別にどうということはない。僕らはすでに高いエネルギーの宇宙ニュートリノを発見しており、それはこの本の前半の山場になるのだが、ここで終わればこれまでの宇宙ニュートリノコレクションの中にIceCube-170922Aが加わるだけである。

違いは、この信号は検出ホヤホヤであるという点だ。これまでは何年もかけて観測データをため、そして宇宙ニュートリノを探してきた。観測データの中に潜む宇宙ニュートリノ信号を発見したのは、その信号が南極にやってきた1年半後でした、という状況だった。今さら、そちらに望遠鏡を向けてもすでに手遅れである。

だが、こいつは違う。たった1時間前だ。推定されたこの信号の方角にありとあらゆる観測装置を向ければ、何か稀な現象が見つかるかもしれない。その稀な現象を起こしている天体が、宇宙ニュートリノを放射した天体であると考えることは自然である。IceCube-170922Aのような高いエネルギーを持つニュートリノを放射するくらいのパワーを持つ天体ならば、ニュートリノの他にも多くの放射、例えば可視光やX線で爆発的に輝く、といった現象を伴うと予想されている。滅多にないようなこうした爆発を起こしている天体がニュートリノの方角にあれば、そこがニュートリノの故郷である可能性は高い。

そう、まさにニュートリノ天体を発見することになる。そのために検出情報を即時にアラートとして配信するシステムを立ち上げたのだ。ニュートリノ放射に付随しているなにかスペシャルな現象が終わらないうちに、観測を開始すべきだ。早ければ早いほどよい。

ニュートリノをデビューさせるには

宇宙を研究対象にしている物理学者なのだから、望遠鏡を使った天文観測などお手のものと思われるかもしれない。ところがそうではないのだ。例えば僕は星座のことなど何も知らない。IceCube-170922Aはオリオン座の方向から来たのだが、それを知ったのは、１週間も経ってからだった。

ニュートリノ観測と可視光観測では、観測手法も、研究対象となるサイエンスも違う。物理学者だから、星がどうやって光っているとか、望遠鏡はどうして「望遠」できるのかという原理は理解できる。しかし、光学観測に立脚した専門的なことは分からない。使う用語ですら異なる。天文学者は「ああ、あれは10等級だから明るいよね」という。でも、僕は10等級というのが、実際にどのくらいの明るさに相当するのか知らない。一等星は肉眼でも見えるよね、くらいのことしか分からないのだ。ましてや、望遠鏡の観測データの解析などお手上げだ。

そんなとき、人はどうするか。そう、専門家に任せる。餅は餅屋だ。ニュートリノ検出のアラートは天文観測の専門家が常時眺めているネットワークに流れている。情報は公開されているのだ。アラートを見た天文学者が、自分たちの観測所にある望遠鏡なり、あるいは天文衛星なりを、IceCube-170922A の方角に向けてくれればいい。

だが、実際にはそれだけでは不十分なのだ。学者世界に限らず、およそあらゆる人間社会に共通するもの、それは仲間内とそれ以外という概念である。普段望遠鏡を使って夜空を眺めている天文研究者は彼ら自身の研究テーマを持って観測を行っている。彼らの大半にとって、ニュートリノなぞ考えたこともなかったはずだ。

そんなところに自分たちと普段つきあいのない研究グループから、宇宙ニュートリノ信号を検出したというアラートを受け取って、彼らの貴重な観測時間を割いてまで追尾観測をしてくれるはずもない。僕らは「どこの馬の骨とも分からない」外部からの闖入者なのだ。少なくとも「一応、それなりの馬なんだ」くらいは認識してもらえなくては、到底観測など行われないだろう。

そうした天文研究者の名誉のためにも補足しておくと、普段自分たちが慣れ親しんでいる可視光なり電波なり、すなわち電磁波を手段に行う観測だけなく、ニュートリノという素粒子を使う観測の意義を理解している開明的な研究者はいる。南極にあるIceCube観測装置はそれなりに有名であるし、第5章で述べる、高エネルギー宇宙ニュートリノの発見は大きなニュースでもあった。ニュートリノ天文学の持つ新しい可能性を理解している研究者は一定数存在していた。

僕らがすべきことは、そうした理解を多くの天文コミュニティーに広げることである。そうすれば、世界中の、より多くの観測施設が、（自分たちの本来予定していた観測時間を削ってでも）ニュートリノ信号の方角を観測してみようとしてくれるはずだ。

これは重要なことである。例えば、可視光観測は夜間でしかも天気が良くないと観測できない。異なる場所にある望遠鏡が追尾観測に参加してくれれば、この限界を多少なりとも緩和してくれる。また大型の望遠鏡や、X線で宇宙を探査している観測衛星などは、これこれこういうニュートリノ検出アラートが来たら、すぐさま観測します、という観測提案を事前に書き、審査に通す必要があるのだ。競争率は高く、観測提案が承認されるためには多くの関連研究者の支持が要るのだ。

巨大な一歩

というわけで、僕らは宇宙ニュートリノが発見されて以降、望遠鏡や衛星を使った天文研究者の会合に顔を出し、高エネルギーニュートリノ天文学という新興の研究分野の意義を話し、協力を訴えていった。IceCubeのアメリカのメンバーはアメリカの天文学者に、ヨーロッパのメンバーはヨーロッパの天文学者に、そして日本のメンバーは日本の天文研究者に。ときには自分たちでも研究会を主催し、興味を持ってくれた天文学者を招待してお互いの観測について勉強を重ねた。僕にも「まあ、ちゃんとした馬ではあるよね」くらいには思ってくれた天文研究者たちとのネットワークができていた。そうして築いた人脈がものをいうときが、ついに来たのだった。

IceCube-170922Aが信頼のおける宇宙ニュートリノ信号候補であることを確認した僕は、

すぐさま知り合いの天文学者たちに連絡をとった。この信号の「筋の良さ」を説明し、あなたがたの望遠鏡で追観測をする価値はあることを力説した。広島大学が運営する「かなた望遠鏡」と東京大学が持つ木曽観測所の望遠鏡が、夜になるのを待ってその日のうちに観測すると言ってくれた。またすぐにではないが、日本の誇る8メートル級望遠鏡すばるもハワイから観測することになった。IceCube-170922A の放射源を特定する最初のとっかかりは、実はこれら日本の天文学者たちの観測によるのだ。

詳細は第7章に譲るとして、これらの追観測から、IceCube-170922A はブレーザー銀河と呼ばれる特殊な、しかも高いエネルギーの γ 線を放射する銀河から飛来したことが突き止められた。ついに、高エネルギーニュートリノを生み出す天体の一つが同定されたのだ。宇宙線と呼ばれる宇宙からの最もエネルギーの高い放射の起源天体候補を突き止めた、巨大な一歩である。

またこの成果は、ニュートリノ観測を発端として、電波、可視光、X線、そして γ 線観測といった様々な手段を組み合わせて達成されたものだ。これをマルチメッセンジャー観測(天文学)と呼ぶ。宇宙からの使者(メッセンジャー)として、ニュートリノから光まで(電波、可視光、X線、γ 線は、波長の異なる「光」である)複数のものを用いて宇宙を探る天文研究であるからだ。観測手段だけではなく、異なる研究者コミュニティーを横断して実現した成果であるとも言える。

宇宙は巨大でエネルギッシュな存在

高エネルギーニュートリノを使って僕らは宇宙の何を理解しようとしているのかが次章のテーマである。ここでは、この発見のインパクトを簡単に述べるにとどめたい。IceCube-170922Aは、40億光年彼方の宇宙で起きているとんでもなく破壊的な現象を初めて捉えたと言ってよいだろう。これを実感してもらうために、ちょっとした比較をしてみよう。

これまでニュートリノを放射する天体として観測されたのは、太陽、そして超新星１９８７Ａ（この業績により小柴昌俊先生はノーベル賞の栄誉に輝いた）の２例のみである。ニュートリノは光の速さで飛行する。太陽は地球からニュートリノで約8分かかる距離にあり、超新星１９８７Ａは約17万年かかる距離にあった。一方でIceCube-170922Aの故郷であるブレーザー銀河は、40億年もかかる距離にあった。

ニュートリノのエネルギーはどうか。太陽で作られているニュートリノのエネルギーは可視光の約１００万倍である。超新星からのニュートリノのエネルギーもほぼ同程度だ。それに対しIceCube-170922Aのエネルギーは、可視光の１００兆倍にも達する。

天体自体のパワーはどうだろう。太陽は1平方メートルあたり１０００ワットのエネルギーを放出している。パネルヒーター程度だ。超新星１９８７Aが、もし太陽の距離にあったなら、可視光での放出エネルギー流量は10兆ワットである。巨大なエネルギーだ。しかしIceCube-170922Aを放射したブレーザー銀河は、なんと10京ワット、太陽の１００兆倍、超新星と比べても1万倍も多いのだ。想像すら困難なパワーである。

すなわち、40億年前に太陽の１００兆倍のパワーを放出した銀河から生まれた、可視光の１００兆倍のエネルギーを持つニュートリノ信号が、40億年の歳月をかけて宇宙を飛行し、日本時間２０１７年９月23日朝に南極点直下の氷河に突き刺さったわけだ。ニュートリノを生成する機構（第2章で述べる）を理解したうえで、この事実に思いをはせると、宇宙とはなんと巨大でエネルギッシュな存在なのかという感慨に打たれるのである。そして、このとてつもないパワーを生み出した宇宙「エンジン」の現場を見たのかもしれないという興奮が今も余韻として残っている。

第2章

宇宙はとてつもないエンジンを持っている

2・1　宇宙は静かではない

本物の宇宙で起きていること

血湧き肉躍る宇宙の舞台というと、多くの人はスター・ウォーズに代表されるSFの物語を思い浮かべるだろう。そこで騒乱を引き起こすのは、例えば、帝国軍と反乱軍との戦いであり、あるいは人工星デス・スターであったりする。宇宙そのものは広大で数多くの銀河を含有する空間であり、静かに戦いを見守っている。爆発が起こるのは、戦闘機や空母やデス・スターであって、銀河でも天体でもない。

しかし本物の宇宙では、帝国軍と反乱軍との死闘がなくても、爆発的な現象は日常的に起きている。太陽の数倍重い星は、自らの核燃料が尽きると自分の重力を支えきれなくなり、急速に縮み始める。大きかった星が小さく縮むと、中の物質密度は異常に高くなり、極限の高密度状態になったときに初めて起きる核融合反応が始まる。

核融合反応は膨大なエネルギーを放射する。急速に縮んでいた星がこれ以上縮むことができない臨界密度に達し、収縮がいきなり止まるために衝撃波が起こり、星全体が吹き飛ばされる。これが超新星爆発である。

こうした爆発は、一つの銀河内でざっと30年から100年に一回程度起こっている。100年に一度なら稀な現象のように思えるかもしれない。しかし宇宙は広大であり、その中には無数の銀河がある。ちょっとした望遠鏡ならば、光のスピードで30億年かかる距離、すなわち30億光年くらいは見通すことができる。30億光年×30億光年×30億光年の空間の中に含まれる銀河は、なんと1億個もあるのだ。

ということは、超新星爆発はこの空間内に毎年100万回も起きていることになる。一回の爆発で生じたエネルギーは、太陽が45億年の年月で放つエネルギーの1000倍に匹敵する。こうして考えると、宇宙は決して静かな環境とは言えないだろう。

銀河の中には、それ自体騒乱を引き起こしている銀河もある。そうした銀河は中心に巨大なブラックホールが鎮座しており、その巨大な重力をエネルギー源として、プラズマ（主として電子と陽電子、および電離した水素、すなわち陽子）をジェット状に噴き上げていることが観測から分かっている（図2・1、34ページ）。

そうした「ジェット」の長さは、何千光年から、ものによっては100万光年以上の長さ

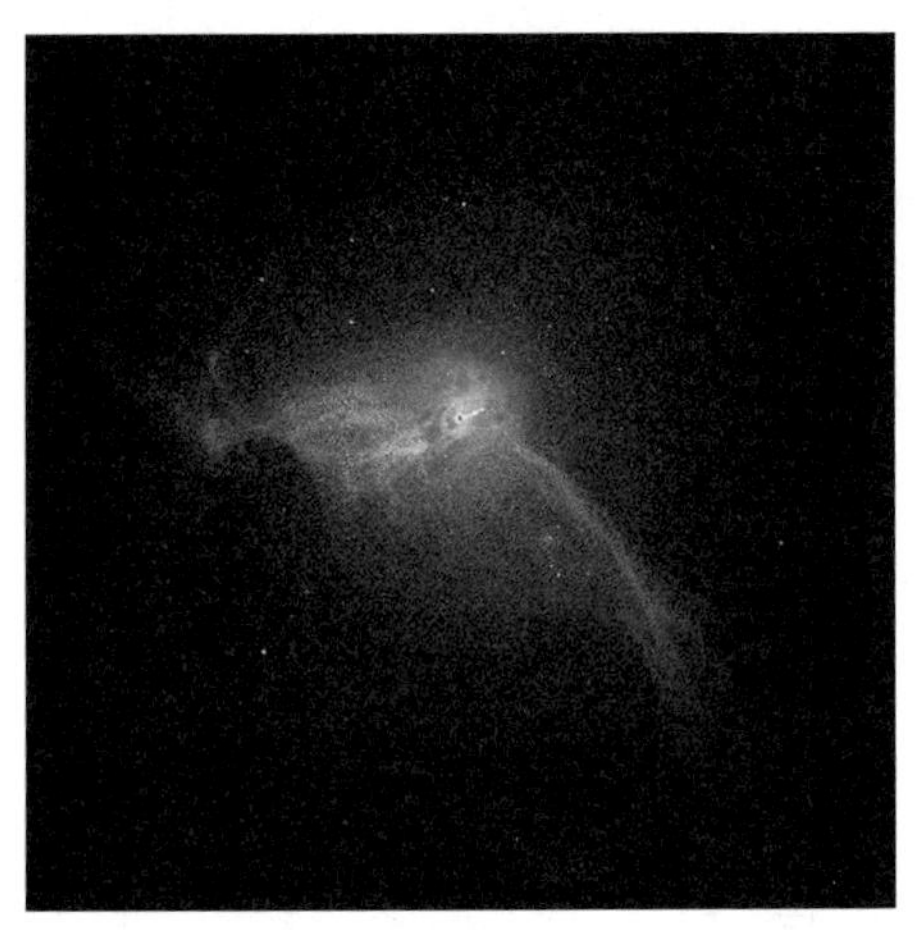

図2・1　活動銀河核M87。X線衛星チャンドラで撮像された。明るく光る中心部からなにかが右下に向かって吹き出しているのが分かる。これがジェットである。https://chandra.harvard.edu/photo/2008/m87/more.html より転載。

を持っている。我々がいる銀河系の大きさが10万光年程度であるから、このジェットは我々の銀河系をも遥かに凌ぐ規模である。

こうした特殊なタイプの銀河は活動銀河核（ＡＧＮ）と呼ばれている。「核」と呼ぶのは、中心にあるブラックホールの周囲からの放射が極めて明るく、中心部が明るい核のように観測されるからである。

こうした活動銀河核からの放射は、太陽の10億倍から10兆倍にも達する。前章で触れたように、太陽から我々は1平方メートルあたり１０００ワット、つまりは室内用暖房器具程度のエネルギーを受け取っている。寒い日の日溜りが心地よいのも当然だ。

一方でもし、この人騒がせな活動銀河核が太陽の距離にあれば、１０００億キロワット以上の熱を受け取る計算になる。典型的な発電所は１基あたり１００万キロワットくらいの出力であるから、これは発電所10万基分に相当するのだ。

では、太陽などと言わず、我々の銀河のお隣にあったらどうだろう。例えば、お隣にある銀河の一つとして知られる大マゼラン雲は我々から16万光年の距離にある。これがもし、巨大な活動銀河核だったなら1平米あたり０・１ミリワットの放射となる。これは熱としてなら大したことはない。

しかし、後述するように活動銀河核の放射の多くは電波領域で観測される。今や日常に欠かせなくなったＷｉ‐Ｆｉ通信の電波強度は、０・２ナノワットである。活動銀河核からの電波はその１００万倍の強度となってしまい、もはやまともな通信などできなくなってしまうだろう。活動銀河核がお隣などでなく、遥か彼方（最も近いもので１３００万光年）にあることの幸運を祝うべきである。

もっとも、このような特殊な銀河は数はそう多くなく、先ほどの30億光年立方の空間内には１００万個ほど、太陽の放射の10兆倍にも達する極端なものは、30個ほどしかない。「普通の」銀河が1億個もあるのに比べれば微々たるものではある。

眼で見える宇宙の姿はごく一部

活動銀河核の放射の多くは電波領域にあると言ったが、それは何を意味しているのだろうか。実は、天体の中には、眼で見える光、すなわち可視光を放っているものばかりではない。電波を放射しているもの、X線を放射しているもの、γ線を放射しているものなどが存在する。

例えば活動銀河核は、電波でも、可視光でも、X線でも、またものによっては、γ線でも輝いている。眼で見える宇宙の姿はごく一部に過ぎないのだ。

光は電磁波であり、波長の違いによって長いものから、電波（波長1キロメートルの長波から、100メートルの短波、レーダー通信に使われる波長1センチメートル程度のミリ波など呼び名は様々あるが、おおむね波長1キロメートルから1ミリメートル程度までを指す）、赤外線（10マイクロメートルから1マイクロメートル）、可視光（1マイクロメートルから300ナノメートル）、紫外線（おおむね100ナノメートル）、X線（10ナノメートル以下）、γ線（10ピコメートル以下）まで14桁以上にもわたって広がっている。可視光はごくわずかな帯域でしかないのだ。眼で見えない宇宙が実は大きく広がっているのである。では、なぜ、このような幅広い波長域で天体は輝いているのだろうか。

天体から放たれるパワー、例えば超新星爆発や活動銀河核のジェットの持つエネルギーが、どのような形で放射されるかが問題の核心にある。光は波でもあるが、同時に粒子としての性質も持っていることが量子力学と呼ばれる微視的スケールの世界（典型的には10億分の１センチメートル以下）を支配する法則を記述する物理学によって、理論的にも実験的にも理解されている。

この描像では、対応する粒子のエネルギーの低い順に、電波、赤外線、可視光、紫外線、X線、γ線と並ぶ。光の粒子（光子と呼ぶ）のエネルギーが極めて低いものが電波であり、極めて高いものはγ線であると言い換えることができる。天体から１ミリワットのエネルギーを取り出せるときに、一つ一つの光子のエネルギーが高いγ線の形にして、毎秒１００万個のγ線「光子」として放射するか、もっとずっとエネルギーの低い可視光の形にして、毎秒１０００兆個の光子（この場合、一つ一つの光子のエネルギーは小さいが数が多い）として放射するか、どちらのケースもあり得るのだ。どちらの場合が起こるのかは、10億分の１センチメートル以下という微視的世界でどのようなメカニズムで光を作っているのかによって決まる。

光、あるいは光の粒子である光子は無から生まれるわけではなく、その光子の持つエネルギーに相当するものを受け取らなければ作られない。そのエネルギーを運ぶ役割を果たすのは、例えば電子だ。電子と電磁波は両方とも電磁力あるいは電磁場と呼ばれる力と密接に関わっており、大雑把に言えば仲間と言ってもいい関係だ。電子が運動すれば、光が生まれると言ってもよい。その電子から何らかのエネルギーを受け取れば、その受け取ったエネルギーに等しいエネルギーの光子が生まれる。

例えば、原子の周りを回る電子から受け渡しされるエネルギーの大きさはざっと1電子ボルト程度だ。1電子ボルトとは電圧1ボルトで電子を加速したときに得る運動エネルギーだ。電圧1ボルトなのだから、ありふれた大きさのエネルギーだとも言える。そして、可視光の光子のエネルギーはまさに1電子ボルト程度なのだ。すなわち、少なくとも1電子ボルトの運動エネルギーを持つ電子があれば可視光光子は作られる。逆に言えば、数電子ボルト程度の運動エネルギーしか持たない電子からは、1000電子ボルトのエネルギーの光子、すなわちX線を作ることはできない。X線を作ろうと思えば、電子は少なくとも1000電子ボルトのエネルギーを持っていなくてはならないのだ。

「宇宙エンジン」

お分かりだろうか。可視光より紫外線、紫外線よりX線、X線よりγ線放射のほうが微視的なスケールの世界で繰り広げられる現象のエネルギーが高いのだ。もちろん、微視的なスケールでのエネルギーが高ければ、それ以下のエネルギーの光子は幅広く生成することが可能だ。

例えば、もし１兆電子ボルトの電子が天体で作られたとしよう。この電子は、そこら辺にウヨウヨしている１ミリ電子ボルトの光子（これがなぜウヨウヨしているかは宇宙のビッグバンと関連している）を「蹴り出して」10億電子ボルトのエネルギーを持つ光子を作ることができる。これはγ線放射に相当する。天体はたいてい磁場に包まれている。この磁場の中に１兆電子ボルトの電子が飛び込むと、磁場で軌道が曲げられることによって、数〜数十電子ボルトの光子を大量に放射する。これは可視光から紫外光に相当する。すなわち１兆電子ボルトの電子から、γ線と紫外光、可視光の放射が起こり得るのである。

何気に「１兆電子ボルト」の電子が、と言っているが、これはよく考えるととんでもない値だ。電子の大きさは、ざっと10兆分の１センチメートルくらいだ。このミクロなスケールに1兆ボルトもの電圧に相当するエネルギーを「注入」することを意味する。これは別の言葉で言えば、何らかの「エンジン」があり、その出力を電子の加速に変換してやる必要があるということだ。

技術的に電子の加速は、電子の運動に合わせた電磁場を動的にかけることで行われている。もっとも巨大な人工加速器はスイスとフランスの国境にある巨大研究所CERN（欧州原子核研究機構）にある。ここにはかつてLEPと呼ばれる電子加速器が稼働していた。

直径10キロメートル弱のリング状のトンネル内に設置され、この中を電子が磁場に乗せられながら、グルグルと周回し加速される。山手線の直径がざっと10キロメートルだから、これは東京都心部とほぼ同規模の周回トンネルである。この規模をもってしても、加速できた電子のエネルギーは最大で2000億電子ボルトだった。1兆電子ボルトには程遠い。

ところが宇宙では、電子を1兆電子ボルトに加速する天体はたくさん存在している。先に述べた超新星は、そのよい例だ。例えば、かに星雲（図2・2）。星雲と呼ばれているが、その正体は、西暦1054年に爆発した超新星爆発の跡だ（「超新星残骸」というあまり心弾まない名前で呼ばれている）。残骸のくせに、こいつはパワフルで、電波から、γ線にわたる幅広い帯域で輝いている。検出されているγ線の最高エネルギーは100兆電子ボルトに

図2・2　超新星残骸として知られるかに星雲。電波、赤外、可視光、紫外、X線による撮像を重ね合わせている。NASAのフォトライブラリーより転載。

も達し、これは電子が100兆電子ボルト程度まで加速されていることを示唆している。

γ線に代表される、高エネルギー光子の観測によって、超新星残骸や、前述した活動銀河核の多くは、電子を1兆電子ボルト以上に加速したエンジンを持っていることが明らかになっている。つまり、宇宙に騒乱を引き起こしているパワフルな天体たちが、微視的なスケールにおいても、そのパワーを電子に注入し、桁違いのエネルギーにまで加速させているようなのだ。

かたや、何十万光年という大きさのスケールを持つ巨大な騒乱天体と、かたや10億分の1センチメートル以下のミクロなスケールでの高エネルギー現象が、宇宙エンジンという共通項で結ばれているということを、これらの観測は示唆している。

2・2　背景放射は情報の宝庫

宝の山

前節で述べた騒乱的な天体は広大な宇宙に「星の数ほど」存在し、様々な波長の光を（別の言い方をすれば様々なエネルギーを持つ光子を）放射している。これらの多くは我らが地球から遠く離れており、たったひと粒の光子しか地球まで届かないものもあれば、あまりに遠く、あるいは暗すぎて、地球まで光は届かないものもある。

こうした地球にギリギリ届くかどうかという莫大な数の放射源からの光の粒一つ一つを集めれば、全体として、宇宙空間全域から天空をほぼ一様に満たす放射として観測される。宇宙全体のスケールで考えれば、こうした放射天体はどの天空部分でも同じように分布しているからだ。

これを「背景放射」と呼んでいる。天体として我々が認識できるのはこれら無数の天体の

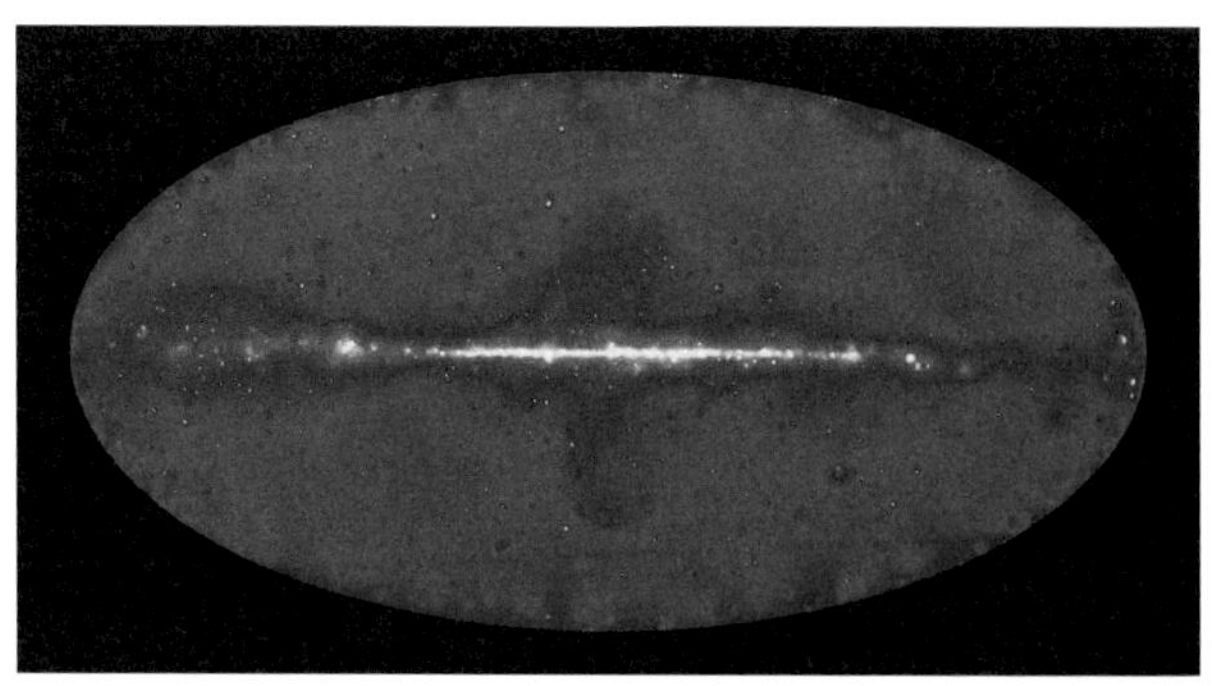

図２・３　γ線で見る宇宙。NASAが運営するFermi γ線宇宙望遠鏡によって観測されている。https://svs.gsfc.nasa.gov/12019 より転載。

うち、非常に明るいか、近くにある天体で、その方角からたくさんの光子がやってくる場合に限られる。同じ方角から来る膨大な数の光子があれば、その光子が集められることで天体の「像」が作られる。つまり背景放射の海の中に、天体として分解できた像がいくつか浮かび上がるわけだ。

図２・３にあるのは、γ線で宇宙を観測している天文衛星Fermi γ線宇宙望遠鏡によって撮像された宇宙だ。γ線はもちろん眼には見えないので、コンピューターによってγ線光子の数を画面上の明るさに変換して見せている。真ん中の赤道付近で横長に光っているのは我々の天の川である。

天の川、つまり我々の銀河系は全体としてもγ線を放射している。これとは別に、ところどころにある粒状のものが、γ線放射天体として分解できたものだ。その多くは「騒乱的銀河」として前節で触れた活動銀河核である。

注目していただきたいのは、粒々の後ろにある青い背景である。これが、銀河系外の遥か彼方の無数の天体から到来している背景放射だ。この放射源は、あまりに遠くにあり、個々の天体としては分解できないわけだ。最近の研究から、その多くは活動銀河核の一種であることが分かっているが、すべての正体が分かっているわけではない。

こうした放射は、宇宙空間全体に散らばる、主として極めて遠方の天体からやってきている。放射されてから何十億年という時間をかけて我々のところに届いているのだ。ということは、この背景放射は何十億年前に遡った過去の宇宙の高エネルギー放射の情報を持っているわけである。しかも宇宙全域に散らばる無数の天体からの放射の足し上げであるので、全体像を把握するのにはもってこいだ。

例えば、20歳台の大人の体格を調べようとして、近所の大学から出てくる学生たち何人かの身長を測っても、それが20歳台全体を表しているとは限らない。極端な話、たまたまバスケットボール部員の集団をつかまえてしまったら、測定された身長は有意に高いだろう。このような心配は背景放射には無縁なのである。背景放射は、かくして、宇宙を調べる研究者にとって宝の山と言えるのである。

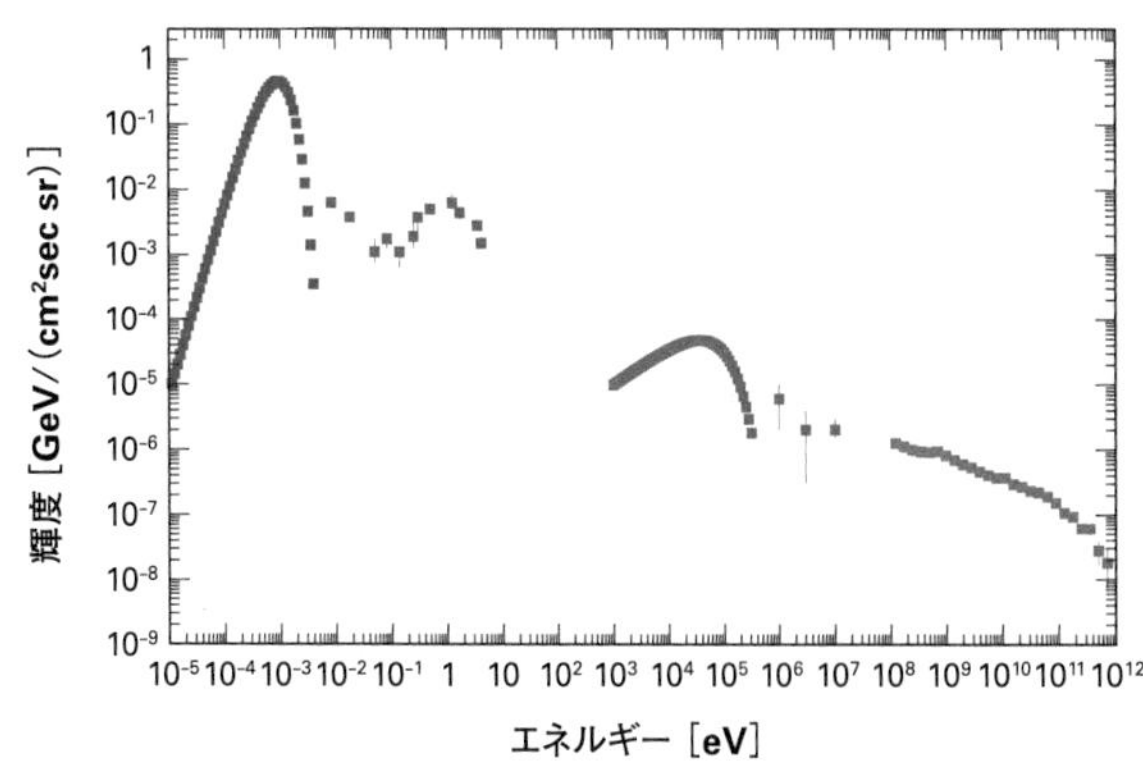

図２・４　宇宙からの背景放射のエネルギースペクトル。横軸は光子のエネルギー、縦軸は輝度を示している。輝度が高いほど、宇宙からの放射量が大きいということを意味する。誤差棒つきの点が観測データ、誤差棒なしの点は、観測及び理論に基づき筆者が描画した。点がない領域があるのは、放射がないという意味ではなく、観測が難しいため信頼の置けるデータがないことによる。

宇宙という、かくも奥深い存在

図２・４に、この背景放射のスペクトルを示した。電波から高エネルギーγ線に至るまで、光子のエネルギーにして17桁以上にもわたって背景放射が存在している。

ここで、横軸に書かれている例えば10^6という書き方について説明しておこう。これは大きな数を表すときに頻繁に使われる書き方で、10を６回掛けた数、10×10×10×10×10×10、すなわち１００万を表している。１のあとに０が６個続くと覚えてもよいだろう。

先ほど、エネルギー1兆電子ボルトの電子から10億電子ボルトのエネルギーを持つ光子を作るという話をしたが、これは10^{12} eVの電子から10^{9} eVの光子（γ線）が作られる、というように書き表せる。

このような起源を持つ光の放射が、図2・4の10^{8} eV以上の観測点として描かれている。この観測は、Fermi γ線宇宙望遠鏡によって行われた。宇宙からの背景放射のうち、最も光のエネルギーが高い成分、すなわち「騒乱的銀河」である活動銀河核からの高エネルギーγ線放射に相当している。過去の宇宙からやってきた、宇宙エンジンからのメッセージなのである。我々はこのデータを読み解き、宇宙エンジンの正体とメカニズムを知ろうとしているのだ。

図2・4の一番左側のデータ点は、逆にエネルギーの極めて低い光子の領域の放射である。横軸一番左側は10^{-5} eVであるが、これは10分の1を5回掛けた数、0・1×0・1×0・1×0・1×0・1、すなわち10万分の1電子ボルトという数になる。γ線背景放射を形成している光子のエネルギーに比して、実に13桁以上も低い、言ってしまえば、「冷た〜い」光である。

このエネルギー帯は電波、その中でもマイクロ波と呼ばれる領域である。この領域の放射は見ての通り、10^{-3} eVにピークを持つ特徴的な形のスペクトルとなっている。これは実は宇宙の始まりであるビッグバンに起源を持つ光の集まりだ。始まりは熱かった宇宙が、宇宙全体の膨張とともに冷え始め、現在に至っているその名残りなのだ。

エネルギーは温度にも換算することができるが、このマイクロ波放射の温度は実にマイナス２７０℃に相当する。宇宙空間はもうすっかり冷たくなってしまったのだ。なのに、その中に未知の宇宙エンジン天体が散在し、極めてエネルギーの高い光を放射していることになる。宇宙とは、かくも奥深い存在なのだ。

下は10^{-5} eV（10万分の1電子ボルト）以下から、上は10^{12} eV（1兆電子ボルト）にも達する騒乱的な宇宙天体からのメッセージまで、この十何桁にも及ぶ広範囲のエネルギー帯からの背景放射が作る多様な世界が、我々の前に広がっている。その最も高エネルギーの部分こそが、宇宙エンジンに起源を持つ謎多き宇宙の姿として、僕の心を捉えてきた。

だが、話がここで終わっていれば、僕の研究生活はここまで波瀾万丈にはならなかったであろうし、自分自身もそこまで興奮することはなかっただろう。上には上がいる、というのは人間社会の真理のひとつかもしれないが、高エネルギー宇宙にも上には上がいたのだった。

2・3　超高エネルギー宇宙の世界

宇宙線という極限放射

図2・5を見てほしい。これは前節の図2・4にある背景放射のさらに高エネルギー部分の続きを示している。図2・4では「高エネルギー」部であった10^{8}〜10^{12}eVの放射が、ここでは左端に描画されている。このγ線放射をあざ笑うかのように、10^{15}eV（1000兆電子ボルト！）以上にも別の成分があるではないか。

この成分は、なんと10^{20}eVにも達している。子供が持っていた「大きな数の数え方」というプリントを見て調べたところ、10^{20}は「兆」を飛び越え、次の「京」も飛び越え、なんと「垓」という数らしい。頭痛がしてくるのは僕だけではないだろう。

この放射は「宇宙線」（"Cosmic Ray"）と名付けられている。その成分は光ではない。陽子を始めとする原子核なのだ。私たちの世界は、物質で作られている。その物質は分子で構成され、分子は原子で構成されている。その原子は中心に陽子や中性子が詰め込まれた「原

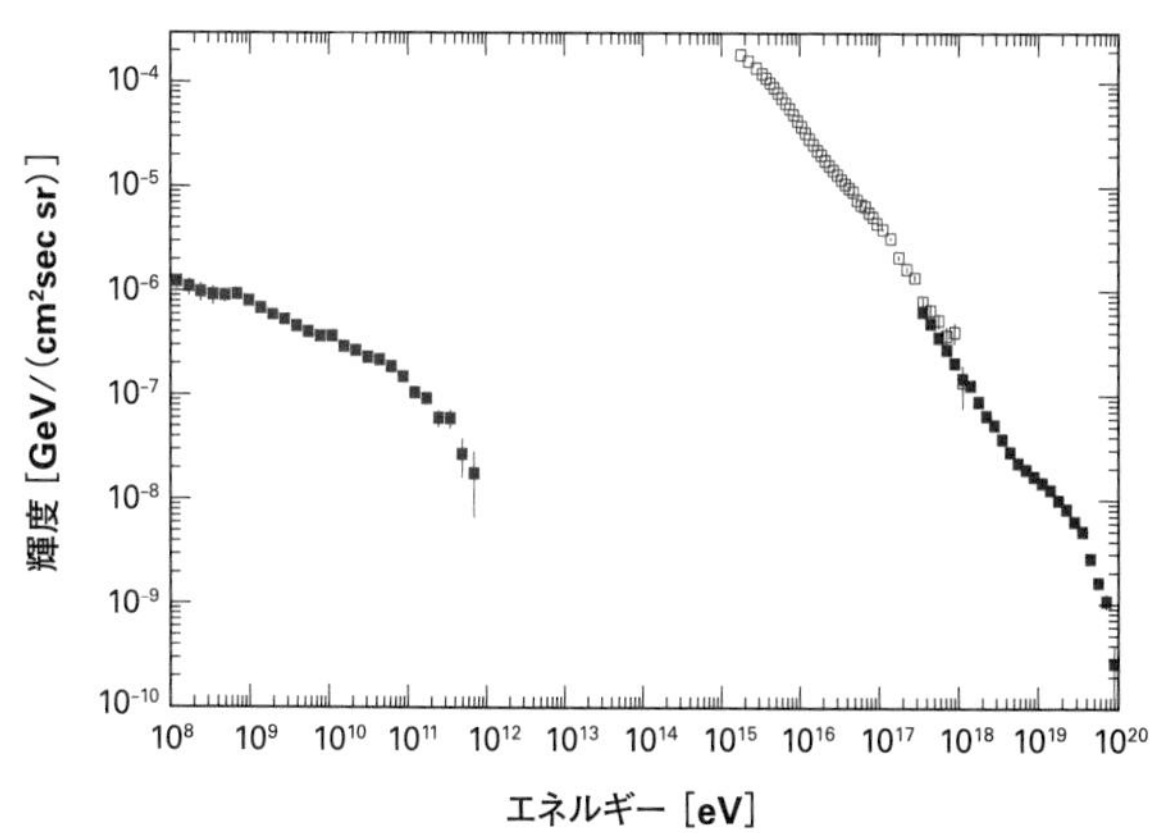

図２・５　宇宙からの背景放射のエネルギースペクトルの「超高エネルギー部分」。横軸はエネルギー、縦軸は輝度を示している。

子核」とその周辺を回る電子でできている。原子核は物質を構成している「核」なのだ。

宇宙に最も豊富に存在する元素は水素である。水素の電子が剥ぎ取られると（「イオン化する」とも言う）、水素の原子核である陽子が残る。陽子は物質をミクロのスケールで形作っている基本構成要素と言ってもよいだろう。その大きさはざっと、10^{-13}センチメートル、10兆分の１センチである。

この極めて微小なスケールに１「垓」電子ボルトという巨大なエネルギーが積み込まれている。この巨大なエネルギー、換算すると時速70キロのテニスボールが持つ運動エネルギーと同等だ。人が打ったテニスボールにぶつかったときの衝撃を、わずか10兆分の１センチの大きさしかない陽子1個が持っているのである。

高いエネルギーの光の放射では、その多くは電子が由来である。前述したように電子が何らかの機構で宇宙エンジンによって加速され、加速された高エネルギー電子からの放射で、γ線を放つ。図2・4右端のγ線背景放射は、おおむねこの描像で理解可能だ。

だが、陽子となると話は異なる。陽子は電子に比べ2000倍も重い。物理学では「質量が大きい」というのが正確な表現だ。

質量とは、言ってしまえば「モノグサ度」を示す。質量が大きい粒子は動かすのがより難儀である。陽子はケツが重いので加速の初期段階では特に難易度が上がる。ただし、いったんある程度まで加速できれば、軽い電子よりは安定的に加速は可能だ。電子は質量が小さく、モノグサではないので、ちょっとした磁場があればくるくる曲がってしまい、光を放射してエネルギーを失ってしまう。陽子もプラスの電荷を帯びているので磁場があれば曲がってしまうが、その曲がりは小さく、エネルギー損失の度合いはずっと小さい（エネルギー損失の度合いは質量の4乗に反比例することが物理法則から導ける）。

つまり、モノグサな粒子である陽子の場合は、エネルギー損失の心配は少し減るものの、加速には時間がかかる。10^{20} eV（1「垓」電子ボルト）という強大なエネルギーまで加速しようと思ったら、１００万年くらいかかっても不思議ではないと考えられている。この限界を突破するためには、宇宙エンジン天体は、

・エンジンの大きさは巨大（例えば我々の銀河系の１００倍もの大きさ）で、長い時間陽子をエンジン内にとどめておける。
・磁場がそれなりに強く（例えば我々の銀河系の磁場の１００万倍以上）、陽子を磁場に「絡ませて」閉じ込めておける。

のどちらかを（あるいは両方をそこそこ）満たしていなければならない。第６章で述べるが、そんな都合の良い天体系はそうそう見当たらないのである。ここでは陽子を例にとったが、他の原子核（例えば炭素の原子核など）でも事情はほぼ同じである。

未知の領域

では、人類は陽子をどこまで加速できるのであろうか？

最大の陽子加速器は、前述したヨーロッパの巨大研究所ＣＥＲＮにある。電子加速器だっ

たＬＥＰの後釜にＬＨＣ（Large Hadron Collider）と呼ばれる陽子加速器が稼働した。
技術の粋を集めたこの加速器では、6・5兆電子ボルトに加速した陽子をお互いに正面衝突させている。6・5兆電子ボルト、すなわち6・5×10^{12} eVは1「垓」電子ボルト、すなわち10^{20} eVに遠く及ばない。10^{20} eVどころか、図2・5（49ページ）に示された宇宙線放射の最も「低エネルギー」の領域10^{15} eVすら遥か彼方なのだ。宇宙線が実現している超高エネルギー粒子の世界は人類にはまったく未知の領域なのである。

このとてつもないエネルギーを持つ宇宙線が地球に飛来したらどうなるか。幸いなことに我々が直撃をくらうことはない。地球は大気に覆われているからだ。超高エネルギーの陽子が地球に突っ込んでくると、大気中の原子核（主として窒素と酸素の原子核）と衝突し、中の成分を撒き散らし、最終的には10億個以上の電子、陽電子（電子の反粒子）、ミューオン（電子の仲間、お兄さん）などの粒子の束となって地表に到達する。

この束を作る現象は「空気シャワー」と呼ばれている（図2・6）。シャワーのように大量の粒子が降り注ぐからだ。シャワーといっても、皆さんが浴室で普段浴びているシャワーとは規模が違う。この10億個以上の電子等が降り注ぐ面積たるや、3キロ四方にも及ぶ。元は10兆分の1センチの陽子1個が3キロ四方の広大な領域に、10億個のミクロな粒子を浴び

図２・６　空気シャワーのシミュレーション。左上から入射した宇宙線粒子が大気中の原子と衝突し多くの粒子を叩き出す（左図）。叩き出された粒子はさらに多くの電子や陽電子などの粒子を生成しながら突き進み、多数の粒子からなるパンケーキのような集合体として地面に当たる（右図）。（ニューヨーク大学によるシミュレーション）

せているのだ。

実際に我々は、このシャワーを測定することで、超高エネルギー宇宙線を観測している。世の中にはいろいろ極端な出来事があるが（その多くはあまり歓迎されるものではないかもしれない）、これは宇宙が我々にもたらすかなり極端な現象だろう。だが、この現象は歓迎というより驚愕すべきものだ。物理学科の学生だった僕は、この事実を知って、この謎を解くことこそロマンそのものじゃないかと感じていた。

2・4　超高エネルギー宇宙線

エネルギーに「終わり」はあるか

1「垓」電子ボルトものエネルギーを持つ超高エネルギー宇宙線だが、このエネルギーには終わりがないのだろうか。10^{21} eV（10垓電子ボルト）は可能なのか？　100垓電子ボルトは？

10^{20} eVだって極端に高いエネルギーであり、そんな陽子を加速して放り出せる宇宙エンジン天体はそうそうありそうにないが、強大なエンジン天体がたとえ100垓電子ボルトの陽子を放射したとしても、我々がそれを直接調べることができる可能性はわずかしかない。地球で観測される宇宙線陽子・原子核のエネルギーには原理的な上限があるからだ。

ここで、2・2節でお話しした背景放射の問題が再び登場する。

図2・4（45ページ）の左側、10^{-3} eVにピークを持つ特徴的な分布は、「冷たい光」であり、宇宙誕生時の名残りであるマイクロ波放射である、という話をした。この冷たい光子が超高

エネルギー宇宙線の前に立ちはだかるのだ。10^{20} eVを超えるような極限の超高エネルギー宇宙線は、宇宙エンジン天体から放射されて我々に届くまでの長い旅路の間に、この冷たい光子と衝突してしまうのだ。

冷たい光は普段はそこらを漂っているだけで、何もしない。この冷たい光子がもし眼に見える光である可視光と衝突するなら、宇宙は霞がかかって見えるだろうが、そんなことは起きていない。しかし、10^{20} eVを超えるようなあまりにも高いエネルギーを持つ陽子は、このマイナス２７０℃の冷たい光子と衝突してエネルギーを失ってしまうのだ。かたや10^{-3} eV（１０００分の1電子ボルト）の光子、かたや10^{21} eV（10「垓」電子ボルト）の陽子というまったくエネルギースケールの違うもの同士が衝突し始めるのだ。地球に届くころには、陽子は自分のエネルギーのかなりの部分を失ってしまっている。この衝突が頻繁に起こるのは、陽子のエネルギーが６×10^{19} eV（０・６「垓」電子ボルト）を超えた場合である。

ここでは陽子を例にとったが、原子核でも似たりよったりのことが起きる。地球で観測される宇宙線のエネルギーには限りがあるのだ。10^{20} eVを遥かに超える宇宙線の放射があったとしても、地球にいる我々にはそれを観測する術がない。

限界があるのは、エネルギーだけではない。この冷たい光子との衝突は陽子がおおよそ１

500万光年の距離を走ると一度起こる。1500万光年というと長いように思えるが（実際、日常のスケールで考えると気の遠くなる長さだが）、宇宙のスケールで考えると、これは極めて短い。

宇宙の大きさはおおよそ140億光年であるから、1500万光年は、その1000分の1である。騒乱的天体である、活動銀河核（AGN）のほとんどはずっと遠方（典型的には数十億光年）にある。図2・1（34ページ）に載せたM87は活動銀河核の中ではかなり近い部類に入る。

それでも、M87までの距離はおよそ5300万光年もある。1500万光年の距離というのは、我々の銀河系の外ではあるが、お隣さんと言っても差し支えないのだ。その10倍の距離である1・5億光年ですらご近所さんだ。このご近所さんに10^{20} eVを超える超高エネルギー宇宙線を叩き出す宇宙エンジン天体があったとしても、そこから飛び出た陽子は、我々の銀河系に届く間に冷たい光と10回近く衝突して、エネルギーの多くを失ってしまう。

超高エネルギー宇宙線の中でも極めつきにエネルギーが高い、10^{20} eV近いエネルギーを持つものは、ご近所さんとかお隣さんくらいの場所にある宇宙エンジンからしか届かないのだ。もっと遠くにある大半の宇宙エンジン天体からの放射は、10^{20} eVより低い、例えば10^{19} eV（0・

1「垓」電子ボルト）とか、もっと低い領域でしか直接観測することはできない。まあ0・1垓電子ボルトだって、巨大なエネルギーだ。それどころか、図2・5（49ページ）にあるように10^{15} eV（1000兆電子ボルト）だってものすごい。地球上最大の加速器で加速できた陽子のエネルギーは6・5兆電子ボルトに過ぎないのだ。まずは、そのあたりのエネルギーを持つ超高エネルギー宇宙線の故郷を探ればいいではないか。もっともな考え方だ。だが、また別の困難がそこに立ちはだかる。

不可能に近い？　超高エネルギー宇宙線の故郷の探索

陽子は電荷を持っている。電子の電荷と大きさは同じだが、電子とは反対のプラスの電荷だ。電荷を持つ粒子が、磁場で満たされた空間を通ると、その軌道は曲げられてしまう。そして不幸なことに、我々の銀河系はゼロではない磁場に満たされている。10^{15} eV（1000兆電子ボルト）の陽子が銀河系に突入すれば、銀河系の磁場によってその軌道は激しく曲げられてしまう。その曲がり具合たるや、おおよそ直径3光年ほどの螺旋に相当する。3光年と言えば銀河の渦巻きの間隔くらいだ。大もとの放射天体の場所を同定するのは不可能なのである。

この曲がり具合は、宇宙線陽子のエネルギーが高ければ緩和される。例えば10^{19} eV（0・1「垓」電子ボルト）までいけば、曲がり具合は3万光年くらいの直径の円になる。だいだい銀河系の大きさくらいの円だ。もうひと押しして、5×10^{19} eV（0・5「垓」電子ボルト）くらいになれば銀河系内の磁場による曲がりは10度以内にはなるだろう。希望がなくはない。

しかし、ここでさらに厄介な問題がある。銀河系の外の空間も実は磁場で満たされている。この銀河系外空間の磁場は銀河系内の磁場に比べて1000分の1程度以下であろうと思われているが、大きさや磁力線の向きなどはほとんど分かっていない。また銀河団など多数の銀河が集まっている領域では、磁場は我々の銀河系の10分の1程度はあるのではないかという示唆もある。10億光年彼方の騒乱的天体（例えば活動銀河核）から飛び出た超高エネルギー陽子は、この正体不明の磁場で少なくとも数度は軌道を曲げられる。

「少なくとも」というのは、もしかしたら途中で磁場の強い場所を通過し、もっと曲げられる可能性もあるからだ。それにプラスして銀河系内の磁場による曲がりが加わる。何度曲がっているか予測できない軌道を描いてはるばる地球までやってきた超高エネルギー宇宙線の故郷をたどることは、まったく不可能とは言わないが、ミッション・インポッシブルを遂行するイーサン・ハントくらいの強運が必要である。トム・クルーズばりのヒーローになれ、と言われているのである。

無謀な試み？

話はここでまだ終わらない。軌道が曲がるということは、地球に来るまでに余計な時間がかかるということを意味する。1億光年彼方の天体から来た光は、文字通り1億年かかって地球に到達する。

もし、宇宙エンジン天体は爆発に伴って粒子を加速し、超高エネルギー宇宙線を放射したとしよう。例えばある種の巨大超新星爆発や、活動銀河核が突如として輝き始める現象は、この場合に相当する（時間的変動天体と玄人は呼んでいる）。この爆発と同時に発射された光（光子）は、1億年後に地球に届き、我々人類はその天体が爆発したということを「知る」。

一方、超高エネルギー宇宙線のほうは磁場による軌道の曲がりで、地球に届くのはさらに1万年後となる。1万年後に人類が今の形で生存していたとしても、1万年後の天文学者がこの宇宙線陽子を観測し、その方角に望遠鏡を向けても、何も発見できないだろう。

なぜなら、爆発した宇宙エンジン天体はとっくにその爆発を終え、消え失せているからだ。

つまり、現代に生きる我々が超高エネルギー宇宙線を観測しても、宇宙エンジン天体のエンジンは遥か昔に寿命を終えていた、ということになるのだ。

まとめると、

1 おおよそ6×10^{19}eV（0・6「垓」電子ボルト）以上のエネルギーを持つ超高エネルギー宇宙線は、ビックバン宇宙の残骸である「冷たい光」と衝突して地球に来るまでにエネルギーを失ってしまう。したがって、地球で観測できる宇宙線のエネルギーには上限がある。

2 そのため、0・6垓電子ボルト以上のエネルギーを持つような宇宙線を放出する宇宙エンジン天体の大半は直接観測できない。観測可能なのは、冷たい光と衝突を繰り返す前に地球に届くような、「ご近所さん」（例えば1億光年以内）にあるようなものに限られる。

3 宇宙には磁場があるために、宇宙線は軌道を曲げられてしまう。曲がり具合は宇宙線のエネルギーが高ければ小さくなるけれど、無視はできない。しかも磁場の様子がよく分かっていないため曲がり具合を正確に予言することはできない。

4 磁場による軌道の曲がりによって、地球に到達する時間も遅れる。しかも遅延時間の予測は困難である。宇宙エンジン天体が爆発など時間的に変動する現象によってエンジンを吹かしていたならば、この遅れのために、エンジンの活動を捉えることはほとんど不可能である。

僕は基本的にお気楽で楽観的な人間であるけれど、これだけ問題点を羅列されると怯まないこともない。人類が加速できるエネルギーの１０００万倍ものエネルギーを10兆分の１センチメートルというミクロな粒子である陽子に注入できるような、爆発的な宇宙現象を捉えるという試みは無謀に過ぎるのだろうか。

２・５　救世主「ニュートリノ」

―１９３０年、理論物理学者パウリによって提唱される

この数々の困難な問題を突破できる唯一の可能性、それが素粒子「ニュートリノ」を捉えることである。ニュートリノとはいったいなんのおまじないなのであろうか。

ニュートリノは、1930年に、高名な理論物理学者パウリによって最初に提唱された。「高名」というのは、僕のような物理学者ならば、必ずその名が登場する教科書を目にするなり講義を受けた経験なりがあるという意味だ。

このパウリ大先生は、ある種の原子核から放射される放射線（今日では「ベータ崩壊」としてそのメカニズムはよく理解されている）のデータの解釈に悩み、ニュートリノという仮想の粒子をでっち上げることにした。この仮想粒子はエネルギー（と運動量）を運ぶ以外は「何もしない」。何もしないという意味は、あらゆるものを通りぬけ、決して検出されることはないという意味だ。幽霊のような、かなり寂しい存在だ。

ちなみに現代においても、理解を超える実験データを解釈するために未知の粒子をでっち上げることとは、物理学の研究現場では時折行われている。良く言えば、世の中に関する我々人類の科学的理解はまだまだごく限られたものに過ぎないという謙虚な気持ちの発露であろうし、悪く言えば、ここで一発バクチを打って名前を売ってやろうという身の程知らずの行い、ということになるかもしれない。

いずれにせよ、こうした未知の粒子のでっち上げは、実験データのさらなる蓄積を含む様々な追試や、理論的な枠組みの深まりによって、後年否定されることがほとんどだ。自然はそう甘くない。

26年の歳月を経て証明される

ところが、パウリの場合は彼が正しかったことが証明される。大先生は強運の持ち主だった。パウリと並んで高名な物理学者であったフェルミは、この未知粒子を取り込んで原子核からの放射を理解する理論を構築する。フェルミはこの未知粒子をニュートリノと命名した。１９３３年のことだ。

この理論の枠組みは発展性があり、粒子間のある種の力のやり取りを記述することに成功する。粒子間に働く力には、重力、それに電荷を持つ粒子に作用する電磁力という2種類の力があることが分かっていたが、それに加えて「弱い力」というまったく別種の力のやり取りがあることが明らかになりつつあった。ニュートリノはこの「弱い力」にのみ感応する粒子として、自然界に存在することが予言された。

この理論は他の多くの実験データも説明できることや、その数学的な美しさから、多くの研究者はその正しさを信じ始め、実際にニュートリノを検出しようという実験が数多く行われた。

この考えではニュートリノは正確には「何もしない」のではなく、「弱い力」にならず反応する。「弱い力」は文字通り弱い（それも電磁力に比べて何十桁も弱い）のでめったには起きないが、ごくごくたまにニュートリノが弱い力によって他の粒子と「衝突」を起こすことがある。この衝突の仕方には様々なものがあるが、その一つが陽子と衝突して陽子を中性子と陽電子（電子の「反粒子」で電子とまったく同じ性質を持つが電荷が反対のプラス電荷を持つ）に変換するものである。

いったん、中性子と陽電子になれば、検出するのは可能である。中性子は電荷を持たないが他の原子核とすぐに衝突し原子核反応を引き起こす。陽電子は電荷を持っているので電磁力に感応しすぐに様々な現象を引き起こす。最もよく起こるのは、電子と衝突して消滅し二つの光子（γ線）を放射するものだ。1956年アメリカのライネスは、このニュートリノ＋陽子 ⟶ 中性子 ＋ 陽電子の反応を使い、原子炉から大量に放射される（と予測されていた）ニュートリノをついに検出することに成功する。パウリの「でっち上げ」提案から26年もの歳月が流れていた。

切り札になる可能性

ニュートリノの性質や関係する「弱い力」の物理法則の説明は本書の主題ではないので割愛する。その後、ニュートリノは様々な実験で測定され、その「生態」はおおよそ分かってきたが、それを突き詰めると、現在の世界がなぜこうなっているのかというスケール感満載の疑問と結びつく。

このため、ニュートリノは発見から半世紀以上経った現代の物理学においても最前線の研究対象である。そればかりではない。障害だらけの超高エネルギー宇宙線天体を突き止める切り札にもなり得るのだ。

もし超高エネルギー宇宙線から何らかの反応で「超高エネルギー」ニュートリノが生まれたとしよう。すると前節でまとめた四つの問題はどうなるであろうか？

1　超高エネルギー宇宙線は「冷たい光」と衝突する

――→ニュートリノは弱い力にしか反応しない。そのためいくらニュートリノのエネルギーが高くても冷たい光とは衝突しない。エネルギーを失うことなく、そのまま飛んでくる。

2　0・6垓電子ボルト以上の宇宙線を放出する天体は、「ご近所さん」にあるようなものしか直接観測できない。

⟶ニュートリノは稀に「弱い力」によって衝突する以外は、何物にも邪魔されずに宇宙を端から端まで旅することができる。ご近所さんどころか、100億光年彼方からでも我々の銀河までやってくることは可能である。

3　宇宙には磁場があるために軌道が曲げられてしまう。

⟶ニュートリノは電荷を持たない。したがって磁場で曲げられることはなく直進する。

4　軌道が曲がることにより地球に届く時間も遅れる。しかも遅延時間を推定することはほぼ不可能である。

⟶ニュートリノの質量は極めて小さく、光の速度で運動する。またニュートリノは直進するので、届く時間に遅れはない。光と同時にやってくる。

まさに、すべての問題をクリアしているではないか。

ただ、皆さんは気づかれるかもしれない。ニュートリノでなくても、光（光子）だってよいのではないかと。もし、超高エネルギー宇宙線陽子から超高エネルギーの光（すなわち、すさまじくエネルギーの高いγ線光子）が作られたとしよう。実際にγ線生成は起こり得ることは予想されている。光はもちろん電荷はないのでまっすぐ飛んでくる。問題は解決するではないかと。

確かに、γ線を観測すれば、先の3と4の問題は解決する。ところが、１０００兆電子ボルト（10^{15} eV）以上のエネルギーを持つような「光」である超高エネルギーγ線は例の「冷たい光」と衝突してしまうのだ。ざっとγ線が10万光年くらい進めば、この衝突は起きてしまう。衝突が起きるとγ線は消滅し、電子と陽電子の対になってしまう。電子や陽電子は電荷を持ち、しかも質量が小さい（モノグサ度が低い）のであっという間に磁場で曲げられてしまうか、または「冷たい光」と衝突してしまって我々には届かないのだ。宇宙を観測するという立場にたてば、超高エネルギーγ線を観測手段にしたところで、たかだか30万光年程度しか見渡せないということを意味している。光は超高エネルギー宇宙を直接観測するには不向きなのだ。

「宇宙生成ニュートリノ」とは？

残る問題は、ニュートリノが超高エネルギー宇宙線から本当に作られるのかという疑問である。答えはイエスである。0・6「垓」電子ボルト（6×10^{19} eV）以上のエネルギーを持つ超高エネルギー宇宙線は、「冷たい光」と衝突してエネルギーを失うという話をした。

では、この衝突はどのように起こるのであろうか。衝突からは、パイ中間子という広い意味では原子核の仲間の粒子が作られる。このパイ中間子は不安定で、より安定的な粒子（最終的には電子）に崩壊する。この崩壊の過程でニュートリノが作られるのだ。この衝突過程やパイ中間子の崩壊は実験で精度良く測定されているし、理論的にもよく理解されている。

もちろん、「垓」電子ボルトのエネルギーを持つ陽子を人工的に作り出すことはできない。しかし、例えば6×10^{19} eVのエネルギーの陽子と、1ミリ電子ボルト（10^{-3} eV）の冷たい光の衝突は、止まっている陽子に1億2000万電子ボルト（$1・2\times10^{8}$ eV）の光（これはγ線である）をぶつけるのと同じであるということが、かのアインシュタインの相対性理論のおかげで分かっている。１億電子ボルト（１００MeVという単位で呼ばれる。Mはメガの頭文字である）のγ線ビームを出す装置は世の中にいくつか存在するため、この衝突は実測することができるのだ。

このため、我々は超高エネルギー宇宙線と冷たい光がどの程度の頻度で衝突し、衝突したらニュートリノがいくつ作られ、それぞれのエネルギーはどのくらいかということをある程度正確に計算することができる。超高エネルギー宇宙線が宇宙エンジン天体から放射され、こちらに向かっている間に、宇宙空間を満遍なく満たすビッグバン由来の冷たい光と衝突しニュートリノを作り出す。

このニュートリノは宇宙生成ニュートリノ（cosmogenic neutrino）と呼ばれている。この過程は必ず起きるはずであるから、宇宙に散らばる超高エネルギー宇宙線を放射する、すべての宇宙エンジン天体からの宇宙生成ニュートリノが、２・２節で述べたような「背景放射」として我々に届いているはずなのだ。この宇宙生成ニュートリノ背景放射は、10京電子ボルト（10^{17} eV）から１０００京電子ボルト（10^{19} eV）以上の極めて高いエネルギーを持っている。

宇宙エンジンからのニュートリノ

さらに、宇宙エンジン天体で直接ニュートリノが作られる可能性も高い。活動銀河核にせよ、超新星残骸にせよ、候補天体の多くは光を放っている。電波、赤外線、X線、γ線など、どこかの波長域で（光の粒子である光子で考えれば、光子のエネルギー領域のどこかで）極めて大量の放射を起こしている。つまり、エンジンの出力の一部を見ているわけだ。

この放射を形成している光子と超高エネルギー宇宙線は時折衝突する。この衝突は、前述した超高エネルギー宇宙線と「冷たい光」の衝突と同種のもので、ニュートリノを生成する。この衝突が起こると、宇宙線陽子が持っていたエネルギーの大体5％程度のエネルギーを持つニュートリノが生まれるのだ。

例えば、1000兆電子ボルト（10^{15} eV）の宇宙線からは50兆電子ボルト（5×10^{13} eV）くらいのニュートリノが、10京電子ボルト（10^{17} eV）の宇宙線からは、ざっと5000兆電子ボルト（5×10^{15} eV）程度のニュートリノが作られる。エンジン天体が爆発を起こせば、宇宙線も光の放射も爆発的に増えるので、ニュートリノも爆発的に作られる。この爆発に伴うニュートリノを捉えれば確実に放射源を同定できるはずだ。

図2・7　ろ座（Fornax）銀河団。6500万光年の距離にある。巨大楕円銀河NGC1399を中心に星間ガスが散逸的に空間内を占めている。宇宙貯蔵庫の候補の一つであり、ここからのニュートリノ放射量も計算により予測されている。写真はIodice他〈Ap.J 820, 42 (2016)〉の観測である。https://aasnova.org/2016/04/22/a-deep-look-at-the-fornax-cluster/ より転載。

可能性はまだある。宇宙エンジン天体から放射された宇宙線は、そのままこちらまでやってくる場合だけとは限らない。その天体が属している銀河が属する銀河団（銀河の集団）の中は、磁場が少し強いかもしれない（我々の銀河系を満たしている磁場の10％以上）。

すると宇宙線は、この磁場にトラップされ、銀河団の広大な空間（典型的には３０００万光年立方くらい）からすぐには外に出ずに、中を漂い続ける。この空間では宇宙線を「ため込んでいる」と考えることもできる。宇宙貯蔵庫と呼ぶ研究者もいる（図２・７）。

こうした巨大な貯蔵庫が実在する観測的

な証拠はまだない。だが、我々の銀河自身も距離スケールは小さいが、（やや低いエネルギーの）宇宙線の貯蔵庫になっていることがγ線の観測から明らかになっている。銀河団による宇宙線の貯蔵庫があっても不思議ではない。そして我々の銀河がそうであるように、銀河団空間の中は密度は低いもののガスや塵が存在している。高エネルギー宇宙線陽子は、貯蔵庫を徘徊している間にこうした物質と衝突する。この衝突でニュートリノが作られるのだ。

ニュートリノ宇宙の大体の姿

宇宙エンジン天体からの放射時に作られるニュートリノ、宇宙貯蔵庫で作られるニュートリノ、これらをまとめて天体ニュートリノとここでは総称しよう。

天体ニュートリノのエネルギーは、ニュートリノを作り出す親の宇宙線のエネルギーによる。そして、どのエネルギーを持つ宇宙線が衝突するかは、衝突相手の種類（光子なのか、ガスなどの物質なのか）、そして光子の場合は光子のエネルギーによる。

つまり、一概には、このエネルギーだと普遍的に予測できない。それぞれの宇宙エンジン天体の状況などを考えて、モデル計算が行われ、予言がされてきた。これらを総合すると、おおむね10兆電子ボルト（10^{13} eV）から10京電子ボルト（10^{17} eV）あたりのエネルギー領域に天体ニュートリノの放射が予測されていた。そのさらに上のエネルギー領域には、１垓電子ボルトにも達する「極超」高エネルギー宇宙線と「冷たい光」との衝突でできる宇宙生成ニュートリノ背景放射が存在する。これがニュートリノ宇宙の大体の姿であると考えられた。

シミュレーション計算の結果

そうか、このとてつもない活動的宇宙はニュートリノまで放射するのか。感銘を受けた30年前の若き筆者は、自分でも計算してみることにした。大学の卒業研究のテーマの一つとして、宇宙生成ニュートリノのシミュレーション計算をやったのだ。

この仕事は思ったよりも時間がかかり、とりあえずの結果を卒論に載せて、卒業できるようにはしておき、続きの計算は大学院に入ってからも、実験プロジェクトの合間にコツコツと続けた。

最終的な結果は１９９３年に論文として公表した。図２・８（74ページ）が計算結果の一つである。宇宙生成ニュートリノが多い場合の予測と少ない場合の予測を合わせて帯で示してある。多い場合と少ない場合で何が違うのか。これは宇宙エンジン天体が広大な宇宙にどのように広がっているのか、という仮定に関係している。逆に言えば、ニュートリノの輝度

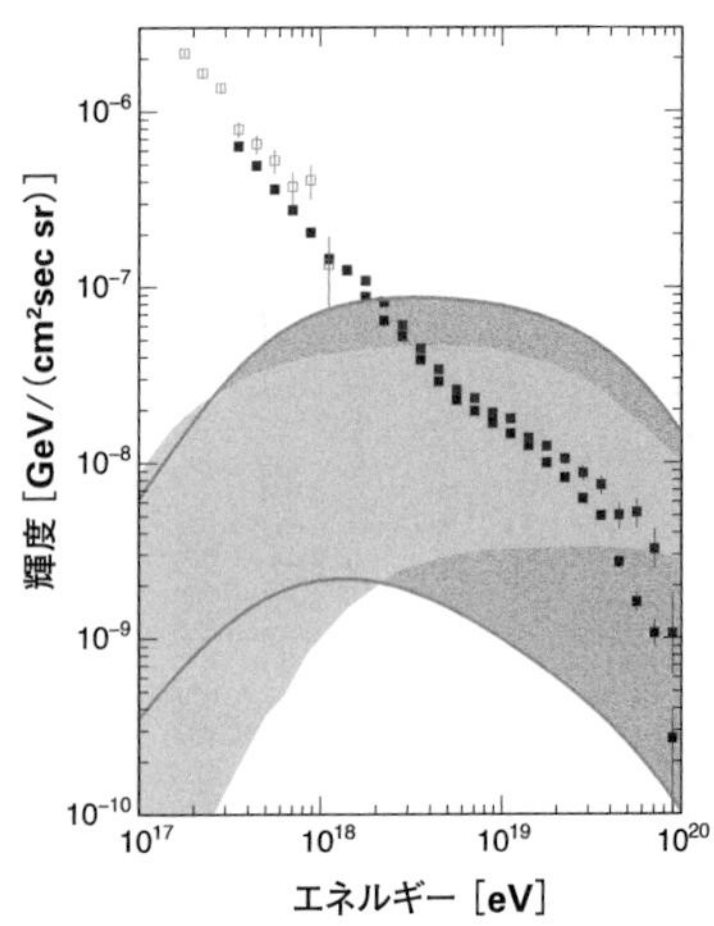

図2・8　宇宙からの背景放射のうち、10京電子ボルト（10^{17}eV）以上の「極超高エネルギー部分」。横軸はエネルギー、縦軸は輝度を示している。超高エネルギー宇宙線の観測点を四角で示している。図2・5の右端部分の拡大である。色帯で示したのは宇宙生成ニュートリノ（cosmogenic neutrino）の予測。青帯がYoshida & Teshima（1993）の計算。赤帯がAhlers他2010年の計算。宇宙生成ニュートリノスペクトルはこの帯内のどこかにあると予測された。

を測定できれば、１「垓」電子ボルトにも達するかという超高エネルギー宇宙線の起源天体について貴重な情報が取れるのだ。この点はこの仕事から20年あまりが経過して、IceCube実験により実際にニュートリノ探索データが取れたときの、大きな論点の一つとなった。この話は第６章ですることにしよう。

こうして、幾重にもわたる困難を突破して、超高エネルギー宇宙の正体を調べるには、ニュートリノは救世主であることが明らかになった。自分でも計算してみて、計算結果自体にも大いに刺激されたし、将来性は抜群であるように思えたことも確かである。

だが、この結果をよく見ると、世の中はまったくもって甘くないことを思い知らされるのだ。多くの苦難がこの先に口を開けて待っていて、自分は飛んで火に入る夏の虫以外の何者でもなかったことを、このときの僕はまだ知らなかった。

第3章

苦難の始まり——IceCube 実験前夜

3・1　希少すぎる信号

万馬券問題

問題は、その量であった。超高エネルギー宇宙の成り立ちを研究するには、このエネルギー帯で宇宙から降ってくるメッセンジャーであるニュートリノを測りたい。だが予測された数字をよくよく見ると、これは夢物語と言ってもよいものだった。少なくとも１９９０年代当時は、実現可能な話には思えなかった。

そもそもニュートリノはごく稀にしか衝突しない幽霊粒子である。この性質こそが、宇宙エンジン天体を暴き出す切り札足り得たのだ。だが、ニュートリノを捕まえる立場に立てば、これは長所どころか、悪夢に近い性質と言える。だからこそ、最初の予言から発見まで四半世紀もかかってしまったのだ。なにせ、どんな検出器を作ろうが、ほとんどのニュートリノはなにもせずに通りすぎてしまうだけだ。目の粗い網で小魚を採るようなものである。

一つのニュートリノが、どのくらいの確率で検出器内で衝突し、検出可能な信号を作り得るかを計算することはできる。我々はニュートリノが反応する「弱い力」を決める物理法則を理解しているからだ。これによれば、検出器をどのように作るかにもよるが、1個の超高エネルギーニュートリノが反応する確率は1000分の1から、1万分の1に過ぎないことが分かる。1万分の1だ。勝つはずだから万馬券を買えと言っているのと同じである。これを「万馬券問題」と名付けよう。

ニュートリノが反応するかどうかはコントロールできず、完全に確率的である。サイコロを振るようなものだ。ただし、この場合のサイコロは面が1万個ある。振った結果、2400とんで1の面が出たら、おめでとう、あなたは賞金がもらえますという状況だ。どの数字が出たら「当たり」なのかは、「弱い力」を記述する物理法則が決める。大雑把に言えば、このような場面にあなたは遭遇しているのである。あなただったらどうしますか？

どれだけ大きな「網」が必要か

自然が相手だから、八百長ができないのは当然である。「万馬券問題」を攻略する、もっともな、というか唯一可能な戦略は愚直にサイコロを振り続けることである。あるいは馬券を買い続けると言ってもよい。これをニュートリノ検出に置き換えるなら、とにかく検出器にたくさんニュートリノが飛び込むようにするべきだということになる。1万個のニュートリノが飛び込んだなら、そのうちの1個くらいは検出器内で反応して、検出可能な信号を取り出せるだろう。つまり、莫大な数のニュートリノが入るような大きな網を用意せよ、ということになる。

では、どれだけ大きな網が必要なのか。前章の図2・8（74ページ）で予想される超高エネルギーニュートリノスペクトルを示したが、ここに示されたニュートリノの輝度を、年間何個ニュートリノがやってくるかという数に焼きなおすことができる。輝度とは数にエネルギーを掛け算したものに等しいからだ。

そこで計算すると、例えば100京電子ボルト（10^{18} eV）以上のエネルギーを持つ宇宙生成ニュートリノは、年間に1平方メートルあたり0・0008個しか来ない計算になる！

網が1平方メートルではお話にならない。1平方キロメートルくらいの網が用意できたとして、ようやく年間800個のニュートリノが網に飛び込む。1個のニュートリノが「弱い力」に反応して網の中で衝突を起こす確率は1000分の1から、1万分の1だから（面が1万個のサイコロ）この場合でも網にかかる（＝網の中でニュートリノが衝突して信号を出す）のは、大きめに見積もってもせいぜい1年に1個となる。1平方キロの網を用意するだけでもそう簡単ではないのに（検出技術を詰めて考えると、不可能と困難の間に位置すると言ってよい）、それでも1年に1個程度にしかならないのだ。

宇宙生成ニュートリノではなく天体ニュートリノの場合で見積もると、例えば１００兆電子ボルト（10^{14} eV）以上のエネルギーを持つ天体ニュートリノがこの網に飛び込むのは、予測に幅はあるが、ざっと年間60万個程度期待してもよい。これならなんとかなるかもしれない。１００兆電子ボルトでニュートリノが網の中で反応する確率は10万分の４くらいだから（サイコロの面が10万個で、「当たり」の面が４つ）、ざっと年間20個くらいのニュートリノが網にかかるという計算になる。

だが、これには別の問題が立ちはだかるのだ。まず、天体ニュートリノの場合は、宇宙生成ニュートリノに比べて、ニュートリノ数の理論的予測に不定性が大きかった。ニュートリノを出すような宇宙エンジン天体の状況には分かっていないことが多い。エンジンで加速された宇宙線陽子が光子やガスと衝突してニュートリノを出すと考えているわけだが、この衝突相手の光子やガスがどのように存在しているかはかなりの仮定が入っている。

だいいち、どのような天体が宇宙エンジンであるかが分かっていないのだから、こうじゃないかなという仮定を積み重ねて予測を作るしかない。年間20個くらいは網にかかるかも、と言っているが、1個かもしれないし、ゼロ個、つまり、1平方キロメートルくらいの網じゃ無理です、ということになるかもしれないのだ。

「偽ニュートリノ」問題

万馬券問題の他にも深刻な問題はまだある。100京電子ボルト（10^{18} eV）くらいの極高エネルギー帯ならともかく、100兆電子ボルト（10^{14} eV）程度では、ニュートリノではないが、ニュートリノのように見えてしまう現象が頻発する。

網にかかった粒子をどうやって「ニュートリノだ！」と判定するかというと、ニュートリノは貫通力が高い（滅多に衝突しない）わけだから、網を地中深くに広げたりして、網に到達するまでには相当な「壁」を貫通してこなければならないようにしておくわけだ。この壁は、岩石でもいいし水でもいいし、氷河でもよい（IceCube実験は氷河を使った）。十分な物質量があればよい。ニュートリノ以外はあり得ないよね、というくらいの壁を築いておいて、ニュートリノが壁を抜けて網にかかるのを待つわけだ。

ところが、ニュートリノにはまったく及ばないが、そこそこ貫通力の高い素粒子が世の中には存在している。ミューオンと呼ばれる粒子で、電子の兄貴分と思ってくれればよいだろう。この粒子は岩石であれば５００メートルくらいは貫通する。この貫通過程も確率過程（「サイコロを振る」）であるので、多くのミューオンのうちいくつかは１キロメートル以上貫通する幸運な（「当たり面が出る」）ものがある。

これが偽ニュートリノ信号となるのだ。こうした偽信号を我々専門家はバックグラウンド（「背景雑音」もしくは単に「雑音」）と呼んでいる。ようやくニュートリノを捕まえたと思ったら、偽物だったという可能性が高いのだ。これを「真贋問題」と名付けよう。

10億個のゴミの中から1個の宝を探す

「真贋問題」をさらに解決困難にしているのは、たとえ本物のニュートリノ信号を検出したとしても、それが宇宙からやってきた天体ニュートリノ、もしくは宇宙生成ニュートリノであるとは限らないことである。ニュートリノは宇宙ではなく、地球大気でも作られるのだ！

皮肉なことに、大気でニュートリノを作るのも高エネルギー宇宙線である。２・３節で述べたように、とてつもないエネルギーを持つ宇宙線が地球に突っ込んでくると、大気中の窒素と酸素の原子核と衝突し、最終的には10億個以上の電子、陽電子、ミューオンなどの粒子の束となって地表に到達する。「空気シャワー」と呼ぶ現象だ。ここで作られるミューオンが、前述のニュートリノ偽信号の正体だ。大気ミューオンと呼ばれ厄介な存在だ。

ところが、この空気シャワーで作られる粒子の中に、ニュートリノもいるのだ。これを大気ニュートリノと呼ぶ。大気ニュートリノもニュートリノだから、宇宙からやってくるニュートリノとまったく同じである。

宇宙を形作る基本構成要素である素粒子には個性はない。地球で測定する電子も、太陽風に乗って木星に到達する電子も、コンビニで買った電池から流れ出る電子も、まったく同じ性質を持つ。ニュートリノも同じだ。どこで作られようと、その基本的性質は同一で、大気ニュートリノのほうがちょっと重いなどということはあり得ない。つまり、大気ニュートリノと宇宙ニュートリノの識別はまるっきり不可能ではないにしろ、かなり困難な話と言える。

さらに僕の希望を打ち砕いたのは、宇宙ニュートリノの贋作をつくるこれら「雑音」の数の多さである。万馬券問題を解決するためになんとか1平方キロメートルの広さの網を作ったとしよう。ニュートリノ以外の贋作を遮るように、それなりの厚さの壁を周りに巡らせることもできたとしよう（それ自体、かなりの困難を伴う）。

この壁を突破して網にかかるミューオンの数は、年間10億個から100億個もある。大気ニュートリノの数は年間10万個くらいだ。宇宙ニュートリノはせいぜい数十個くらいしかないのだから、砂浜の中からダイヤの原石を探すような、気の遠くなる道のりを走破する必要がある。

もちろん我々物理学者は、この不可能を可能にするかもしれない戦略が皆無というわけではなかった（第5章以降の主題の一つだ）。だが、いくらなんでも10億個のゴミから一つの宝を探すというのは、当時の僕には（いや、現在の僕にとっても）無謀にしか思えなかった。前章の図２・８（74ページ）をつらつら眺めながら、ニュートリノが救世主として君臨するのは遠い未来の話だなと結論せざるを得なかった。万馬券問題と真贋問題は踏破不可能な絶壁として僕の前に立ちはだかっていた。

３・２　プランB

まったく違うアプローチ

ニュートリノをターゲットとした測定実験は無理だと諦めた僕は、違う手を考え出した。

その基本線は、大学院生としての僕がやっていた実験、すなわち、高エネルギー宇宙線の中でも最もエネルギーの高いもの、すなわち1「垓」電子ボルトにも達するかという極高エネルギー宇宙線の測定をさらに大規模に、しかも違う方法で行うことであった。

宇宙線自体はニュートリノではなく、陽子や原子核であるから万馬券問題は存在しない。地球にやってくると「必ず」大気と衝突して空気シャワーを作ることは前に述べた。これを測定するのが僕の学位論文の主題であった。

必ず衝突するから、網を広げておけばその中に入った宇宙線は必ず網にかかる。すなわち、検出可能な信号を取り出せるのだ。雑音もないので真贋問題もない。要は網自体をデカくしておけばいいので、ニュートリノ検出に比べて難易度は遥かに下がる。

ただし、網の大きさは重要だ。前章の図2・5（49ページ）に示した背景放射のスペクトルの図をもう一度見てほしい。右側の青い点が超高エネルギー宇宙線のデータだ。

これを見ると、このデータはかなり右肩下がりの曲線を描いていることが分かるだろう。エネルギーが上がるほど（図の右側にいくほど）、輝度がどんどん落ちていることを意味する。輝度は宇宙線の数のような量だから、結局エネルギーの高い宇宙線は極めて数が少ないことになる。0・1「垓」電子ボルト（10^{19} eV）以上の宇宙線は、1平方キロメートルの広さに1年間にわずか1個、1「垓」電子ボルト（10^{20} eV）宇宙線は、存在したとしても1平方キロメートルの広さに１００年間にわずか1個、という少なさだ。

いくら万馬券問題がないとはいえ、網の大きさが1平方キロメートルでは、お話にならない。これを１００平方キロの網にしたのが、僕の学位論文の実験であった。だが、これではやはり宇宙線の観測数が足りず、はっきりとしたことは言えなかった。これを５０００平方キロ、すなわち50倍くらいの巨大な網にして、０・１「垓」電子ボルト以上のエネルギーを持つような極高エネルギー宇宙線を1万個捕まえようというのが、計画の概要だ。

網を大きくするだけではない。検出方法も変える。２・３節で述べたように、超高エネルギー宇宙線は大気に突入すると10億個にも達するかという多数の粒子（その多くは電子や陽電子）を作り出し、最大3キロ四方にも及ぶ領域に降り注いでいる。これが「空気シャワー」だ。これまでは空気シャワーとして地面に到達した粒子を、地表に点在させた検出器で拾い上げる、というやり方をとっていた。

この方式で、甲府盆地内の山梨県北杜市を中心としたエリアに１００平方キロメートルの網を広げた検出装置を作り、観測を行っていた。僕は、ＡＧＡＳＡ（アガサ）と呼ばれたこの実験に大学院生として参加し、実験物理学者としての基礎を学んだ。今考えても、この選択は良かったと思っている。しかし、この方式ではエネルギーの決定などに難があった。

そこにまったく違ったアプローチをとったのが、アメリカのユタ大学のグループだった。空気シャワーの粒子は、大気中で光（主として紫外光）のフラッシュを出すことが知られていた。大気蛍光と呼ばれる現象である。この蛍光を地上に設置した反射鏡で集光し、微弱な光にも感度がある検出器（一種の「カメラ」と言ってもいいだろう）でその様子を捉えるというやり方だ。これを大気蛍光望遠鏡と呼ぼう。

ユタ大学のグループは、まだ原始的ではあったが、大気蛍光望遠鏡方式で超高エネルギー宇宙線が作る空気シャワーの観測に成功していた。この方式では、空気シャワーを立体的に観測できる。超高エネルギー宇宙線の突入によって上空で発生した空気シャワーが、発達しながら地表に降りてくるまでをつぶさに見ることができるわけだ。これは素晴らしい。僕だけでなくＡＧＡＳＡ実験に参加した中核メンバーの多くがそう考え、次期計画は大気蛍光望遠鏡方式でいこう、ということになった。

大気蛍光望遠鏡方式

この方式の威力は、実際の観測データを見てもらうのが早道だろう。「垓」電子ボルトにも達する極高エネルギー宇宙線を捉える、現在世界最大の観測装置が南米アルゼンチンの荒野にある。空気シャワーを初めて観測したフランスの物理学者の名前にちなみ、Pierre Auger（ピエール・オージェー）実験と呼ばれている。

この装置は互いに50キロメートル離れた4箇所に大気蛍光望遠鏡を備え、なんと3000平方キロメートルにも及ぶ網を広げている。しかもAGASA実験の採用した方式である地表検出器によるやり方も同時に行い、両方式のいいとこ取りを可能にしている。我がIceCube実験のライバルとしても立ちはだかったプロジェクトであった。

図3・1（90ページ）に、オージェー実験が捉えた宇宙線空気シャワーのコンピューターディスプレイを示した。赤線にそって入射した超高エネルギー宇宙線が大気に突入後大量の高エネルギー電子・陽電子を作り出しながら進んでくる様が見事に捉えられている。ここまで詳細かつ立体的に空気シャワーを測定できれば、宇宙線の飛んできた方向も正確に決定できるし、そのエネルギーも自信を持って推定することが可能だ。このような事象を何千と捉えよう、そんな野心をたぎらせていた。

しかし、真の救世主はニュートリノだろうと当時から信じていた僕にとって、この大気蛍光望遠鏡方式のもう一つの良さは捨てがたい魅力だった。そう、ニュートリノも測定可能なのだ。

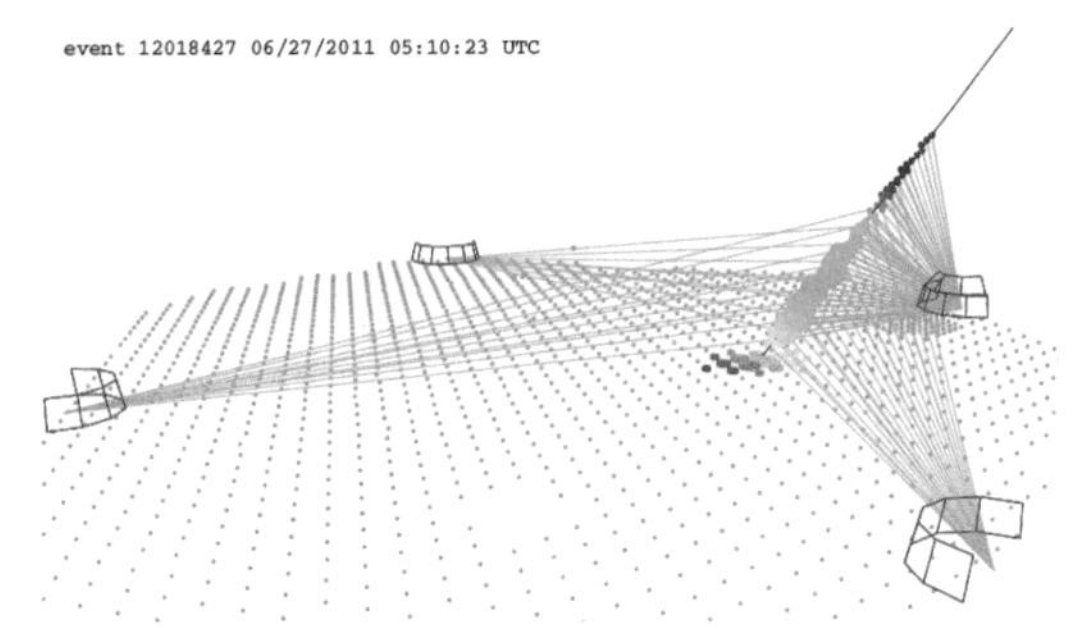

図3・1　オージェー実験が捉えた超高エネルギー宇宙線事象のディスプレイ。赤四角で示された4箇所の大気蛍光望遠鏡の視野から空気シャワーを立体的に捉えている。赤い線が宇宙線の入射軸で、この軸にそった点の集合が空気シャワー中の電子の数を示している。地表に展開された地表検出器の一群が灰色点で示されている。点の間隔は1.5キロメートル、すなわち1.5キロメートルごとに地表検出器が設置されている。この地表検出器で検出された信号がオレンジ・赤色の点として表示されている。(Pierre Auger実験グループの厚意により掲載)

ニュートリノは万馬券である。「当たり」が出たニュートリノは、この測定方式では次のようなものである。ニュートリノはめったに大気とも衝突しないので、当然、大気は素通りする。しかしごく稀に、大気奥深くで衝突するものもないわけではない。

特に大角度で斜めに入ってくるようなニュートリノは相当な厚さの大気を横切ってくるので、奥深くまで貫通してついに地表付近、例えば上空1000メートルくらいに来たところで、大気中の原子と衝突することが考えられる。見積もるとざっと3000分の1の確率だ。

この当たり券が出れば、ニュートリノは、奥深く大気を突入してから空気シャワーを作り出す現象として大気蛍光望遠鏡はその姿を捉えることができる。ニュートリノ以外の粒子はもっと大気上空で空気シャワーを作るので識別は可能だ。この方式では、大気が網の周りを取り囲む壁の役割を果たしている。空気シャワーを立体的に計測できる大気蛍光望遠鏡の威力だ。

とはいえ、「万馬券問題」も「真贋問題」からも逃れられるわけではない。早速計算してみると、超高エネルギーニュートリノにとって０・１平方キロ程度の大きさの網にはなりそうだということが分かった。前節で述べたように、１平方キロの広さは必要であったから、これでは小さすぎるが、宇宙は測定してみるまで何があるか分からない。０・１平方キロしかない網でも捉えられるくらいの、多くの超高エネルギーニュートリノを予測した風変わりな理論がないわけではなかった。まあ当たれば儲けものじゃないか、そう考えた。

救世主ニュートリノを探したい僕にとって、これはこの時点では唯一の現実的な解であり、次善の策、いわばプランＢであった。目指す感度にはまったく足りないが、ニュートリノも探索できるという可能性は、僕の密かな心の拠り所だった。密かとは言いながら、計算結果を１９９７年に論文にして発表し、あちらこちらの学会や国際会議で宣伝して回っていた。

あらためて四つの問題を整理してみると……

しかし、ニュートリノを捉えるには不十分な網であることはもちろん分かっていた。ニュートリノを見つけられなかったことを前提にして物事を考えるべきだ。この計画で実現すべきサイエンスの本命は言うまでもなく、超高エネルギー宇宙線そのものの測定である。だが、2・4節でさんざん強調したように、宇宙エンジン天体を突き止めるために超高エネルギー宇宙線を観測しても数々の欠点があり、その多くは本質的な問題であった。ここで、もう一度四つの問題点を列挙し、そのそれぞれに対して、どのように対処できると考えていたかを記してみる。

1　超高エネルギー宇宙線はビッグバン由来の「冷たい光」と衝突する。したがって地球で観測できる宇宙線のエネルギーには上限がある。

→超高エネルギー宇宙線のエネルギー分布を測って、「冷たい光」と衝突し始める0・6垓電子ボルト（6×10^{19} eV）以上の宇宙線が地球に届くことはない、あるいは急速にその数が減っていることを示せば、少なくとも、超高エネルギー宇宙線は冷たい光が満ち満ちている宇宙空間を長い距離伝播してきた、すなわち宇宙エンジン天体は銀河系外にあることは示すことができる。

2　0・6垓電子ボルト以上の宇宙線を放出する天体は、冷たい光と衝突を繰り返す前に地球に届くような「ご近所さん」（ざっと1億光年以内）にあるようなものしか直接観測できない。
→きっと「ご近所さん」にも超高エネルギー宇宙線を放出する天体はあるだろう。その数はきっと限られているだろうから、データをたくさん集めれば、宇宙線が候補天体の方角からより多く飛来していることを突き止められるだろう。

3　宇宙には磁場があるために軌道が曲げられてしまう。しかも磁場の様子がよく分かっていないため曲がり具合を正確に予言することはできない。
→宇宙線の主成分が予想通り陽子だったなら、電荷の大きさは電子の電荷と同じで（電子はマイナス、陽子はプラスの電荷だが大きさは同じ）磁場による軌道の湾曲は限定的だ。銀河系外磁場が弱かったなら、大きく軌道は曲げられないだろう。1垓電子ボルトにも達しようかという、極限に高いエネルギーを持つものなら、曲がりは5度程度で済むかもしれない。それなら宇宙線の到来方向を調べれば、天体を同定することができるかもしれない。

4 軌道が曲がることにより地球に届く時間も遅れる。しかも遅延時間を推定することはほぼ不可能である。宇宙エンジン天体が爆発など時間的に変動する現象によってエンジンを吹かしていたならば、この遅れのために、エンジンの活動を捉えることはほとんど不可能である。

――→宇宙エンジン天体の活動は時間的に変動せず、定常的に宇宙線を噴き出している可能性もある。

幻想に過ぎなかった目論見

古代にローマ世界を創り出し、今日のヨーロッパの基礎を築いたユリウス・カエサルは、「人間というものは、自分が望んでいるものを喜んで信じる」と言ったそうである。まさにおっしゃる通りですと、カエサルにひれ伏すしかない。

このような目論見は幻想に過ぎなかった。正確に言うと、問題点１に対する答えはおおむね正しかった。今の我々は、０・６垓電子ボルト以上のエネルギーを持つ極高エネルギー宇宙線の数は、それ以下のエネルギーの宇宙線に比べて圧倒的に少ないという確固たる証拠を持っている。しかし、それ以外の問題点への対処は間違っていた。宇宙はそれほど我々に親切ではなかったのだ。

しかも最悪なことに、たとえ幻想であろうと、このような戦略にそって超高エネルギー宇宙を調べる機会を僕自身が得ることはついになかった。最初にこの勝負に挑む栄誉に浴するのは、僕ではなかったし、日本の実験でもなかった。ヨーロッパとアメリカが牽引した前述のオージェー実験に参加した面々である。僕は挑戦権すらもらうことができなかったのだ。

だが、１９９０年代後半の僕はそんなことが起こるとは一瞬たりとも考えなかった。プランＢでもよい、大気蛍光望遠鏡をたくさん作り、世界最大の超高エネルギー宇宙線観測装置を作る。これが唯一の目標だった。

3・3 とにかく大きな検出器を作れ

そんな場所は日本にはない

でかい網が肝である。1「垓」電子ボルト（10^{20} eV）にも達するかという極限のエネルギーを持つ宇宙線はなにせ1平方キロメートルの広さに100年に1発しかこないのだ。1990年代前半に最も大きな網を持っていたのが日本のAGASA実験であった。甲府盆地の100平方キロのエリアに地表検出器を100台配置した観測装置であった。

これだって十分広かった。山梨県旧明野村にある観測所から車で30分走らないとたどり着けない検出器はたくさんあった。朝、車で出発して検出器に到着、その後1日中そこに張り付いて、試験やら調整やらで明け暮れるという日々を過ごしていた。大概の検出器は人のあまり通らない道端にポツンと置かれており、職場としてはあまり快適とは言えなかった。地元の教育委員会と交渉して、学校の校庭の隅に置かせてもらった検出器も多数あり、学校の敷地内での仕事も多かった。女子校にあった検出器で日がな一日仕事をしていたら、あやしい兄ちゃんだと思われてお巡りさんの尋問を受けたこともある。

しかし今度作ろうというのは、５０００平方キロメートルを覆う網である。しかも大気蛍光望遠鏡だ。大気蛍光は微弱なので、非常に暗い夜でないと観測できない。光が散乱、吸収されないためにも、乾いて澄んだ空気が理想である。そんな場所は日本に存在しない。必然的に砂漠あるいは砂漠に近い荒野に建設することになる。

アメリカ・ユタ州へ

アメリカのユタ州は、そのような広大な場所に恵まれた州である。東側は雪質に恵まれたスキー場を多く抱える山々がそびえる一方で、西側と南側には広大な荒野が広がる。この地勢を活かし、ユタ大学は大気蛍光望遠鏡方式のメッカとして知られ、最初の実用型観測装置“Fly's Eye”を成功させた後、その後継装置“High Resolution Fly's Eye”通称ハイレゾ(HiRes)の建設を開始していた。ハイレゾは実質的に８００平方キロの広さに相当する網であり、ＡＧＡＳＡ実験を世界一の座から引きずり落とそうという勢いであった。

大気蛍光望遠鏡をやるなら、このグループで仕事をしたい。ハイレゾは、大気蛍光望遠鏡多数で相当な領域の大気を見据えるステーションを2箇所作る計画であり、1箇所目はすでに稼働し、2箇所目を建設しようという時期であった。この建設にかかんで技術を習得しつつ、ハイレゾの最新データも解析しよう、そういう目論見でこのグループに移籍した。ユタ側も日本からの新参者を快く受け入れてくれた。

面食らったのは、ハイレゾの場所が米陸軍の軍事基地内にあったことである。ダグウェイ(Dugway Proving Ground)と呼ばれるその広大な基地は、陸軍の様々な演習の場所として使われるばかりではなく、どうやら化学兵器の研究所も中にあるような物騒な場所であった。ユタで仕事を始めてから約1年後に日本で地下鉄サリン事件が起きたとき、このニュースはダグウェイの正門からのテレビ中継とともに全米に報じられた。自分の職場がアメリカのサリン生産・貯蔵施設なのかと戦慄したことをよく覚えている。

アメリカでは、荒野に建造物を作ると、人通りも少ない(というかめったにない)ので、砂漠を駆けまわる荒くれ者が銃弾をぶち込んだりする(アメリカ、とくにユタ州は銃の所持率は高い)。装置を守るためには軍事基地内に作るのが得策である。おまけにインフラも整っているので電力供給も心配ない。これが当時のユタ大学グループの判断であった。この理屈は分からないでもなかったが、この判断がのちに大きな厄災を運んでくることになる。

新たなミッションと次の一歩

とにかく、ダグウェイに通う日々が始まった。初めて経験する大気蛍光望遠鏡の建設は楽しくもあり、学ぶことはたくさんあった。反射鏡の焦点にカメラの位置をどのように合わせるかといった実務から、望遠鏡に入射した蛍光の軌道計算など建設に必要な計算コードの開発まで、メニューは多岐にわたった。

設置した望遠鏡が所定の性能に達しているか、オペレーション可能な状態にあるかどうかをチェックするシステムの開発が僕の仕事として割り当てられ、ユタ大学グループのソフトウエアフレームワークの設計思想の先進性に感銘を受けたことも懐かしく思い出される。軍事基地なので写真で紹介できないのが残念だが、建設場所は小高い丘の上にあり、そこからの眺望は抜群で、広大な荒野の向こうにあるロッキー山脈系の山々が見渡せた。アメリカの「ザ・西部」という光景を眺めながら、自分が砂漠にいることを実感したものだった。

ハイレゾの建設に加え、新たなミッションも加わる。日本グループによる最初の望遠鏡プロトタイプの建設が１９９６年に始まり、一種の現地監督の仕事が多くを占めるようになった。場所はハイレゾの第一ステーションから約14キロほど離れた小さな丘の上で、やはりダグウェイの基地内であった。

設置場所の測量、アクセス道の工事監督、コンクリートミキサー車の手配や基地内入構許可の取得など、山のような雑務である。あげくのはては、メキシコ人の作業員たちとコンクリートを流し込み望遠鏡を設置する土台を作ることまでやった。

図3・2　ハイレゾの大気蛍光望遠鏡のカメラ部分の建設に従事する。派手な短パンを穿いているのが筆者。1994年。

アメリカは基本的な単位が日本と（というか世界の多数と）まったく異なり、長さの単位であるインチやフィート、面積の単位であるエーカーなど感覚が分からず閉口したものだったが、メキシコは日本と同じメートル法を採用する国なので、メキシコ人たちとの仕事はやりやすかった。メートルと言えば通じるのがこんなに有り難いと感じたことはなく、彼らメキシコ人とは同志的な絆があったことも良い思い出だ。しかし、こうした経験が物理学者として後年役に立つことはまったくなかったことは確かである。ただ測量だけは、10年後に南極点で再び経験することになった。

こうして、ハイレゾ第二ステーションの建設、そして日本の望遠鏡プロトタイプの建設を進めていたが、同時に、将来計画を実現するための地道な仕事も大事であった。すなわち、自分にとってプランBながら唯一の実現可能な解と考えていた、新型大気蛍光望遠鏡のステーションを多数数珠(じゅず)つなぎ状に配置し、5000平方キロメートルを覆う網を作るためのプラン作りである。この壮大な構想が机上の空論で終わらないためには、現実的な提案へと昇華させる必要があった。その第一歩は、「どこにそんなものを作るのか」、そう、場所探しである。

3・4　砂漠をさまよう

基地の外に目を向ける

いかにダグウェイが広大な基地であったとはいえ、僕らが考える望遠鏡網を設置するほどの広さはなかった。また日本とアメリカの国際共同実験になることを考えると、米国の軍事基地というのは場所としていかにも非現実的だった。僕は当時ほぼ顔パスで機密区域に立ち入ることができたが、そのステイタスに行き着くまでに紆余曲折があったし、米軍には気持ちの良い連中も多くいたものの、基地という独特の雰囲気には馴染みきれないものがあった。日米実験ともなれば、つたない英語しか使えないような日本人も多数出入りする必要がある。軍との関係を円滑に保つには彼ら軍関係者との密接なコミュニケーションは必須であり、トラブルが起こりそうなことは火を見るより明らかだった。そこで、懐疑的なユタ大学のボス連中を説得し、基地の外に目を向けることにした。

どのくらい広大な場所が必要なのか。5000平方キロメートルの広さの網をかけようと思ったら、実際にはその10倍、5万平方キロメートルもの面積をカバーする必要があった。なぜか。実は5000平方キロメートルの網と言うとき、この網は1日24時間365日稼働することが暗黙の仮定として入っていた。しかし、大気蛍光望遠鏡は夜間しか観測できない。しかも微弱な光である空気シャワーからの蛍光を捉えるには、月明かりですら邪魔になる。月のない晴れた夜、という贅沢な条件が満たされねばならないのだ。楽観的に見積もっても、1年のうちで10%ほどだ。つまり、実質5000平方キロメートルの網にするにはその10倍が必要ということになる。

これだけの面積を稼ぐにはダグウェイの南に広がる広大な砂漠しかない。この中に最低7~8箇所は、大気蛍光望遠鏡ステーション建設適地を探す必要があった。一箇所のステーションに40台程度の大気蛍光望遠鏡を建設するので、それなりの広さが必要である。しかも建設場所に平地は適さない。網を大きくするには、たとえ30キロ遠方に入射した宇宙線であっても望遠鏡で捕捉する必要がある。このためには光が30キロ程度は減衰も、できれば散乱もあまりせずに望遠鏡の反射鏡にまで到達してほしい。

ところが平地の地面近くはダストやら霧やらが滞留しており、この貴重な光の邪魔になってしまう。これを避けるには少なくとも１００メートルくらいの高さの小高い丘の上に望遠鏡を設置する必要があるのだ。つまりダストの上に顔を出しておくわけである。実際、ハイレゾのステーションは第一も第二もこのような丘の上に建設されていた。

砂漠の中での候補地選び

というわけで、砂漠の中に点在する丘という丘を調べる旅が始まった。１９９０年代当時は、もちろんGoogle Mapなどは存在しない。あったとしても、土地の所有者が分かるような地図でないと役に立たない。我々は私有地を避け、連邦政府の土地管理局（BLM - Bureau of Land Management）が管理している国有地か、あるいはユタ州が格子状に保有している学校用地（どんな荒野であろうと、なぜか州はある距離ごとに学校建設用の場所を確保している。たぶん法律かなにかで決まっているのだろう）のどちらかに限ることにしたからだ。借地交渉を一括して進めたいからである。

ＢＬＭの管理区域及び学校用地が色分けされている地図と、等高線が詳細に書かれている地図の二つを入手する。地図を見ながら、調査する区域を考え、走破する必要のあるおおよその距離を算出して必要なガソリンの量を決め、ガソリン満載のポリタンクを荷台に載せた四輪駆動のトラック（アメリカに多い、ピックアップトラックというやつだ）で出発する。ガソリンが重要なのは、当然ガソリンスタンドなど砂漠にないからである。ガスがなくなるたびに１５０キロ離れたスタンドまで戻るなど効率が悪すぎる。

ガソリンどころか宿だって遠いので、戻る時間を惜しんで寝袋で寝ることもあった。宿は、ユタ州を縦断する州間高速道路Ｉ－70沿いにあるうら寂れたモーテル（70年代の米映画に出てくるようなやつだ）にすることが多かったが、ここですら、戻ってシャワーを浴びると「文明」を感じるというありさまだった。

こう書くと計画立てて調査旅行を遂行していたように聞こえるが、実際には行ってみないと分からないことも多く、道すらまともにないわけだから、車が入れずに途中で車を捨て徒歩にしたとか、タイヤがパンクしたとか、アクシデント満載である。当初は結果的にかなり

図3・3　建設適地を探し続ける。1999年。

行き当たりばったりだった。土地勘もなく、迷うこともしばしばだった。なにせ、砂漠はどこも似たような景色なので、分かりやすい目印がめったにないのである。

車をとめ、地図とにらめっこし、遠くの山の稜線を眺めてはおおよその位置を確かめる。これを何度繰り返したであろうか。２年目になるとＧＰＳという文明の利器が現れてだいぶマシになったが、これとて今とは比べ物にならない代物だった。ＧＰＳ衛星と交信して、現在位置の緯度と経度が表示されるだけの小さな端末で、当時は衛星の数も少なく、また民間に開放するＧＰＳデータは軍が精度を落としていたせいもあって、２００メートルくらいずれることはザラだった。端末に現れた数字を基に地図上に現在位置の「候補」を書き入れていくということをよくやったものだ。

つらかったのは丘登りである。地図上の等高線を見ただけでは、丘の上の様子は分からない。自分の目で確かめなくては。当然車は登れないので、徒歩だ。苦心惨憺登ったあげく、上に着いてみたら、狭すぎたとか、凹凸が多すぎるとか、ゴツゴツとした岩だらけの場所でとても工事はできないだろうとかで、また無駄足だったということが何度あったろう。まだ30歳前後で若かったからできたけれど、今は考えただけでうんざりしてくる。

苦心の末に

1回の調査旅行は3日から5日程度の日程だった（それ以上だと体がもたない）。人に会うことはあまりなく、携帯電話もない時代だったので（あったとしても電波が届かなかったろう）、マズい事態に陥ったときの頼みのツナは大型トランシーバーだった。

このトランシーバーでダグウェイのハイレゾ第一・第二ステーションで観測をやっている同僚と交信できるのだ。この交信も、ほとんどトランシーバーの状態を確かめるためにやるくらいで、単独行動のときは「あれ、昨日も今日も誰とも口をきいてないぞ」と思い出すこともあった。ユタ大の同僚と二人で行動している場合はそんなことはないが、朝はくだらない話で盛り上がっても、夕暮れどきには、乏しい成果と疲れで無口になっていく。「世間」

からは隔離された環境であった。

あるときの調査旅行から帰ってみると、世の中はダイアナ妃の事故死のニュースで大騒ぎになっており（アメリカ人は英国王室の話題が大好きである）、自分が身を置いた環境とあまりにかけ離れた状況に、なにか別の星に帰ってきた気がしたことをよく覚えている。

こうして苦心の末に、１９９８年の秋までに10箇所ほどの候補地を特定することができた（図３・４、１０８ページ）。それでも問題がまったくない候補地は一つもなかった。ある場所はかなりの長さの道を作る必要があり、ある場所は丘の高さが足りなく、またある場所はゴツゴツしすぎて建設のための造成に苦労するだろう、というように。それが現実だ。そこから先は調査を進めながら考えるしかないだろう。調査はミレニアムが過ぎた西暦２０００年冬まで続けていた。

最北端の Camels Back から始まり、南へと数珠つなぎで広げていくとヘビの形に似ていることから、ユタ大学の同僚はスネークアレイというニックネームをつけた。僕もその名前がわりと気に入りよく使っていた（実際砂漠でガラガラヘビに遭遇していたし）。だが日本の人たちは「え～ヘビかよ」という受け止め方で、あまりその名称は受け入れてもらえなかった。

いずれにせよ、これが僕らの次期プロジェクトであり、出発点であった。現在テレスコー

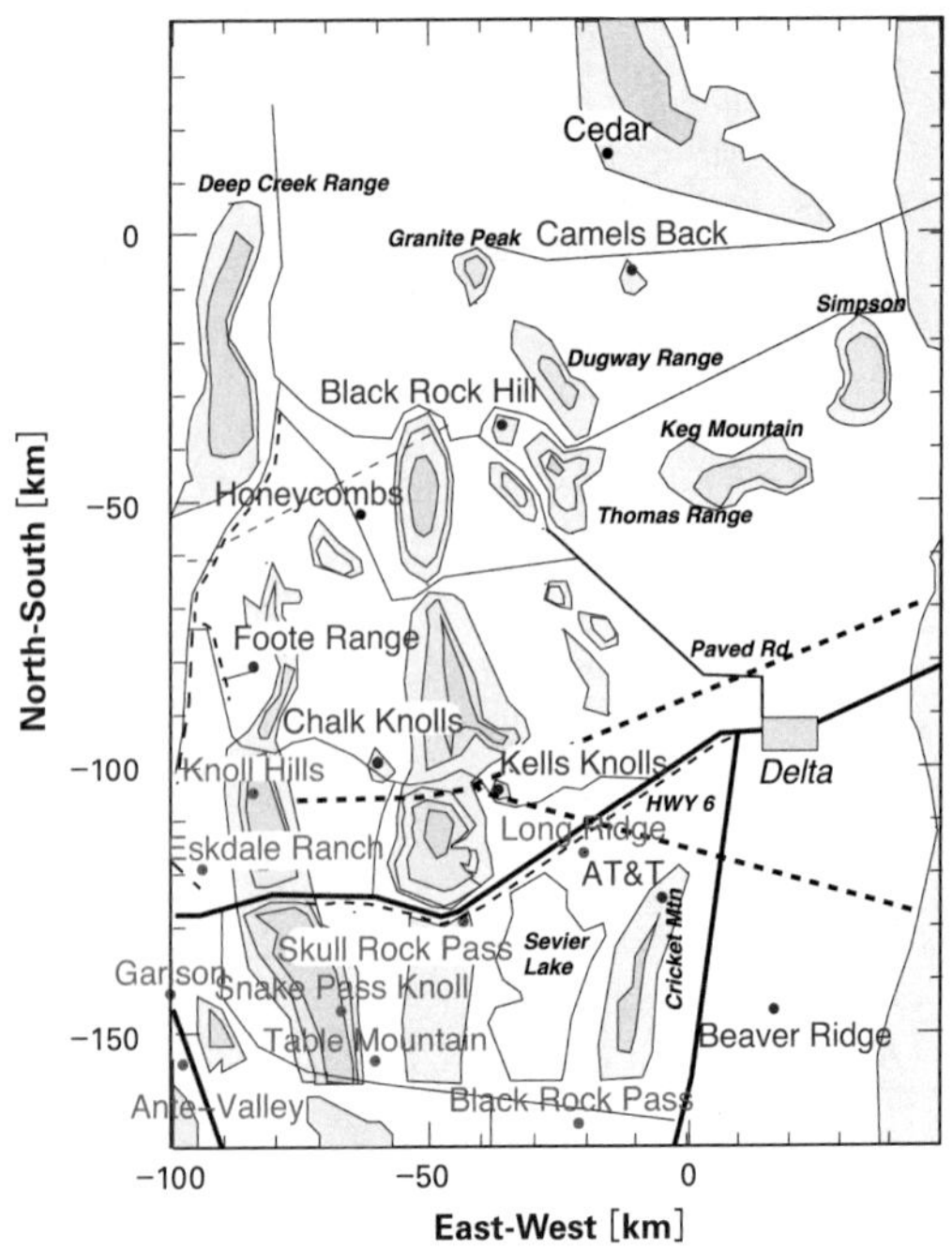

図3・4　探し出した大気蛍光望遠鏡ステーション設置予定地の配置図。一番北にある Camels Back（ラクダの背中）はハイレゾ第二ステーションの場所であり、ここを最北端として南へと拡張していく計画であった。太線は舗装道路（US Highway）、細線は砂利道、破線は電線を示している。Black Rock Pass とLong Ridge は現在東京大学宇宙線研究所の建設によるテレスコープアレイ実験用の大気蛍光望遠鏡が建っている（著者作成）。

プアレイ実験として稼働しているプロジェクトの原型（のそのまた原型）である。

3・5　米軍の誤爆

不吉なメッセージ

不幸は留守番電話に吹き込まれた不吉なメッセージから始まった。

その日、僕はスキーに行っていた。ダグウェイの基地は軍事演習のために民間人立入禁止となっていた。当初は観測を中断させられるので抵抗していたが、結局基地では軍の言うことには逆らえない。軍事演習の通達が来るとオフリミットとなり、僕は気持ちを切り替え、冬であれば近所のスキー場に滑りに行くことにしていた。冬のオリンピックを開催したソルトレイクシティーは、スキーヤーには天国のような場所である。その日も滑りを堪能して夜に家に戻ると、電話のランプの点滅が新しいメッセージの存在を告げていた。

「シゲル、問題が起きた。電話をくれ」。メッセージはそれだけだった。僕のユタ大学のボス、ピエール・ソコルスキーだ。彼の声はバリトンであり、電話ではいつも渋すぎるボイスでしゃべる。内容が他愛ない話でもこの調子で深刻そうにしゃべるので、このメッセージを聞いても、どこまでマズい話なのかは見当がつかなかった。

電話を折り返すと彼は言った。「どうもお前たちの検出器がミサイルで破壊されたらしい。状況はまだよく分からない」。あまりのことに、言葉が出ない。実感もない。「お前たちの検出器」というのは、3・3節で述べた、僕が現場監督をやっていた日本グループのプロトタイプ望遠鏡だ。なにが、どうなったら、それがミサイルで破壊されなければならないのか。とにかく翌日早朝、彼と待ち合わせてダグウェイに向かうことになった。

米軍の壁

ダグウェイ基地正門で軍関係者の出迎えを受け、まずはどこかの会議室に連れて行かれた。そこで「大佐」という肩書の奴が現れた。よくは知らないが、大佐はこの軍事基地の事実上のトップであることは小耳に挟んでいた。彼曰く、空軍と合同でミサイル演習をしていた、標的として誤って望遠鏡にミサイルが突っ込んだ、ということだった。

淡々とした説明だったことを覚えている。その後、大佐は引っ込み、別の軍関係者数名が僕らを現場近くまで連れて行った。どちらかというと連行されるという雰囲気である。

見事な破壊だった。最初は接近することが許されず、遠くから眺めるだけだったが、木っ端微塵ということはわかる。軍事機密だったからだろう、ミサイルが取り払われるまで待たされて、数日後に望遠鏡サイトに入ることができた。よく見ると、望遠鏡本体ではなく、データ収集のための装置や観測者のスペースとして使っていたトレーラーハウスの一角に大穴が空いている。ここが着弾点だ。ここに何があったのか思い出そうとしてピンときた。

この丘には電線を引っ張っていたので電気は来ていたが、データ伝送のためのネットワーク線はなかった。そこで当時では最速の転送速度を持っていた無線技術を使い、無線でデータをハイレゾ第一ステーションに送っていた。今で言うＷｉ‐Ｆｉの原型だ。そこからは通常のインターネット回線でデータは大学まで送られる。着弾点には、この無線伝送のためのアンテナがあったのだ。

ミサイル演習の標的は電波を出すものだったのだろう。その周波数とこの無線伝送の周波数がたまたま一致し、ミサイルは標的を取り違えてこのアンテナめがけて一直線だったのだろう。おおよそそういうことだったはずだ。

だが、軍はこの部分は一切認めなかった。それはそうだ、これが本当なら、ミサイルの目くらましができるわけだから。彼らは、この着弾は「たまたま」であり理由は特定できていないと言い張った。

おいおい、何を言っているんだ、と僕は思った。砂漠をうろうろしたり、測量したり、とおよそ「知的な」ことから遠ざかっていたが、それでも物理学者の端くれである。「たまたま」の確率くらい計算できる。こいつらはしらばっくれているな、と思ったが、議論しても仕方ないので、黙っていた。

復旧作業には1年以上を要した。実際の肉体作業は日本から来た学生さんたちに頼ることが多かった。今考えても気の毒だった。僕のほうは、基地への特別入構許可の根回しや、軍との補償交渉などを主に担当した。ユタ州選出の上院議員の秘書と会ったり、手紙を書いたり、まあいろいろなことをやった。だが軍は決して公式には謝罪しなかった。それどころか、陸軍と空軍で責任のなすり合いまでやる始末だった。同じユタ州にあるヒル空軍基地からミサイルが発射されたのだが、彼らは、そんな望遠鏡の存在は知らなかった、ダグウェイが我々に知らせるべきだった云々などと言っていた。てんやわんやのあげく、軍はいくばくかの補償金を振り込んで、この件は幕引きされた。

この時期と前後して、ダグウェイの保安基準は厳格になっていき、ついにはレベル2と呼ばれる高機密区域にあったハイレゾ第二ステーションにはアメリカ国籍がないと入れなくなった。自分が立ち上げの一部を担当し、組み立てた検出器を直に見ることも触ることもかなわなくなったのだ。日本のプロトタイプ望遠鏡の場所にもアメリカ人の「エスコート」付きでないと行けなくなり、そのためだけにアメリカ人の研究員を雇ったが、こいつも無能な男で何の役にも立たなかった。「こんな場所ではやってられねえ」これが僕の偽らざる気持ちだった。ミサイル誤爆が起きた１９９７年冬から２０００年にかけて、こんな気持ちを抱えながらユタでの仕事を続けていた。

３・６　予算がない

遅れる建設計画と巨大な国際実験計画

肝心の次期プロジェクトが実現できる見込みもなかなか立たなかった。総予算は約１００億円を想定していた。何年もかけた調査で見つけ出した建設候補予定地の位置関係を正確に考慮してコンピューターシミュレーションを何度も繰り返した。

このシミュレーション計算は僕の主担当で、ハイレゾ実験で行われていた手法とは違う独自の手法も取り入れ、ゼロから僕が書いたものだった。建設が終わり観測データ解析を進める時期に必要となる日本グループの競争力の源泉の一端を担い、経験豊かなユタ大学のグループとも対等にやっていけることを念頭において開発していた。

どれくらいの大きさの網になりそうなのか、検出した宇宙線の到来方向はどれくらいの精度で決めることができそうか、そして僕の密かな拠り所だったニュートリノ観測の感度を上げるためにはどのような解析をすべきなのか、など多くの課題に応えようとしていた。だが予算獲得の見込みは立たず、建設計画のスケジュールは遅れるばかりだった。

その間、世界の宇宙線物理研究者は、超高エネルギー宇宙線観測の精度を飛躍的に上げるためにヨーロッパのグループとシカゴ大学を中心とするアメリカのグループが大同団結して、巨大な実験計画を進めていた。

3・2節でも紹介したピエール・オージェー実験である。人員規模、そして獲得可能な予算規模から考えても、こちらのプロジェクトのほうが圧倒的優位に立ちそうな勢いであった。僕の友人の何人かはこのプロジェクトに参加していたし、彼ら主催のシンポジウムにも招待されて話を聞いたり、自分も講演をしたりしていた。酒を飲みながら、お前も参加しないか、と誘われたし、プロジェクトの上層部も僕の上司たちと公式な会合を重ねているようだった。

だが、僕自身はあれだけユタでひどい目にあっていたのだが、クビを縦に振る気はなかった。ピエール・オージェー実験は本当の国際共同実験で、多くの国・大学が参加している。その中に日本グループが入っていってもワン・オブ・ゼムになるだけだろう。歯車にはなりたくなかったのだ。

ただ、これは了見が狭い考え方で、僕のほうが間違っていた。プロジェクトが大きくなろうとも、多国籍グループの中で切磋琢磨して自分の実力を信じて戦っていけばよいのだ。そうすればただの歯車にはならない。のちに同じような国際共同実験であるIceCubeに入り、戦っていくことになるのだ。この点に関しては僕はケツの小さい人間だったことを認める。ただオージェー実験に入りたくない別の理由もあった。

いきなりで申し訳ないが、僕はヤクルトスワローズのファンである。あまり熱心に応援はしないが、長年気にはかけているチームだ。およそ東京地域に縁がある人間で、これは少数派と言ってよいだろう。多くは読売ジャイアンツを応援しているからだ。

別に読売新聞が嫌いなわけではない。ニュートリノによる成果についても多くの記事を配信してくれ感謝しているくらいだ。ただ、僕は強大な組織やチームというものに心惹かれない天邪鬼な性格だ。巨大な相手に立ち向かう弱いほうを応援する。英語で言うところの「アンダードッグ」が好きなのだ。この観点にたつとオージェー実験はジャイアンツになりそうだった。そこにノコノコと入っていく気はしなかった。

だが、かといって我々のほうもプロジェクト実現の見込みは相変わらず立たなかった。予算が獲得できそうな匂いも漂わない。このような状況が続くとチームの雰囲気も悪くなってくる。今後の方針をめぐって口論することも多くなり、後味の悪い思いをすることしばしばだった。

もうダメだ

悪いことはさらに続く。東京大学宇宙線研究所の看板実験であるスーパーカミオカンデが、大規模な破損事故を起こした。２００１年冬のことである。こうなると研究所のリソースはどうしたって、そちらに取られる。１００億円の予算など逆立ちしたって無理である。

ついに大きな決断がくだされた。大気蛍光望遠鏡を多数建設する計画を白紙に戻し、もっと安価な実験にする。ＡＧＡＳＡ実験のスタイルに戻り、多数の地表検出器をユタに展開する。大気蛍光望遠鏡はこの地表検出器の性能を担保する補助的なものとして、少数を建設する。総予算は20億円以内とする。おおよそこのようなものだった。

これは大幅な縮小と言ってよい。この実験でできる網はわずかに700平方キロほどの広さしかない。また、この検出手法ではニュートリノ観測は不可能だった。プランBにも成り得なかった。これは僕にとってもかなりの痛手だった。いくら「アンダードッグ」好きとはいえ、これではジャイアンツに踏み潰されるだけだ。3000平方キロメートルの網を持つことになるオージェー実験とまっとうに競争して、世界一の測定結果を握ることなど不可能だった。

そもそもこの決断がくだされる以前から、僕は徐々に情熱を失いかけていた。度重なるトラブル、進まない実験、方針をめぐる不毛な論争などにイヤ気がさし始めてきた。

こうした気持ちのまま仕事を続けることは意義あるものではないし、研究グループに対しても誠意ある態度とは言えない。お世話になっていた東大を出よう。そして、それがなんであれ自分の心底やりたい研究プロジェクトを見つけ、その追求が許される自由を得たい。

そう思い、職探しを始めた。幸いなことに日本内外の研究機関からいくつかオファーをもらい、考えた末に千葉大学にお世話になることにした。2002年4月のことだった。

今から振りかえると、結局のところ100億円規模のプロジェクトを打ちたてるには僕は力不足だったのだろう。お前は「顔じゃない」といったところだ。IceCube実験に参加し、宇宙ニュートリノ観測にしのぎを削ってきた今ならそれが分かる。
だが、このときの僕は落胆し、疲れきっていた。

第4章

IceCube実験との出会い

4・1　米アスペンスキー場での耳打ち

爆弾発言

またお前はスキーか、と言われると返す言葉はないが、始まりはスキー場だった。

米コロラド州にあるアスペンスキー場はアメリカ有数のスキーリゾートだ。ここに米国物理学会が会議・宿泊施設を持っており、ここで開かれた超高エネルギー宇宙に関するシンポジウムに参加していた。スキー場で行われる国際会議に誘われれば、なるべく行くようにしていた。もちろんスキーが目当ての一つであるが、スキーを通じて世界中の研究者の知己を得ることができたことも確かだ。このアスペンの研究会も同様だった。２００２年１月末のことだ。

そこに来ていたのが、米ウイスコンシン大学のフランシス・ハルツェンだった。フランシスは本来理論物理学者で、元々素粒子物理学を研究していたが、途中から宇宙の研究を始め、第２章で議論したような超高エネルギー宇宙の放射起源についていくつかの素晴らしい論文を書いていた。その縁で僕らは、１９９０年代からお互いに旧知の仲だった。アスペンの研究会の会場である宿舎の廊下で彼とたまたますれ違ったときだと記憶している。やあ久しぶりだね、などと挨拶して世間話をしたあとで彼は言った。「ところで、IceCube実験の予算がつきそうなんだよ」と。

僕はその何気ない一言に驚愕した。「ところで」(By the way) といって会話の最後に思いもよらない話を持ち出すのは彼一流のテクニックであったが、このときも、マジですかという爆弾発言だった。

IceCube実験の概要は知っていた。南極の氷河を使ってニュートリノを測定しようという実験だ。３・１節で説明した「壁」の役割を氷河が果たす。その氷河の奥深くに多数の検出器を埋め込むという途方もない計画だった。あまりに途方もないアプローチであり、予算もかなり必要だろう。すぐに実現できるとはまったく考えていなかった。それが「予算がつく」と言うのだ。

この氷河を使う実験のアイデアの歴史は古く、すでに１９９２年に最初のトライが行われた。アマンダA（AMANDA-A）という実験だ。まずは、このやり方が使い物になるかどうかを探る実証実験の意味合いが大きかった。

このプロジェクトを率いていたのが、フランシス本人だった。検出器を1000メートルくらいの深さに埋め込んで信号を見たのだが、この深さでは氷河の中に多数ある泡の影響で、ニュートリノが稀に衝突した（＝当たり券が出た）ときに出る光が散乱されまくってしまい、何を見ているのかさっぱり分からないようなデータを出していた。

この話を、誰あろうフランシス本人の講演で、1994年ごろにフランスであった研究会で（これもやはりスキー場が会場だった）聴いていた。こりゃダメだなあ、というのが聴いていたときの感想だったが、フランシスは意気軒昂で、少なくともエネルギーは測れると、いけしゃあしゃあと主張していた。さらに彼は、また次の実験では検出器をもっと深いところに埋める、深度が深くなれば氷河の重さで泡は潰れ、散乱は起きなくなるから大丈夫だとも言っていた。

すごいことを言い出すもんだと思った。普通の常識から言えば、この実験は失敗である。何を見ているのか分からないデータしかないのだから。「次」はないはずであった。

ところが、アメリカはその「次」の実験の予算をつけたのだ。アマンダB（AMANDA-B）という実験だった。アメリカという国のフロンティア精神の大きさに驚かされた。すごい国である。アマンダB実験により、氷河の深いところでは散乱が少ないことが立証され、大気ニュートリノ信号も測定された。１９９６年のことだ。

だが、高エネルギー宇宙ニュートリノを狙うには小さすぎる。網の大きさがまったく足りないのだ。アマンダBをもう少し大きくしたアマンダⅡ実験が始まっていたが、やはり小さすぎて、宇宙ニュートリノは発見できないだろうと踏んでいた。

このやり方で大きくするには予算も人員もケタ違いの規模が必要であり、新しい技術も必要だ。IceCube 実験など夢物語で、そう簡単には実現しないだろうと思っていた。だが目の前のフランシスは「予算がつく」と言い出したのだ。

「一緒にやらないか？」

フランシスは僕を食事に誘い、その席で彼から少し詳しい話を聞いた。総予算は２７０ミリオンドルであること。その６割以上をアメリカから拠出できる見込みで、予算書が米議会に提出されていること。残りをドイツを始めヨーロッパが負担すること。数年のうちに建設を開始することなど。２７０ミリオン！　３００億円近い予算規模である。世界が違う。そして、こうした話のついでのように彼は言った。一緒にやらないかと。

彼は物理学者業界の中で頭抜（ずぬ）けた食通である。旨いものとワインには目がない。彼との食事では美味しいものを食べた経験しかない。請求書は高くつくが彼の行くレストランに間違いはない。食べ物が旨いところでないと現れないと噂されている彼がなぜアスペンに来ていたのか不思議であるが、多分ワインの選択肢はアスペンでも豊富だったはずだ。ところがこのときにどんなワインを飲んだかはまるで思い出せない。飲んだことは飲んだのだが、思い出せないのだ。それくらいこのときの話の振りは鮮烈だった。俺を誘うのか？　研究予算なんてまったくないんだよ。

　フランシスは僕が東大を辞めて他所（よそ）に移ることを知っていた。というか、宣伝したわけでもないのに世界中の僕の知り合いは僕の移籍を噂していたらしかった。そんな人事の話が好きなのは、学者も新橋のサラリーマンも同じであるらしい。そして、彼は僕が研究プロジェクトを探していることを嗅ぎつけていたようだった。僕がニュートリノに執着していることはもちろん彼は知っている。僕の書いた論文もみな読んでいたし、内容に関して議論したこともあったはずだ。だが、それにしても。

　さすがの僕も即答はできなかった。

４・２　賭けに出る――日本から単独参加

勝負できるのか

途方もない話に僕には思えた。IceCube 実験か。予算規模からしてまったく違うプロジェクトだ。だが、この実験に参加するというアイデアは僕の心から離れなかった。

Back of the Envelope という熟語が英語にある。封筒の裏という意味だが、文字通り、封筒の裏や紙の余白に走り書きして、大雑把な計算をすることを指す。フランシスと話した日の夜、部屋に戻った僕はまさにこれをやった。宿舎の便箋だかメモ用紙だかを破って、計算を始めたのだった。

２００２年当時、僕はまだラップトップコンピューターを出張時に持ち歩いていなかった。シンポジウム講演時にコンピューターをつないでスライドを映すのが主流になるのは、もう少し後の話だ。素手なのでまともな計算を出張先ではできない。うろ覚えしているいくつかの数値を基にざっくりとした手計算を紙に書きつけ始めたのだ。

計算したのは、IceCube実験の網の大きさがどれくらいになりそうなのかだった。もっと言えば、例の1「垓」電子ボルト以上のエネルギーに達しようかという極高エネルギー宇宙線が、ビッグバン由来の「冷たい光」と衝突してできる宇宙生成ニュートリノ背景放射（2・5節参照）を検出できるほどの大きさになり得るのかを見積もったのだった。

宇宙生成ニュートリノの探索感度を見積もりに選んだのは、このニュートリノの量は自分でも計算し、予測の精度も含めてよく理解していたことと、超高エネルギー宇宙線起源を解明し宇宙エンジン天体を探る切り札の一つと考えていたからだった。

大雑把な計算なので間違っているかもしれなかったが、2年観測すれば、100京電子ボルト（10^{18} eV）程度のものすごい高エネルギーのニュートリノを1発くらいは検出できそうだった。欲を言えば、あと5倍くらい大きな網が欲しい。だが、これまでに考慮してきたニュートリノ網の中では最も有望だった。プランBどころではない。プランAと呼んでもいいと思える数字だった。

帰国してから調べると、フランシス本人も宇宙生成ニュートリノ背景放射をIceCube実験で捕まえる可能性について論文を書いていた。彼らの見積もりは僕のものとそう違わなかった。実際には、もっと厳しいかもしれないが（特に3・1節で議論した「真贋問題」の取り扱いについては甘い見積もりであることを認識していた)、とにかく勝負にはなりそうだった。

失うものなどないじゃないか

だが、本当にできるのか。自信はない。自問自答を始めた。やるからには、良い結果を出したい。参加するだけでなく意味のある貢献をして、ちゃんと競争の最前線に立ち、宇宙ニュートリノ発見に一番乗りしたい。参加することに意義があるなんてテンで信じていなかった。

しかし、そのためには自分に相応の力がないといけないし、研究資源も必要だ。だが、自分にそこまでの力があるとはとても言い切れなかった。なにせニュートリノの地下実験はやったことがない（氷河ではあるが IceCube もニュートリノを測定するために地表から遥か下にもぐって検出器を展開するタイプの地下実験だ）。実験物理学者としての実績は地下実験に関しては皆無だ。研究分野を変えたと言ってもいいくらいの違いである。

研究資源に至っては問題外だ。自分の研究グループは僕一人だけからスタートする。吹けば飛ぶような小さなグループだ。研究費だってまったくない。もちろん研究費を獲得できるように最善の努力はするが、なんの保証もないのだ。ましてやニュートリノ実験の経験はない。そう簡単には研究費は取れないだろう。

また、超大型の国際共同実験であるというのも難関であった。大型の実験は大体どこもそうであるが、国ごとに義務が課され、予算、実験装置の開発・維持といったことに具体的に貢献することが求められる。要求されるハードルは高く、それもあって、IceCube実験クラスの大型国際プロジェクトに日本の大学が単独で参入することは僕の知る限りなかったように思う。たいていは複数の大学や国立研究所などが集まり一種の「日本コンソーシアム」のようなものを組んで参加するのが一般的だ。これは今日でもおおむね同じである。

だが、僕には失うものなど大してなかった。ここで開き直らないで活路が拓けるだろうか。どうせ後悔するなら、やらなかったことよりもやったことに対して後悔したかった。ベストを尽くそう。また失敗したとしても責任を取ればいいのは僕一人。最悪の場合でも、学生たちは知り合いの研究グループに送り込めば、少なくとも学位を取らせて卒業させることくらいはできるだろう。他の人たちを巻き込まずに済む。

こう考えた僕は腹を決めた。だが、研究費が取れる保証はないので予算面での貢献は不可能である。300億円近い総予算に対して僕が取れる可能性のある研究費は、うまくいっても消費税分にも遥かに及ばないだろう。これだけは明白だったので、アスペンで話を聞いたときもフランシスにはっきりと言った。金は期待しないでくれと。彼はそれでも構わないと答えた。参加する決心をしてから再び聞いたが、答えは同じだった。

「『熱狂的に』『何の異論もなく』君を迎え入れる」

最低限の関門はこうして突破できた。あとから考えてみると、お金の貢献度の有無は不問にするという条件は異例だったと思う。太っ腹な決断だった。あとは自分の研究計画をよく考えて、提案する必要があった。フランシス曰く、参加の可否は、自分の権限では決めることができない。プロジェクトのボード会議にかけて審議する必要がある。だから、そこに提案を持って来いと言う。もっともな理屈だ。

この提案が重要だった。この先、僕のグループがここで生き残り、重要なサイエンスのアウトプットを出すためには賢い戦略が必要だ。だが、この部分についてはもうほとんど腹案があった。この内容については次節で述べる。とにかく案の骨子を書いてフランシスに送った。彼は僕の提案を読んで、素晴らしいと返信してきた。これをカリフォルニア州バークレーで開催されるボード会議で審議するとのことだった。

ボード会議は、アメリカの予算提案書に名前を連ねていた教授たちと、ヨーロッパで予算を取ってきている教授たちがメンバーだった。主にアマンダⅡ実験の面々だ。名簿を見てもフランシスとあともう一人よく知っている研究者がいたが、残りは知らない人々だった。生粋の宇宙線研究者ではなく、人工加速器による素粒子実験をやっていた面々も多かったせいだ。向こうも同じだったろう。僕のことは名前くらいは聞いていたかもしれないが、どんな奴なのかは知らないはずだ。そうスンナリとは加入が認められない気もしていた。

しばらくして、フランシスから知らせが来た。我々は、熱狂的に (enthusiastically) 何の異論もなく (unanimously) 君を迎え入れると。異論も本当は出たのかもしれないが、フランシスのことだから、しらばっくれているかもしれない。

真相は分からないが、とにかく、IceCube プロジェクトの一員となった。偶然にも時まったく同じくして、アメリカにおける予算獲得の最後のステップである国家科学委員会 (National Science Board) の承認も下り、IceCube 実験の建設は正式に進められることになった。２００２年3月15日のことだった。

４・３　日本グループの戦略

宇宙ニュートリノハンティングの王道

IceCube 実験で狙う宇宙ニュートリノは、１兆電子ボルト（10^{12} eV）から１００兆電子ボルト（10^{14} eV）のエネルギー領域にあるものが主に想定されていた。これには理由がある。

このエネルギー領域では、２・５節で議論したように宇宙天体ニュートリノ（宇宙エンジン天体から放射されるニュートリノ、または宇宙貯蔵庫で作られるニュートリノ）が分布しているはずだ。これらのニュートリノの量の予測は不定性が大きかったが、IceCube 実験で用意できる網の大きさを考えると、年間１００個程度検出することが期待できた。いい数字だ。

ただし、例の「真贋問題」が立ちはだかる（３・１節参照）。ニュートリノはニュートリノでも、大気で作られたニュートリノが圧倒する。なんとかして大気ニュートリノを選り分けて宇宙ニュートリノ信号を探すわけだ。

図４・１（１３２ページ）を見てほしい。天体ニュートリノの「贋作」である大気ニュー

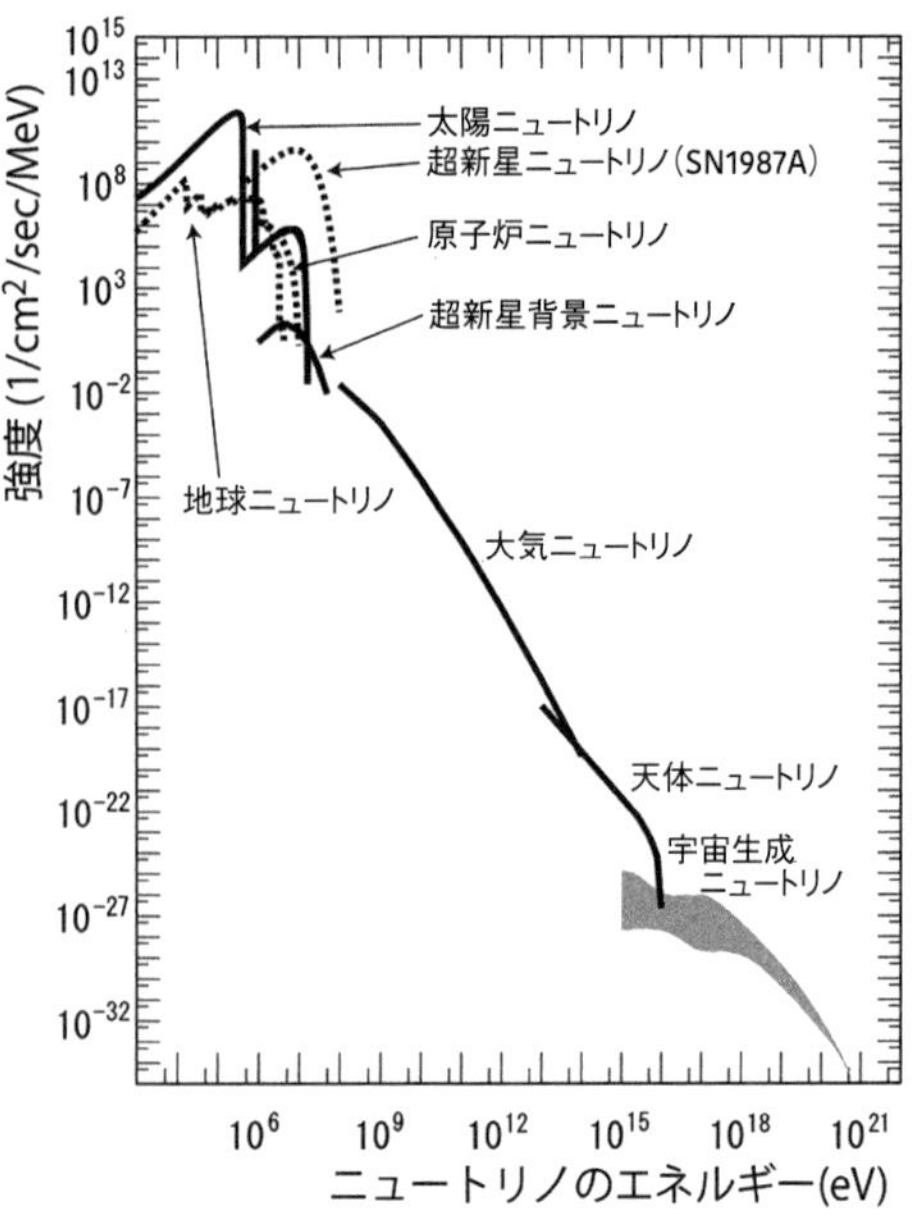

図4・1　様々な起源からのニュートリノの強度（面積あたり時間あたりの数）のエネルギー分布。10^8eVくらいから10^{14}eV以上にまで広がる大気ニュートリノが、IceCube実験にとって邪魔になる雑音である。天体ニュートリノが10^{14}eV以上で大気ニュートリノに卓越すると予想されていた。この曲線は、2012年以降のIceCube実験の観測データに基づいた予測の一つを示している。10^{16}eV以上では、宇宙生成ニュートリノ背景放射、すなわち超高エネルギー宇宙線がビッグバン由来の「冷たい光」と衝突して生成するニュートリノが顔を出す。多めの予想と少なめの予想をあわせて帯で示している。

トリノの強度はエネルギーとともに急速に減少する。つまりエネルギーの高いニュートリノの数は少ないのだ。ここが狙い目で、宇宙ニュートリノを探索する網のエネルギーを少しずつ上げていくと、どこかで天体ニュートリノ成分が顔を出すことが期待された。天体ニュートリノの「背景放射」（２・２節）を探索するのである。

もう一つのやり方は、１兆電子ボルト（10^{12} eV）程度のニュートリノのデータをたくさん集める。明らかにそのほとんどは「贋作」である大気ニュートリノであるが、その中にはごく少数（全体の０・１％かそれ以下）の天体ニュートリノも含まれているだろう。

もし、幸運にも我々の銀河系からそう離れていない距離にニュートリノを放射する宇宙エンジン天体があったとしよう。ニュートリノの到来方向を天球上に描けば、ほとんどは「贋作」大気ニュートリノなのだから方向による信号数の違いは出ないはずだが、ごく少数紛れている天体ニュートリノたちが、この宇宙エンジン天体の方角に集中しているかもしれない。大気ニュートリノによる雑音の海の中から、宇宙ニュートリノ信号のピークが宇宙エンジン天体の方角から立ち上がってくるイメージだ。

２・２節でγ線放射の場合について議論したように、これはニュートリノによる宇宙エンジン天体の「像」に相当する。これをニュートリノ点源探索と呼ぶ。この二つがIceCube

実験における宇宙ニュートリノハンティングの王道である。図4・1で言えば、左側（エネルギーの低いほう）から右側に向けて攻めていくのだ。

王道とは逆を行け

だが、僕はまったく別のアプローチを提案した。図の右側（エネルギーの高いほう）から左側に向けて攻め込むことを考えたのだ。100京電子ボルト（10^{18} eV）では大気ニュートリノの贋作は無視できる。その領域では宇宙生成ニュートリノがメインの信号として期待された。この信号を探索する網を構築しつつ、もう少しエネルギーの低い、例えば1京電子ボルト（10^{16} eV）程度のニュートリノも引っかかるようにうまく探索アルゴリズムを作れば、天体ニュートリノの一番エネルギーの高い成分も測定できるかもしれない。

この戦略をとったのはいくつもの理由があった。僕は元々1「垓」電子ボルトものエネルギーに達するかという超高エネルギー宇宙線観測研究の出身だ。宇宙生成ニュートリノの計算もやり、宇宙エンジン天体の中でも極めつきのパワフルな連中を理解する切り札と考えていた。IceCube実験の他のメンバーにとっても、僕が手がけるのは説得力があった。

また図4・1を見れば明らかなように、宇宙生成ニュートリノ信号の強度は低く、大半の人間は IceCube 実験をもってしても意味のある観測感度を実現できないと考えていた（例外はフランシスである）。

ニュートリノ実験に初めて参入する自分たちとしては、アマンダ実験出身の古株との正面衝突を避け、手薄な部分を狙うのが得策である。また新規参入組がこれまでになかった新しい視点を持ち込むのは、プロジェクト全体にとっても利益になることだ。皆が金太郎飴のように同じことをやっても仕方ない。

アマンダ実験は小さかったし、検出器の能力も限られていたため、超高エネルギー領域にはどう考えても感度がなかった。だが、そこにトライしているグループはいて、ＵＨＥ（Ultra-high Energy）解析と言われていた。そのチャレンジ精神には大きな敬意を払いつつ（本当だ）、彼らを圧倒して、IceCube 実験ではこのエネルギー領域を握る。差別化する意味もありＥＨＥ（Extremely-high Energy）解析と名付けた。その後ＥＨＥ解析は IceCube 実験の一つの柱として、重要な結果を出していくことになる。

実験装置も手がけたい

狙うサイエンスは決まった。だが、サイエンスだけやるのは公平を欠く。実験研究者なのだから、実験装置にも貢献したい。ハードウエアに貢献すれば、追求するサイエンスが何であろうともプロジェクトの利益になる。特に僕は新参者なのだから、ハードでも汗をかきIceCube実験全体の役に立ちたい。学生の教育にとっても大切だ。

だが、自分には潤沢な予算がないのが問題だった。とても検出システム全体を手がけることはできない。一つならなんとかなる。そこで検出装置の中でも最も重要なパーツである光電子増倍管を手がけることにした。これは、ニュートリノが稀に衝突したときに発するチェレンコフ光と呼ばれる紫外光を捉える検出器であり、実験装置の心臓部でもある。

光電子増倍管の技術は日本の企業がトップを走っていた。有名な浜松ホトニクスである。だが、2002年春の段階では、光電子増倍管をどこの国で製作するか決まっていなかった。そこでウイスコンシン大学グループとも協力して素早く試験測定を行い、この装置を浜松ホトニクス製にすることでプロジェクトメンバーの合意を取り付けることに成功した。僕らにとってとっかかりができたのだ。

その後、浜松ホトニクスで製作された光電子増倍管の一定の割合を千葉大学に送ってもらい、様々な測定を実施して、IceCube実験に必要な仕様を満たしていることを確認し（クオリティーコントロールと呼ばれる作業だ）、このデバイスの性能を深く理解してモデル化するという流れを作っていった。

ニュートリノ信号を解析するには、光電子増倍管が紫外光に対してどのように応答して電気信号を出力するのかを理解しておかなければならない。この応答をモデル化して検出器シミュレータを開発した。

次章で述べるように、コンピューターシミュレーションはニュートリノ探索にとって非常に重要であり、この開発に絡むことはサイエンスで結果を出すために必要な競争力を日本が持つためにも鍵の一つであった。

検出器モデルは２００５年には最初のバージョンが完成し、２００８年ごろまで改善を続けた。マサチューセッツ工科大学のグループによって一部が２０１８年にアップデートされるまで10年間にわたり、そのままの形で IceCube 実験で使われることになる。千葉大学で試験し詳細なデータが取られた検出器はゴールデンと呼ばれた。

こうしてＥＨＥ解析と光電子増倍管という二つの柱を作っていった。だが、この柱を育てるには人といくばくかの研究資金が必要だった。

4・4　体制をつくる

自分一人と数名の学生しかいない研究室であったが、僕の他にも即戦力となる人間が必要だった。ラボの整備から測定システムの設計、シミュレーションコードの開発まで一人でやっていたが、自分でできる容量を超えていた。他にもスタッフが欲しいが人を雇うことができるほどの研究費は、まだこのころの自分には取れなかった。

そんなとき、井上科学振興財団のフェローシップの制度を知った。若手研究者を雇用する資金を援助してくれるのだ。全科学分野が対象であり競争率は高かったが、藁にもすがる思いで応募すると、なんと採択された。

あとで聞いた話だが、審査委員の一人であった東大の佐藤勝彦教授（当時）が推してくださったのだ。佐藤さんはインフレーション宇宙論の提唱者として知られる有名な理論物理学者だ。超高エネルギー宇宙線の観測研究をしていたので、多少の面識はあったが、僕のことを推してくれるほどの評価を頂いているとは思わなかった。佐藤さんを始め、重要な時期にさりげなく応援してくれる人々に僕は恵まれた。賭けに出ている自分にとっては、大きな励みだった。

このフェローシップで、ＫＥＫ（高エネルギー加速器研究機構）のプロジェクトに従事していた保科琴代を研究員として採用する。彼女は優れたプログラマーで様々なシミュレーションプログラムを書き上げてくれた。ここから少しずつではあるが、研究活動が進み始めた。

２年間の任期を終えた彼女をウイスコンシン大学グループの研究員としてアメリカに送り出した時期に、大学の物理教室が助手のポストを僕につけてくれた。γ線天文学分野で学位を取ったばかりの間瀬圭一が２００５年春に着任し、一緒になって働いてくれた。

それでも、僕のグループは弱小であることに変わりはない。他のグループとパートナーを組んで勢いをつけるべきだと考えた。組むならIceCubeプロジェクトの中心研究機関であり、僕を誘ってくれたフランシスのいるウイスコンシン大だろう。実際、千葉大に赴任してすぐにウイスコンシンを訪問し、このグループにいる多くの有能な研究者と親交を深めていた。共同研究を進めるにも財源が要るが、幸いにも日本学術振興会の日米二国間共同研究プログラムに採択され、２００５年から二年間研究助成を受けることができた。

これにより、ウイスコンシングループの力添えもあって、前述した「ゴールデン」検出器の製作やＥＨＥ解析のためのフレームワーク作りが軌道に乗った。ウイスコンシンにしてみれば、すでに十分大きなグループなのだから、僕のところみたいな弱小と組んでもメリットなどないはずだった。メリットはこちらのほうにこそあり、彼らはここでも懐の大きさを見せていた。

この時期にウイスコンシン大学でポスドク（学位取得後まもない若い研究者向けの任期つき研究員の呼称）をしていたのが石原安野（あや）だった。どでかいエネルギーの宇宙ニュートリノを見つけようぜという僕の法螺（ほら）話に共鳴してくれて、ＥＨＥ解析を一緒に始めてくれた。彼女は仕事が速く、自分のアイデアを持ち、ハードワーカーだった。

彼女が参加したことでＥＨＥ解析、すなわち超高エネルギー宇宙ニュートリノの探索で結果を出せるという手応えが芽生えてきた。石原さんは、その後ウイスコンシンから千葉大に移り（給与は半減したそうだ。僕はそのころになっても、ポスドクに実力に見合った高い給与を出せるほどの研究費は獲得できなかった）、ＥＨＥ解析の中心としてIceCube実験の台風の目になっていく。

こうして、有能な研究者が日本のグループに来てくれて、最低限の足場はできた。だが、サイエンスの結果はすんなりとは出なかった。まだまだ茨の道は続くのだ。２００４年以降２０１０年まで僕は一編の論文すら出せなかった。だが、その事実に気づかないほど（正確に言うと競争的研究費の申請書類を書くときになって否応なく気づかされたが）、次から次へと難題が押し寄せてきたのだ。

第5章

超高エネルギー宇宙ニュートリノを捕まえろ

5・1　IceCube実験の概要

検出器を南極点の氷河の奥深くに埋め込む

IceCube実験とはなにか。世界最大の（それも群を抜く）大きさを持つニュートリノ観測装置だ。しかもこの地球上で数ある僻地の中でも、アクセスの困難さでは最上級の部類に入る南極点に、この装置は建設された。

ニュートリノを他のものと区別するには、「壁」を巡らせて、ニュートリノは突き抜けるがニュートリノの「贋作」となりかねないミューオン（電子の兄貴分のような素粒子）を遮蔽する必要があるという話はした。IceCube実験では氷河がこの役割を果たす。検出器を氷河の奥深くに埋め込むのだ。

実は、氷河の氷は遮蔽するための壁として機能しているだけではない。ニュートリノそのものを検出するための衝突標的としても使われている。ニュートリノが氷河の氷と稀にではあるが衝突すると（サイコロの当たり面が出たわけだ。3・1節参照）、光が放射される。チェレンコフ光放射と呼ばれる現象だ。

物質中を進む光の速さは、屈折率の分だけ真空中を進む光の速さよりも遅くなる。ところが、光ではない粒子の場合はこの限界は適用されない。粒子のエネルギーが非常に高く（真空中の）光速に匹敵する速さで運動しているときには、この粒子は光よりも速く物質中を走ることができる。電荷を持っている粒子が運動すると電界（電場とも言う）ができるが、この「光よりも速い」という効果によって電場が圧縮され、ある方向には極めて強い放射として観測される。

チェレンコフ効果と呼ばれるこのからくりによって、光検出器で測れる程度の輝度を持つ、紫外光や青色の光が放射されるのだ。

この光をチェレンコフ光と呼び、この放射が強くなる「ある方向」はチェレンコフ角と呼んでいる。高エネルギーニュートリノが衝突すると、エネルギーの高い電荷を持った粒子（荷電粒子）が叩き出される。その多くは光よりも速く氷河中を走るため、チェレンコフ光を出す。氷河は透明なので、この光を見ることが可能なわけだ。

氷河は大量にあるため、ニュートリノの「贋作」を遮蔽し、かつニュートリノの衝突標的となる。しかも透明なのでチェレンコフ光を通す。三つの役割を同時に果たしているわけだ。

もちろん遮蔽は完全とは程遠く、3・1節で議論した真贋問題は厳然として存在する。これはあらゆるニュートリノ地下実験にとって共通の課題だ。我々の場合、探すべき信号である高エネルギー宇宙ニュートリノは贋作の代表格である大気ミューオンの1億分の1以下の数しかない。この問題の解決が物理学者の腕の見せ所だ。

が、それはともかく、まずは、チェレンコフ光に感度のある検出器を氷河の奥にたくさん埋め込みましょう、というのがIceCube実験のデザインの出発点であった。

IceCube実験の全体像

図5・1に装置の全体図を示す。氷河表層から2450メートルの深さまで縦穴を掘る。この縦穴にチェレンコフ光検出器を60個、数珠つなぎにして埋設していく。埋設深度は、1450メートルから2450メートルだ。チェレンコフ光検出器の間隔はおよそ17メートルである。1つの縦穴に数珠つなぎにした検出器の集合を我々は〝ストリング〟という単位で呼んでいる。

このストリングを、およそ125メートル間隔で総計80本ハニカム状に配置することで、深さ2000メートルの場所に1キロ立方メートルほどの体積をカバーするチェレンコフ検

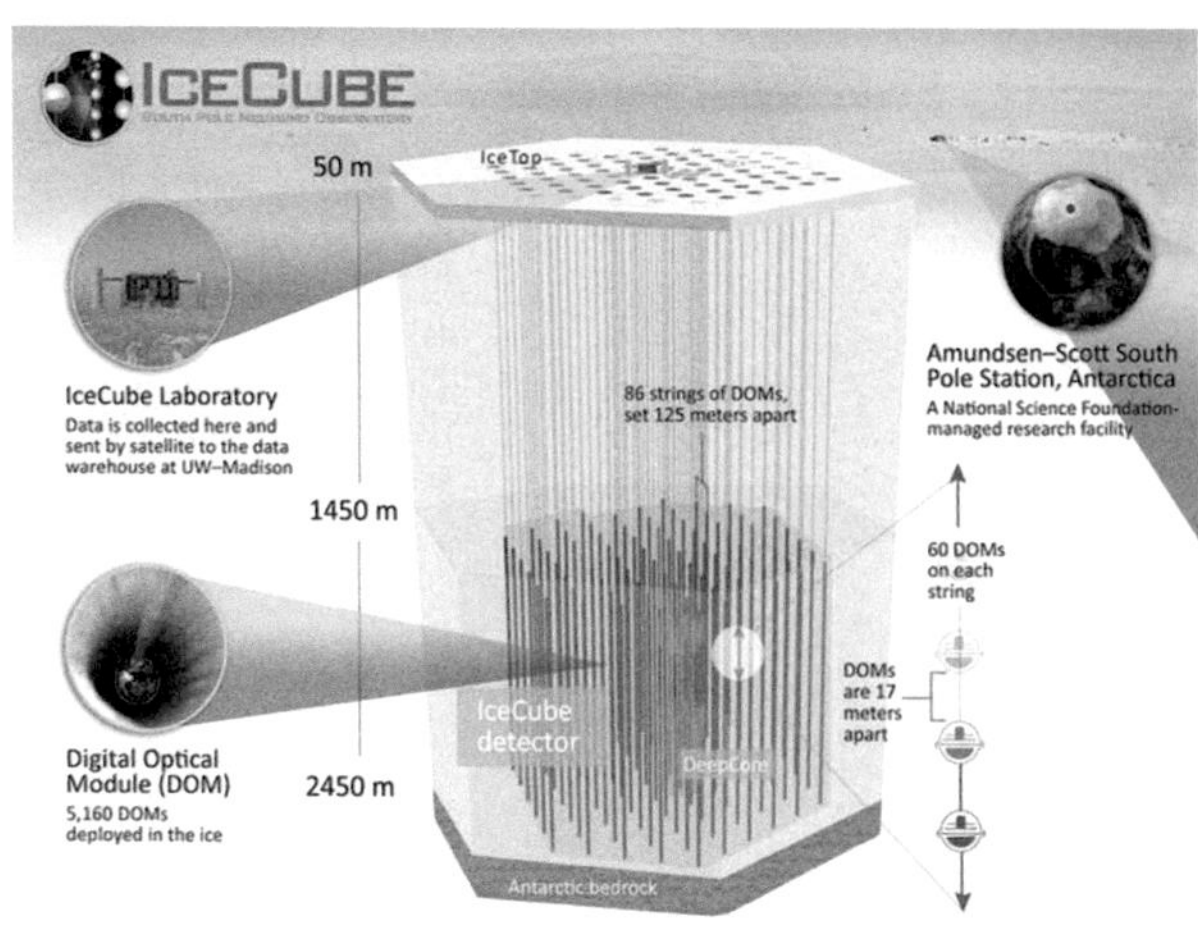

図５・１　IceCube 実験の検出装置。(IceCube Collaboration)

出器の3次元アレイを構成するというのが骨子である。

アメリカの研究予算システムでは、予期せぬトラブルに遭遇したときに対処するための緊急予算枠（contingency budget）を設けることが求められており（極めて合理的な考え方だ）、ここに30億円ほどをプールしていたが、この枠を使い切るような高価なトラブルはなかったため、この枠を使ってさらに6ストリングが追加され、最終的には86ストリングが建設された。

この追加分に埋設する検出器は、スウェーデングループが財団から予算を獲得して製作し、ストリング間隔を5倍の高密度で埋設して、ニュートリノそのものの性質を解き明かすサイエンスを主眼としたサブシステムを作った。Deep Core と呼ばれ、いくつかの良い仕事をしたが、本書の主題であるニュートリノ天文学とは別のサイエンスであり、高エネルギー宇宙ニュートリノ捕獲の網としては機能していない。

氷河を切削して深さ2・5キロもの穴を掘るのはホットウォータードリルである。ドリルの先から温度85度のお湯を噴射して溶かしながら掘り進むのだ。この技術は IceCube 実験を実現するために肝となるものだった。

湯の熱を使いながら切削する技術の原型はアマンダ実験で培われた。ブルース・コッチという一人の天才的な技術者によるものだ。IceCube 実験のときにはもう引退し、僕は一度しか会ったことがない、伝説的な人物だった。

この技術を大規模化し、1キロメートル立方もの巨大な容積をカバーできるように作り上げたのが、ウイスコンシン大学の付属研究施設PSL（Physical Science Lab）の面々である。見上げる高さのホースリールや、巨大なタービンをPSLで見たときにはこれが本当に南極に行くのかと驚いたが、実際に南極点で「再会」したときには、アメリカの国力の大きさを実感した（図5・2）。残念ながら日本は逆立ちしてもかなわないだろう。

図5・2　IceCube実験に使われた巨大ドリル。左端に巨大なホースリールがある。右にある小屋のような建屋の中にドリル本体があり、この中で氷河を切削する。その奥にあるのがタービンである。写真中央遠方にある建物が、IceCube 実験の観測所（ICL）であり、この中にデータ処理を行うコンピューター群が据え付けられている。建物の両端に見える筒状の煙突のような場所（ビール缶と呼んでいる）から信号・電源ケーブルを建物内に引き込んでいる。(NSF)

ＤＯＭ——チェレンコフ光検出器

チェレンコフ光を検出する検出器モジュールはＤＯＭ（Digital Optical Module）と呼ばれ、切削した縦穴に主ケーブルに沿って沈めていく。お湯で溶かして作った穴なので、その実態は縦に深い池のようなものだ。中は氷が溶けた水で満たされている。

この水が再び氷結する前にＤＯＭを数珠つなぎにして沈めていく必要がある。主ケーブルに沿って据え付けられたＤＯＭの間隔は実測しておく。ケーブルの一番先の部分には圧力計があり、沈めたあとの水圧を測ることで先端の深さを知ることができる。ここから各ＤＯＭの深さ方向の位置を推定することができるようになっている。

ＤＯＭにはＬＥＤ光源が備わっており、ＬＥＤの光パルスを近隣のＤＯＭに向けて照射しその時間差を測ることで、さらなる精度で位置を測定する。位置の決定誤差は深さ方向に10センチメートル程度である。検出器を沈めたあとは放っておけば水は再凍結する。表層のほうから凍っていき一番深い部分が凍るまでには、１ヶ月半程度かかるが、これで一つの〝ストリング〟が出来上がりだ。

建設を効率的に進めるためにドリル装置は二つ製作された。切削と検出器埋設を並行して

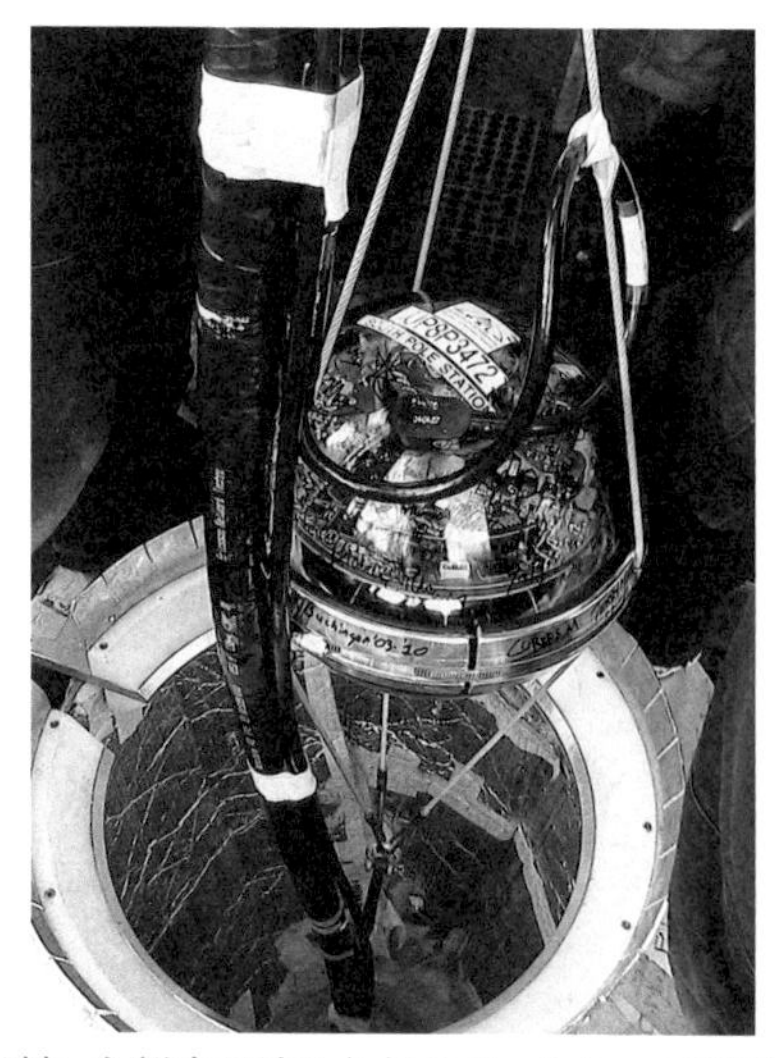

図５・３　切削した縦穴に沈められるチェレンコフ光検出器モジュール（DOM）。埋設に従事した研究者のサインがあるのはご愛嬌だ。2009年石原安野撮影。

行えるようにするためだ。埋設している間（通常8時間から12時間）に、別のドリルが別の場所で縦穴を切削するわけだ。なにせ南極点に太陽が上るのは1年のうち3ヶ月程度に過ぎない。11月中旬から2月の初めあたりの2・5ヶ月ほどしか建設期間がとれない。残りの長い季節は暗く凍りついた気候に南極点の基地は閉ざされる。したがって、毎年限られた「夏」期間にできるだけの建設を進めるように綿密な計画が立てられた。

深氷河に埋設される検出器モジュールDOMは、耐圧ガラス容器内に、浜松ホトニクス製の10インチの光電子増倍管を下向きに格納したモジュールだ。光電子増倍管を駆動する電源回路、出力された波形信号をデジタル化したり、各ＤＯＭ間のクロックを同期させるメイン電子回路、そして較正用のＬＥＤ回路もあわせて格納されている。

モジュールの組み立ては、アメリカ（ウイスコンシン）、スウェーデン、ドイツの３箇所で主として行われた。日本もこの組み立てを始めとしたＤＯＭの製作の中核に関わりたかったが、この当時に僕が獲得できた研究予算額では到底無理な相談だった。２０１８年から始まったIceCube実験のアップグレードでは念願かなってＤＯＭの後継装置となるＤ‐Ｅｇｇを日本が開発し、主要検出器として埋設することになる。この話は第8章でしよう。

その代わり日本では、ウイスコンシンで製作されたＤＯＭの一部を送ってもらい徹底的な測定・較正を施して、「ゴールデン」ＤＯＭとして南極に出荷した。前述の日米二国間共同研究プログラムに他のグラントを少し足して遂行できたものである。

図５・４の写真はその測定の一部で、中央に据え付けたＤＯＭに対して、ＬＥＤからの光をあらゆる方向から照射し、光の検出性能を方角・場所ごとにマッピングする。こうしたデータを基にＤＯＭの検出効率モデルを作り、シミュレーション・データ解析に役立てている。このときに作ったモデルは今もIceCube実験で使われている。

図5・4　千葉大でスキャンされるDOM。「ゴールデン」DOMとして南極に出荷された。

こうした開発・製作・測定をしながら、南極での建設の最初のシーズンである2004年11月から2005年1月（2004-2005と書くことにする）を迎えた。

5・2　難航する建設

全面的にストップ

建設1年目（2004-2005）は、IceCubeメンバーの全員が心配しながら見守っていた。南極点に派遣された人員の7割程度がドリラーと呼ばれる氷河切削に携わる人たちで、アメリカ人やスウェーデン人が主力であった。装置埋設のほうは、7人程度が派遣され、皆アマンダ実験の経験を持っている人間が選抜された。

したがって、この年は日本からは人を送っていなかった。僕らは、現地から時折届く知らせを見て何が起きているのかを知ることになる。

現地の大将は、ウイスコンシン大のアルブレヒト・カーレで、アマンダB実験の時代から豊富な南極経験を持つ百戦錬磨の男であった。彼はアマンダ実験の前は、ドイツ・ミュンヘンのマックス・プランク研究所でヘグラと呼ばれるγ線望遠鏡のプロジェクトをやっており、IceCubeメンバーの中でも少数派であった宇宙線観測研究業界の出身だったせいもあって、僕とは考え方などに共通する点も多かった。

アルブレヒトが仕切るのだからたぶん大丈夫だろうと思っていたが、いつまでたっても建設開始の知らせが来なかった。ウイスコンシンに電話して聞くと、ドリルの組み立てに予想外の時間をとられ苦戦しているとのことだった。あの化け物のような巨大ドリルシステムは、いかにアメリカの国力をもってしても手に余るらしい。まあ当たり前である。なにせ場所が南極点、極地なのだ。

ここに時間がとられたのは理解できる。理解できなかったのはその後だ。1月になりようやくドリルの組み立てが終わったのに、建設は始まらないのだ。なんと環境アセスメントの手続きを忘れたせいだという。日本でも類似した決まりがあるが、屋外でなにか大規模な工事をやるときは環境の影響を評価してその情報を公開し、一般の人々からのコメントを受ける期間を設ける、というルールがアメリカにある。南極点は米アムンゼン・スコット基地が運営しているため、アメリカの規則が適用されるのだ。IceCube プロジェクトに予算を出し、建設に責任を負う立場である米連邦政府の一組織、全米科学財団（ＮＳＦ）がこの手続きを忘れたのだ。このため、１週間だか10日だか、「コメント受け付け」期間をこの差し迫ったタイミングで設けなければならない羽目に陥った。

日本でこの話を聞いたときは口あんぐりである。ＮＳＦは普段から口うるさいことをいろいろ言うが、自分たちの仕事には我々に要求している厳しい基準を当てはめなかったのだ。よくある話なのかもしれないが、建設は全面的にストップした。

続くトラブル

さらにトラブルは続く。暇を持て余したドリラーたちの不平を和らげるために大将アルブレヒトは、「お試し」の切削をすることを決めた。経験も積む必要があったのだと思う。しかし、この試みは失敗に終わる。

切削は手さぐりだった。ドリルの先っぽから噴射させるお湯の流量に応じて、ドリル本体の重みを利用してヘッドを穴に下ろしていく速さを適切に調整する必要がある。だが、このときはヘッドを下に沈めていく作業を急ぎすぎた。穴はまっすぐ掘られず、ホースは絡まりだした。作業を中止し片付けを始めたところで、アクシデントは起きた。絡まったホースの力をもろに受け、スウェーデン人のベテランドリラーが雪面に投げ出され重傷を負ったのだった。

もう建設を今年は諦めるか、という事態だったが、ウイスコンシンにいたIceCubeのプロジェクト・マネージャーのジム・ヤックは臨時の安全顧問委員会を設置し、この事態を乗り切るための答申を出してもらった。これを受け、もう一度切削にチャレンジすることになった。

今度の切削は失敗ではなかったが、成功とも言い切れないものだった。20時間以上の時間がかかり、穴の大きさも十分とは言えなかった。ＤＯＭを埋め込めるだけの大きさが確保できているかは、やってみなければ分からない状況である。

この難しい決断をアルブレヒトは迫られた。ここで撤退して今年は経験を積むだけ、とするか、多くのＤＯＭを無駄にするリスクを受け入れて、検出器埋設にチャレンジするか。縦穴内の水が再凍結するまでの時間を考えると残されたタイムリミットはわずかしかなかった。アルブレヒトは埋設に賭ける決断をした。ここで失敗しても誰も彼のことを責めないのは確かだが、彼にとっては重い決断だったはずだ。

埋設は成功した。こうして２００４‐２００５シーズンは１ストリングの埋設で終わった。現場の状況を考えるとこれが精一杯だったことは認める。だが、少しでも早くサイエンスの結果を出したい僕らにとっては本当に残念だった。

２００５年からの観測データを解析するつもりで準備を進めていたからだ。結果を出すのが１年遅れになるのは確実だった。だが実際には別の要因で、僕らのグループが最初の結果を出すのはさらに数年を要することになる。

科学技術大国アメリカの姿

次回、２００５‐２００６シーズンに向けてドリルの改良はせっぱつまった課題だ。安全顧問委員会は、こう言った。様々な安全装置をつけたおかげでドリルは複雑になりすぎ、逆に危険になったと。どこかで聞いたような話だと思いませんか？　実際の現場を知らない

「専門家」が介入していじり倒したあげく、かえって物事が進まなくなってしまったという事例である。「シンプルにしなさい」。これが答申の骨子だった。

ここからの対応は、さすがアメリカと言うべきものであった。マネージャーのジム・ヤックは、自分の権限でドリルチームをリストラし、PSLのベテラン技術者をドリルチームのトップに据えた。さらにすごいのは、全体の費用を抑えるために、逆にこの場面で追加の投資を行ったことだ。ドリラーをさらに雇用し、人数を倍近くに増やした。これにより、12時間2交代制の建設シフトから、8時間3交代制の建設シフトへ移ることができた（南極点の夏は一日中太陽が地平線の上にいるので24時間屋外活動ができる）。人員を増やし、現場に余裕を持たせることにしたのである。

切削が確実に進めば、短いシーズン数でプロジェクト建設を終えることができる。結果として全体の費用は削減されるという理屈である。

さらには、問題続きだったデータ収集プログラムのチームにも大鉈（おおなた）を振るった。当初はローレンス・バークレー国立研究所（LBNL）が担当していた。しかし彼らが請求書に書き込む金額は超一流だったが、作ったシステムは見てくれだけは壮麗で、中身はゼロに等しかった。僕も例の「ゴールデン」DOMの仕事で、DOMに記録された信号を読み出そうとしたがちっともうまくいかず、ウイスコンシンに助っ人を派遣してもらうありさまだった。

ジムはデータ収集系の仕事の主導権をＬＢＮＬから取り上げ、責任者にウイスコンシンのケール・ハンソンを任命した。これは僕にとっても助かった。ケールは、光電子増倍管の仕事で僕のアメリカ側のパートナーだったため気心が知れていたからだ。これがなければ「ゴールデン」ＤＯＭの仕事は立ち往生していただろう。権限を握ったケールは、ＬＢＮＬのエンジニアの大半をお役御免にしてチームを入れ替えた。

日本ではこうした処方箋はまず書けないだろう。責任者に人を入れ替える権限もないし、配分された予算を臨機応変に支出する自由もないからだ。日本政府からのお金は、あらかじめ策定された計画にそって支出されなければならない。役所が執行する多くの施策はそれでも回るのかもしれないが、研究の現場では何が起こるか分からないのだ。この柔軟な自由度を持てるアメリカが科学技術大国なのは当然である。

打った手が当たり、建設は軌道に乗り始めた。IceCube実験では、その時点で埋設されたストリングの数を使って、その時の規模を表す。２００４‐２００５シーズンでは、１ストリングなのでIC‐１という（ICはIceCubeを表す）。２００５‐２００６シーズンは、８ストリングが入り、IC‐９となった。以降、２００６‐２００７でIC‐22、２００７‐２００８

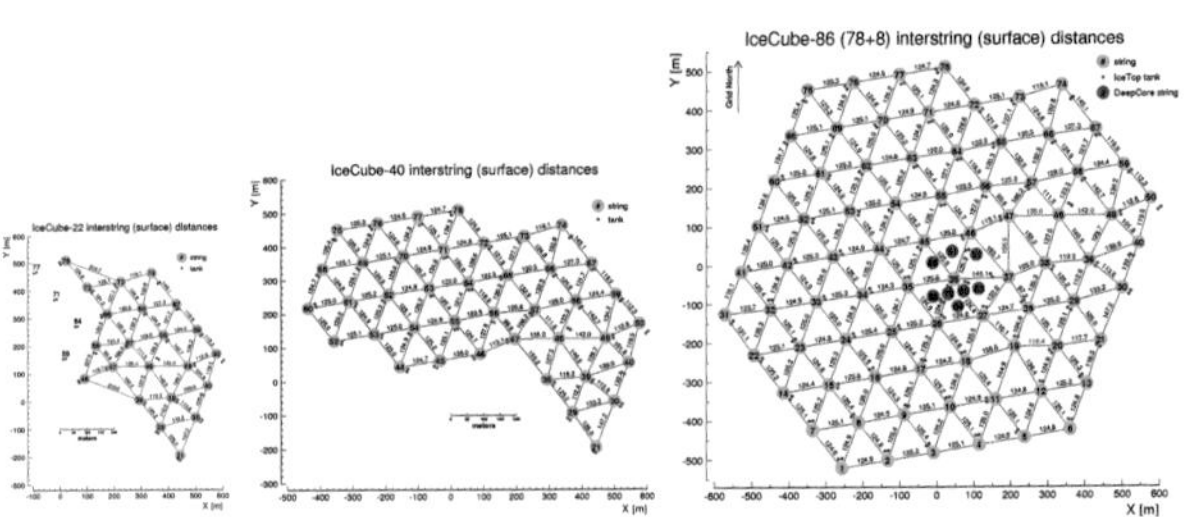

図5・5　IceCube実験の各ストリングの位置を示した地図。氷河表面を上から見たときのストリングの場所を緑丸で示している。左がIC-22、真ん中がIC-40、右が完成したIC-86である。(IceCube Collaboration)

でIC-40、2008-2009でIC-59、2009-2010でIC-79とほぼ完成に近づき、2010-2011でIC-86、すなわちすべてのストリングが埋設されIceCube実験装置の建設は完了した（図5・5）。

建設は進み始めた。では、サイエンスは？

建設は進み始めた。では、サイエンスのアウトプットのほうはどうか。IceCube実験の建設期間は2004-2005シーズンに始まり、2010-2011シーズンで終了した。6年強の歳月をかけたことになるが、この間なにもサイエンスができないわけではない。その年の埋設が終わると、そのたびに観測データを取り始めるからだ。2006年春からは、IC-9として稼働、2007年からはIC-22として稼働というように。つまり完成はまだ先のことであるが、建設を終えた部分を稼働させて観測を始めたのだ。

ニュートリノを捕獲する網の大きさは小さく、多くを期待できないことは確かだが、宇宙観測というものはやってみなければ分からない。すでにIC‐９の段階で世界最大のニュートリノ観測装置となったわけで、データをタイムリーに解析し結果を公表することは科学的にも大いに意義がある。さらには、IceCube実験がきちんと稼働し我々は検出器やデータをよく理解しているということをデモンストレーションできるわけで、研究者コミュニティーからプロジェクトに対する信頼を勝ち得るという観点からも極めて重要なはずだった。僕にとってはこれは自明のことだった。

だが、そうは考えない人々もいた。そして多くの壁が僕らの前に立ちはだかってきた。その話をするには、僕らがどのような戦法で超高エネルギー宇宙ニュートリノを探そうとしてきたかをまずは説明すべきだろう。

5・3　EHE解析――工夫のしどころ

捕獲の手法

日本グループの旗艦プロジェクトは、超高エネルギー宇宙ニュートリノ探索だ。EHE解析と名付け、100京電子ボルト（10^{18} eV）を中心のエネルギー領域に定め、そこからもう少し低エネルギーの領域にも触手を伸ばしていくという話を4・3節でした。図4・1（132ページ）に示したような分布を持つと予想されていた宇宙ニュートリノの探索をエネルギーの高いほう（図の右側）から攻め込んでいくのだ。

EHE解析で探索すべきニュートリノはどのようにしてIceCube実験で捕獲されるのか。図5・6を見てみよう。

まずはAの場合。宇宙からニュートリノ（破線）がやってくる。すると稀ではあるが、途中で氷河なり岩石なりと衝突する（＝「当たり面が出た」）ときがある。ある種の衝突の場合には、ニュートリノからミューオンという電子の兄貴分の粒子に変わる。ニュートリノのエ

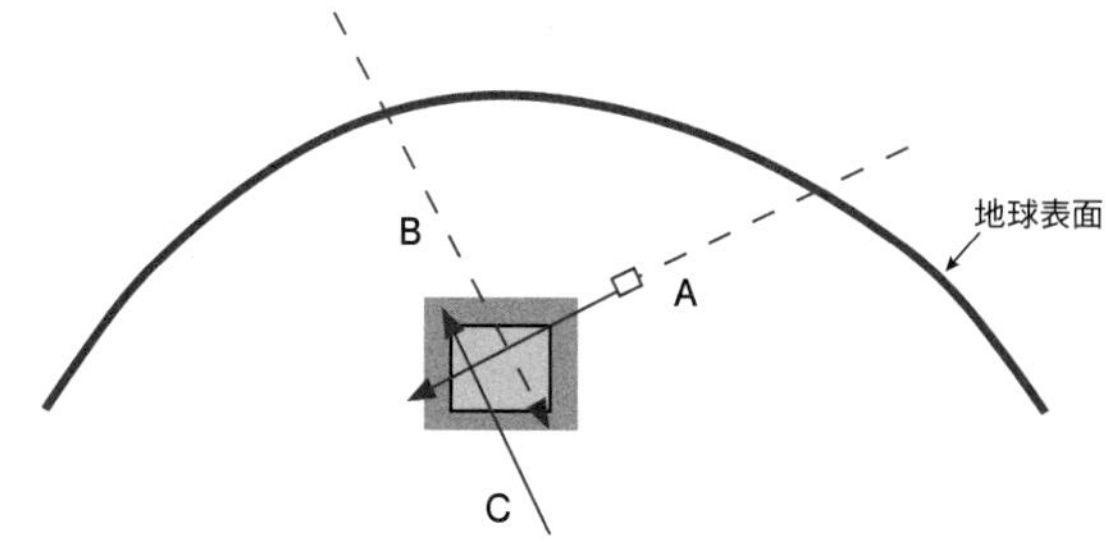

図5・6　IceCube実験に飛び込む信号の種類。地球の曲率は説明のために割増して描いている。破線がニュートリノの軌道、実線がニュートリノが稀な衝突を起こして生成したミューオンの軌道である。青四角がDOMが埋められている氷河の場所を模式的に示している。この中を通る電荷を持つ粒子がチェレンコフ光を放てば、DOMによって検出される。

ネルギーの大体8割くらいがミューオンに持って行かれるので、ニュートリノのエネルギーが100京電子ボルトだったらミューオンのエネルギーは80京電子ボルト。かなり高いエネルギーのミューオン粒子だ。

このミューオン（図では実線で示している）は電子・陽電子や光子を撒き散らしながら、IceCubeのDOMが設置されているところに突入してくる。ミューオンは荷電粒子であるし、撒き散らされた電子や陽電子も荷電粒子なのでチェレンコフ光を放射する。結果としてミューオンが走る軌道上にチェレンコフ光を放射する塊が連なっているように見える。これを捉えるのだ。

このパターンでは、ニュートリノは

IceCube の検出器がある遥か外側で衝突してもよい。ミューオンはニュートリノほどではないにしろ、そこそこ貫通力があるので、衝突点から IceCube の場所までやってきてくれるのだ。おかげで検出器を埋設した実際の大きさよりも実質的には大きな捕獲網を持てることになる。このためAはニュートリノを捕まえる網としては一番大きくとれることになる。

ただし、欠点もある。ニュートリノがどこで衝突を起こしたのか、その衝突点の場所は分からない。衝突点から IceCube の場所までミューオンが走る間にミューオンはエネルギーを失うが（撒き散らされた電子・陽電子などにエネルギーが取られる）、この量も分からない。検出器がない場所で起きることだから測定できないのだ。

IceCube に届いたときのミューオンのエネルギーは、衝突点で生成されたときのエネルギーより低いことは明らかだが、どの程度低いかが分からない以上、ニュートリノのエネルギーも推定しにくい。ミューオンのエネルギーより高いことは確かだが、その推定は確率的にしか計算できない。ニュートリノのエネルギーが１００京電子ボルト以上である確率は60%です、というように。

Aが起きやすい角度というのもある。真上から真下に向かうような場合（天頂角０度）、IceCube のある氷河深部にたどり着くまでの距離は地表から１５００メートルほどだ。これではニュートリノが衝突を起こすチャンスはほとんどない。衝突相手となる標的がもっとたくさん必要なのだ。

図５・６にあるような水平に近い角度だとどうだろう。この軌道では、ニュートリノはIceCube の場所にたどり着くまでに、少なくとも数百キロは地球の中を走る必要がある。これだけの物質量の厚みがあれば、ニュートリノがどこかで衝突を起こす可能性が高まる。衝突を起こせば、高いエネルギーのミューオンがIceCube まで届いてくれる。

では、真下から真上にいくようなCの場合はどうだろうか？　実は多くの場合、この角度の信号（上向き事象と呼ぶ）を探すのが最も信頼度の高いニュートリノ同定のやり方だ。地球を突っ切るような「幽霊粒子」はニュートリノしかあり得ないからだ。

だが、ＥＨＥ解析で狙うような超高エネルギー領域では事情は異なる。ここまでエネルギーが高いと、ニュートリノはほぼ必ず地球のどこかで衝突する。平均的には６０００キロほども岩石内を走れば衝突してしまうのだ。

衝突で生成されたミューオンは、エネルギーにもよるがせいぜい５〜６キロメートルほどしか貫通できない。このため、ミューオンはIceCube まで届かないか、あるいはエネルギーの大半を失ったヘロヘロのものしかIceCube に飛び込まない、ということになる。別の言い方をすれば、我が地球がニュートリノを「吸収」してしまうのだ。結果的にAの場合は水平方向の事象が最も多い。水平方向から入射した、エネルギーが頭抜けて高い信号を探せ、というのが基本コンセプトだ。

次はBの場合だ。破線で示されたニュートリノは衝突も起こさずそのままIceCubeの場所までたどり着いたとしよう。その大半はなにもせずに通過するだけだが、例によって稀に当たり券が出てニュートリノはDOMが埋められている氷河内で衝突する。この場合はラッキーだ。ミューオンが生成されるような衝突はもちろんのこと、他の衝突の仕方でも検出ができる。

代表的なのは電子を生成した場合だ。超高エネルギーの電子はすぐさま氷河内の電子と衝突する。衝突した電子はまた電子や陽電子を生成する。衝突を短期間に繰り返しねずみ算式に電子・陽電子は増える。これをシャワーまたはカスケード現象という。

これまでにも度々登場した「空気シャワー」と現象的には同じだ。ただ空気シャワーと違い、シャワーの大きさはせいぜい数十メートルだ。空気シャワーの場合は3キロ四方にもわたって粒子が撒き散らされていたことを思い出そう。「氷河シャワー」の大きさは小さい。ストリングとストリングの間の間隔125メートルに比べれば、これはほぼ点のようだとい

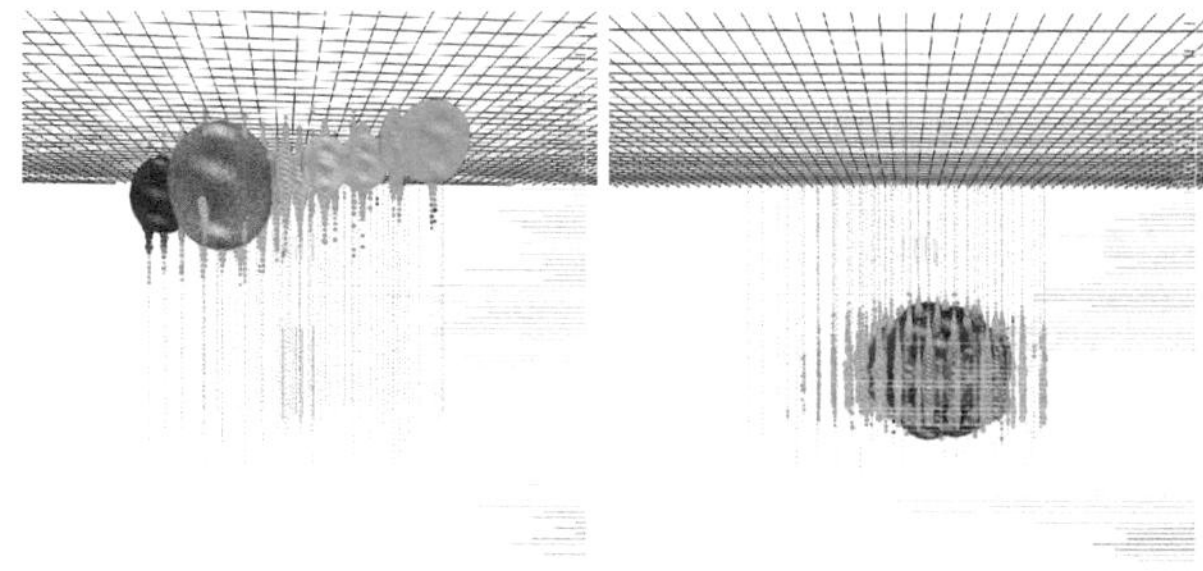

図５・７　EHE解析で探索できる宇宙ニュートリノ事象の例。縦に並んでいる数珠つなぎの点はDOMを表している。縦横約１キロメートルの大きさを覆っている。丸は、その場所にあるDOMで検出したチェレンコフ光の量を示している。大きな丸はそれだけ多量の光子が検出されたことを意味する。色は光子を検出した時間を表し、赤から黄、緑へと時間が進む。左側の「トラック」事象の例では、ミューオンが左から右に突き抜けるのに要した時間はおよそ100万分の３秒（３マイクロ秒）だ。

ってよい。この点のような大きさの場所からチェレンコフ光が放射される。

Ｂの場合は、Ａよりも網の大きさは小さい。ニュートリノはＤＯＭが埋設されている場所までやってきて衝突を起こさなくてはＢのパターンにはならないので、網の大きさは純粋にＤＯＭを埋設した氷河の体積で決まる（約１キロ立方メートルだ）。良い点としてはニュートリノのエネルギーはよく決まる。ニュートリノの持つエネルギーのかなりの部分をＤＯＭが埋設されている場所で「氷河シャワー」の形で落とすため、チェレンコフ光の観測がニュートリノのエネルギーをもっと直接的に教えてくれるからである。

それぞれの信号の形状はどのようなものであろうか。Aの場合は、ミューオンが突っ走るのを見ることになるので、IceCubeで検出する事象の形状は細長い線路（英語ではトラックと呼ぶ）のようになる。図5・7（167ページ）の左側が典型的な例である。

ミューオンは、図左側からDOMが埋設されているエリアに入射し、右側上方へと突き抜けていく。この例でのミューオンのエネルギーは2京電子ボルト（2×10^{16} eV）、おおよそ50京電子ボルト（5×10^{17} eV）のニュートリノから生み出されることが期待されるようなミューオンである。

もちろん、このような頭抜けたエネルギーを持つミューオンなど人類は誰も見たことがない。この図は、コンピューターシミュレーションで作ったものだ。もし、50京電子ボルトのニュートリノが宇宙からやってきて、Aのような過程を経てIceCubeの装置に飛び込んだらどうなるかというのを計算で予言しているのだ。このシミュレーションの重要性については後で述べる。

図5・7の右の事象は、Bの場合だ。30京電子ボルト（3×10^{17} eV）のニュートリノがDO

Ｍが埋設されている氷河の中で衝突し電子を吐き出して、シャワーを作ったケースである。小さな領域に大量の電子・陽電子等が作られ、チェレンコフ光が放射される。放射された光はある程度散乱されながらＤＯＭまで届くので、結果的に衝突点を中心としたほぼ球状の形として捉えられることになる。

「宝」と「ゴミ」の擬似データを作る

ＥＨＥ解析では、Ａの場合をメインに、Ｂの場合もあり得るということを念頭に探索アルゴリズムを作っていった。そのために必要なのは、コンピューターシミュレーションである。

宇宙線が大気と衝突してできる大気ミューオンと大気ニュートリノ（３・１節参照）からなる「雑音」の海の中から至宝の宇宙ニュートリノを選り分けなくてはならない。通常の宝探しでは、モノを手にとってあれこれ調べることができるが、ニュートリノではそうもいかない。しかも僕らが見つけようとしているのは、誰も見たことがない飛び抜けたエネルギーを持つ信号だ。

こうした場合の宝探しの常套手段は、僕らが宇宙ニュートリノについて知っている、あるいは予測されている物事をすべてコンピューターに放り込むことである。放り込むのは宇宙ニュートリノの輝度分布（例えば図2・8〈74ページ〉の帯で示したもの）や、ニュートリノが地中や氷河で起こす衝突の物理法則から、チェレンコフ光放射の法則や光が氷河内をどう散乱されながらDOMにまで届くのか、そして最後は光電子増倍管がどのように電気信号を吐き出すのかまで多岐にわたる。もし宇宙生成ニュートリノが、あるいは天体ニュートリノが予測したように存在するならば、氷河に埋め込んだDOMによってどのような信号として検出されるのか、擬似データを作るのだ。

図5・7に示した事象は、そうして作られた何十万個もの擬似データの一つである。これが「宝」のほうのシミュレーションだ。一方で「贋作」すなわち、宝探しに邪魔となる雑音も同じようにシミュレーションによって擬似データを作る。大気ミューオンや大気ニュートリノの擬似データである。贋作擬似データとお宝擬似データを比べて、お宝をなるべく拾えるようなやり方を考えるのだ。したがってEHE解析に使えるような信頼性の高いシミュレーションソフトウエアの構築は急務だった。

ジュリエット

EHE解析で「使える」シミュレーションとはなにか。ニュートリノやミューオンのエネルギーが極めて高いため、電子・陽電子生成やチェレンコフ放射による発光をバリバリやるような現象でも、「常識的な」計算時間で「正確な」結果を得る能力である。アマンダ実験から引き継いでいたシミュレーションプログラムのほとんどは、この能力を持っていなかった。時間がかかり過ぎるのだ。

一例を示そう。もう一度図5・6（163ページ）を見てみよう。Aの場合、地球に入射したニュートリノが途中でミューオンに化けて、IceCubeに飛び込む。しかし化けたミューオンがもう一度ニュートリノになることもあるし、地球表面からIceCubeのある深氷河までの道程は、実は超高エネルギー領域ではかなり複雑だ。アマンダ実験から引き継いだシミュレーションは、ニュートリノをいちいち地表から（計算機上で）入射し、この過程を追いかけていた。これでは計算時間がかかってしまう。また、氷河の中でチェレンコフ光がどう散乱されるかといったIceCubeの埋設場所に関わる情報がアップデートされたら、またそのたびに地表から計算をやり直しである。無駄な作業だ。

そこで僕らは、地表からIceCubeのそばまでのニュートリノ伝搬計算を数値計算手法によってあらかじめ計算してテーブル化しておき、実際のシミュレーションは図の金色の四角で示したような、IceCube実験装置の近所から始めるようにアルゴリズムを構築した。これは大当たりで、計算時間がかなり速くなった。

計算時間だけではない。超高エネルギー領域では、実はミューオンだけではなくタウ粒子（ミューオンのさらに兄貴分、電子の長兄と言うべきか）もかなりの頻度で生成され、IceCubeで検出される信号にも寄与する。アマンダ実験はタウのことなど考えておらず、シミュレーションにタウは入っていなかった。タウの効果がＥＨＥ用以外のシミュレーションにも正確に入るようになるには、５年程度の歳月がかかっている。

ところが僕らは、地表からの粒子伝搬を一種の方程式を数値的に解くやり方で計算しており、この手法ではタウの効果を入れるのは簡単だ。ニュートリノもミューオンもタウも電子も、その他の脇役粒子も、すべて同じように扱えるのだ。僕らは超高エネルギー領域での現象を最初から正確に計算できた。

このプログラムは僕と学生数名で書き上げ、ジュリエットと命名された。ジュリエット？実は「ゴールデン」検出器のデータを基にやはり我々が書き上げたＤＯＭのシミュレーター（僕のグループの最初のポスドクだった保科さんがメインパートを書いた）がロメオという名前だった。ロメオとジュリエット、悲劇的なカップルだが、やはりロメオと対だろうということで命名した。ちなみにIceCube実験では、幸いなことにロメオとジュリエットは悲劇的な結末は迎えなかった。

スタートダッシュに成功する

工夫すべきことはまだある。ＥＨＥ解析では、対象となる粒子のエネルギーはどれもずば抜けて高い。低くても１００兆電子ボルト（10^{14} eV）、メインは１００京電子ボルト（10^{18} eV）だ。したがって山ほどのチェレンコフ光が放射される。

光は光子という粒子としても考えられることを思い出そう。１個のＤＯＭに何百個という光子が飛び込むような信号をシミュレートしなければならないのだ。ところが１兆電子ボルト（10^{12} eV）程度の「低い」エネルギーを主要な領域としていたIceCube実験の他の解析では、この数は数個がほとんど、多くてもせいぜい１００個程度だ。

こうした場合、光子ひと粒ひと粒がいつ検出器に捉えられたのか（我々玄人は、ヒット時間と呼ぶ）、データから読み取ることが可能となる。図５・８（１７４ページ）左のような場合だ。これだと目で見てもそれぞれの光子のヒットを分解できる。実際には、このような自明の場合だけでなく、複数のヒットが重なったりしてこの作業はもう少し難しくなる。このため、この光子ヒットの分解プログラムはなかなか思ったように機能せず、何年もバグに苦

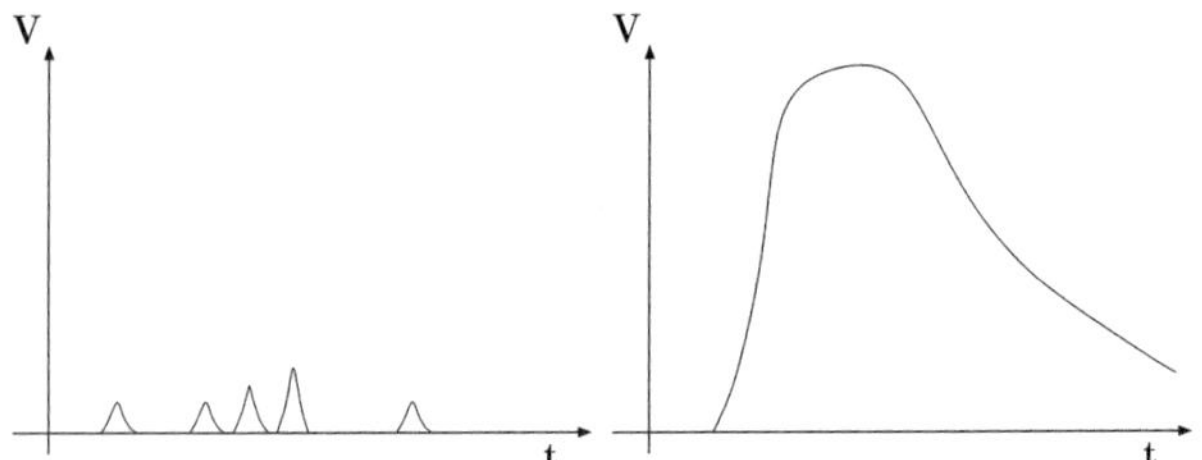

図5・8　DOMに格納された光電子増倍管から出てくる信号波形の模式図。信号は時間tとともに変化する電圧Vという形で出力される。左の例では、DOMに入ってきた光子の数は数個なので、一つ一つの光子信号が短いパルス（時間幅は1億分の1秒くらい）として現れる。ところがEHE解析で相手をする超高エネルギー粒子からの光放射では、何百という光子がDOMに入ってくるので、出力される波形はパルスの列ではなく、ドカンとした塊のようなものだ。右図のような形のものが典型的で、この形状と面積から情報を引き出していく。

しんできた。今も改良が続けられている。

しかし、山盛りの数の光子を検出するような場合を相手にするEHE解析では、図5・8右のような波形になる。何百という光子がDOMに入射し、光電子増倍管の出力は大きな波形となる。

この場合、そもそも光子1個ずつのヒット時間を分解するなんてことは不可能だし無意味だ。出力波形をそのまま波形として捉え、その面積（受光した光子の数に比例する）や、長さ（氷河中のチェレンコフ光の散乱を主として反映する）の特徴を抜き出すことに注力すべきだ。

そこで僕らは、1個1個の光子のヒット時間を抽出するという大多数の

IceCube実験メンバーの思想には背を向け、波形情報をそのまま抜き出して解析に活かす、という方針をＥＨＥ解析では採用した。この部分の仕事をするプログラムは石原さんが書き、ポーシャと名付けられた。シェイクスピアの傑作『ヴェニスの商人』の登場人物だ。

そう、ロメオとジュリエットときたので、日本グループのプログラムはシェイクスピアつながりの名前をつけることにしたのだ。ポーシャのおかげでＥＨＥ解析は早い段階から、光子ヒット分解にまつわるバグに影響を受けることなく、安定的な結果を出すことに成功した。富豪の娘ポーシャは、ＥＨＥ解析の隠れた功労者である。

他にも、あまりにも大量の光子を処理するため、コンピューターのメモリーが食われすぎる問題を解決したプログラム「ブルータス」や、チェレンコフ光を撒き散らしながら進むミューオン（図５・７〈１６７ページ〉左が典型例）の入射方向を安定的に推定する「オフェーリア」など、日本産のシェイクスピアの子どもたちを開発した。このおかげでＥＨＥ解析はスタートダッシュに成功する。

5・4 シンプル・イズ・ベスト

「絶対に失敗しない」ことが大事

僕らがEHE解析のアルゴリズムを開発するときの合言葉は、最初はできるだけシンプルに、だった。これまでの経験から、最初はデータの理解も、氷河に埋設したDOMの性能に関する理解も不完全であろうことが予想できた。そんな状況で凝りすぎたことをやっても時間がかかるだけで信頼性がない。誤差の推定も困難になる。同じような結果を出すならシンプルにやったほうがよいのだ。ただし、良いアイデアが要る。

EHE解析の肝はエネルギーの高い事象を探すことだ。雑音である大気ミューオンや大気ニュートリノは、エネルギーが高くなるほど急速に数を減らすことが分かっていた。第4章の図4・1（132ページ）に示して議論した通りだ。つまりこれはエネルギーが高いぞ、という検出事象だけを集めれば、それだけで雑音事象を減らすことができることを意味する。では、「ずば抜けて高いエネルギー」というのをどう数値的に表すかが次なる問題となる。

理想はデータからエネルギーを決定して、その数値を使うことだ。だが、エネルギーをきちんと推定するには、氷河がどれくらい透き通っているとか、ミューオンの正確な軌道とか、詳細なことを正確に知る必要がある。

IceCube 実験の初期のころ（IC‐9やIC‐22、IC‐40の時：２０１０年以前）は、現実的とは言えなかった。さらにたとえ99％はうまくいくという場合でさえ、これは危ない橋を渡ることと同じだった。残りの１％はどうなのよ、という話である。これは少し説明が要るだろう。

「真贋問題」が核心にある。宇宙ニュートリノ探索にとって邪魔となる雑音である大気ミューオンはＥＨＥ解析の場合で１０００万倍以上も宇宙ニュートリノより数が多い。１０００万個の大気ミューオンの１％は10万個だ。この10万個の連中のエネルギー推定に失敗し、本当は、１０００兆電子ボルト（10^{15} eV）程度のエネルギーなのに10京電子ボルト（10万兆電子ボルト：10^{17} eV）だと間違ってしまったら、僕らの宝物である天体ニュートリノや宇宙生成ニュートリノを覆い隠してしまうだろう。

僕らの業界隠語では「バックグラウンドを切れない」という。雑音（バックグラウンド）を可能な限り排除して、最終的には宇宙ニュートリノ信号の期待数よりも大幅に小さくしなければならないのだ。EHE解析の場合、これは雑音事象数を年間1個よりもずっと小さくする必要があることを意味している。探し求めている宇宙ニュートリノ信号のほうも年間1発程度しかない可能性が十分あるからだ。

こう考えると、エネルギーもしくはエネルギーに関連した量の推定は、精度よりも「絶対に失敗しない」というほうがレアな宝探しには大事なことなのだ。ドクターX大門未知子先生の口癖は僕らのためにあるようなものだった。

僕らが採用したのは検出されたチェレンコフ光子の総数である。つまりは氷河に入射した事象の明るさだ。直感的にも理解できると思うが、エネルギーが高い粒子はたくさんのチェレンコフ光を出す。ほぼ比例関係だ（実は物理学的にはこれは無条件で正しいわけではなく、EHE解析が対象とするような、エネルギーの非常に高い粒子が氷河中を走る場合には正しい）。光子の数の推定に失敗はない。図5・8（174ページ）右のような波形の面積を測定すればよいからだ（ポーシャの仕事だった）。

また、総光子数には別の長所もあった。実際は低いエネルギーなのに、想定以上に明るいという場合はあまりない。本当はそれなりに高いエネルギーなのに、想定以上に暗かったというケースのほうがあり得るのだ。氷河内で光が思ったよりも吸収されているとか、ミューオンの軌道がＤＯＭから随分離れたところを通過した、といった場合である。つまりエネルギーを低いほうに誤推定する方向だ。これは宝探しにとっては「安全な」間違いである。取るに足りないエネルギーの贋作を、宇宙から来た超高エネルギーの宝だと誤認することはないからだ。

角度に着目する

ＥＨＥ解析について次に大事なのは、IceCube 実験のＤＯＭが埋設された氷河深部にどの角度から入射してきたかという角度、具体的には天頂角である。

図５・６（１６３ページ）ＡがＥＨＥ解析の主要信号のパターンで、これは水平方向から来る場合が多いという話をした。一方で、邪魔となる大気ミューオンは上から降ってくる場合が圧倒的に多い。

氷河の「壁」の厚さは IceCube の頭上が一番薄い。厚さ１４５０メートルだ。何百キロメートルにも及ぶ水平方向の厚さや、地球の大きさ１万２５００キロに比べて（下から上にくるＣのパターンだ）圧倒的に薄い。したがって、空気シャワー現象により大気上空で作られた高エネルギーミューオンが壁を突き抜けて IceCube 実験装置の深さにまで侵入してくるのは、上から降ってくる場合が圧倒的に多いのだ。

そのため、角度推定は贋作と宝を選り分けるポイントの一つである。この角度解析も、ある種の時間情報を使った単純なものを開発した。角度決定の精度は最上というわけではないが、「失敗しません」というアルゴリズムだ。このやり方は、Aのような場合でなくBすなわちシャワーを作った場合でもある程度機能した。

図5・7（167ページ）を見れば納得されると思うが、シャワーの場合は球状なので、どの角度からニュートリノが入射したかの推定はより難しい。だが、分解能は悪いものの、「バックグラウンドを切れる」くらいの程度には角度を推定できそうだったので、シンプルに、という合言葉通り、AもBも同じように取り扱うことにした（後年の解析では、AとBは分けることにして感度をさらに向上させたが、それはまた別の話だ）。

ＥＨＥ解析のエッセンス

こうして、コンピューターシミュレーションによる擬似データを使い、どの角度からどのくらい以上の光子数を持つ事象が来たら、超高エネルギー宇宙ニュートリノとするという基準を決めていった。

図５・９（１８２ページ）は、お宝（宇宙生成ニュートリノ背景放射）、贋作（大気ミューオン、大気ニュートリノ）の天頂角とチェレンコフ光総光子数の予想分布を示している。上のお宝のほうは、水平方向（x 軸の０のあたり）かつ総光子数が多い（y 軸の６近辺）あたりに主として分布していることが分かる。これまで議論してきたように、お宝はエネルギーがずば抜けて高いからだ。

一方で贋作のほうは、図では右端のほうに多い。天頂角が小さく（上の方向から入射してくる）総光子数の少ない（エネルギーが高くない）ものが多いからだ。図中の曲線より上にある事象がお宝としてＥＨＥ解析で同定される。実際の観測データでも同様の分布をとって、この曲線より上にあったら、宇宙ニュートリノであると宣言する（宇宙ニュートリノである確率を別途計算する）。網にかかったというわけだ。実際にはもう少し様々なフィルターをかけてこの最終段階のお宝弁別に至るわけだが、これがＥＨＥ解析のエッセンスである。

だが、考えるべき重要な点が一つだけあった。

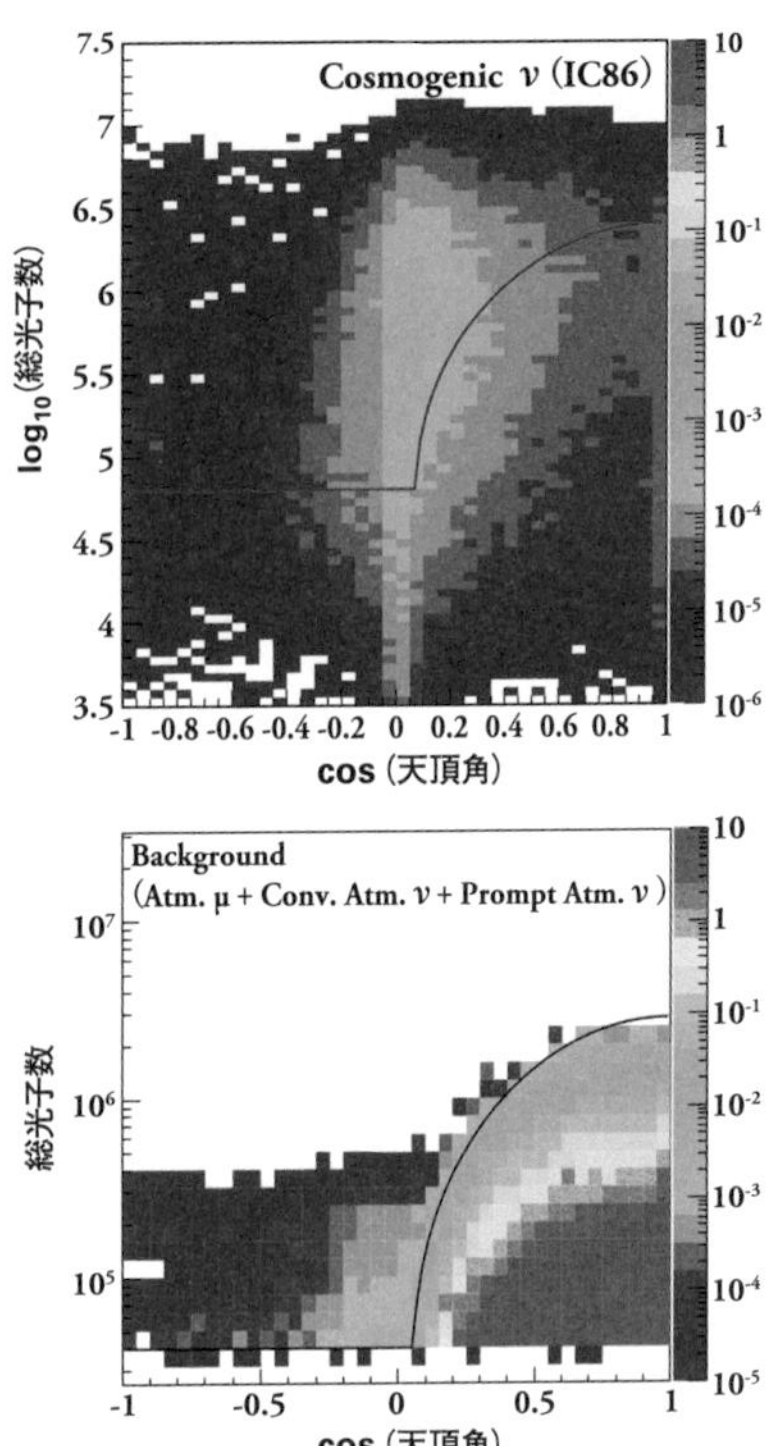

図5・9　IC-86（86ストリングで稼働した、完成後のIceCube）EHE解析における宇宙ニュートリノ信号同定アルゴリズムの最終段階。雑音を減らすために様々なカットをかけた後に残った擬似データの角度（x軸）Vsチェレンコフ光総光子数（y軸）平面上における数分布。曲線から上にある事象が超高エネルギー宇宙ニュートリノ候補として同定される。上が宇宙生成ニュートリノ背景放射、下が大気ミューオン・大気ニュートリノのコンピューターシミュレーションによる擬似データによる。色は事象の数を表している。2016年発表。

５・５　シミュレーションとデータの狭間

シミュレーションは完全ではない

探索手法の開発に使ったのは、コンピューターシミュレーションで生成した擬似データだ。では、この擬似データが正しいという保証はあるのだろうか？　実は、これはしばしば問題となる重要なポイントだ。

シミュレーションは自分たちが知っていることを、コンピューターに放り込んで作る。だが、入力した知識や法則が不完全なことはままあるのだ。

例えば、宇宙線が作る空気シャワーから大気ミューオンが生成される過程に関与する粒子間衝突の性質は、完全に理解されているわけではない。２・３節で議論したように、宇宙線のエネルギーは、人工加速器で得られるエネルギーを遥かに超えている。人類はこの衝突を実測したことがないのだ。不完全な部分はまだある。超高エネルギー宇宙線の主要成分は陽子だと考えられていたが、もっと重い原子核である可能性もある。こうした不定要素によって、宇宙ニュートリノの「贋作」信号となる大気ミューオンの頻度の予測は下手をするとひと桁程度も変わり得るのだ。

シミュレーションは完全ではない。この前提に立ってやるべきことは、生成された擬似データがどこまで真実を反映しているかチェックすることである。最も簡単かつ信頼できるやり方は、擬似データと本物のデータを比べることだ。データの中から、意図的にほとんど雑音信号ばかりであるようなサンプルを作る。このサンプルと雑音擬似データを比較する。このサンプルを我々はコントロールサンプルと呼んでいる。

僕らの場合、コントロールサンプル作りは比較的簡単である。EHE解析での主要な雑音は大気ミューオンだ。こいつはデータの99・99999%以上を占める圧倒的な成分だ。特にその大半はエネルギーの低い連中だ。

そこで、エネルギーの指標であるチェレンコフ光子の総数に課す制限を緩めてデータをためれば出来上がりである（もう少し細かい作業も本当はあるけれども、簡単にするためにここでは省く）。これを大気ミューオン擬似データと比べることになる。

100％陽子の仮定と100％重い原子核の仮定

僕は擬似データが実データを完全に再現するとは、最初から思っていなかった。人工加速器による素粒子衝突実験とは違い、自然を相手にする宇宙線実験の出身であったので、擬似データが不完全であることは「日常のこと」であったからだ。そこからが、腕の見せ所なのである。

まず、超高エネルギー宇宙線の主要成分は陽子なのか、そうでない原子核なのか。この不定要素は大きくいかんともしがたい。擬似データはコントロールサンプルを完全に再現すべしということを金科玉条と考える、あるいはシミュレーションによる擬似データに疑いを持たないシミュレーション原理主義者は、こうした場合宇宙線成分のモデルを作り（あるいは他者が作ったそうしたモデルを採用し）、コントロールサンプルにピッタリと合うようにモデルをチューニングしていく。

だが、宇宙線実験の出身で、宇宙線成分を測定した他実験の観測データや、そのモデルがいかに脆弱な基盤の上にあるのかを熟知していた僕にとって、これは自己満足以外の何物でもなかった。そうしてチューーンした結果が正しいという保証は何もないのである。僕らのとったアプローチは、考えられる極端なケースでシミュレーションをして擬似データを作り、最悪の場合を想定して、宝探しの基準を決めていくことであった。

具体的には、宇宙線は１００％陽子であるという仮定と、１００％重い原子核であるという仮定（最も重く安定して自然界にある原子核は鉄なので、鉄核を仮定する）の2通りでコンピューターシミュレーションを実行する。真実はこの間のどこかに存在するはずで、コントロールサンプルが陽子１００％と鉄１００％の間にあれば良しとする考え方である。

そのうえで、この二つの仮定のうち、宝探しにとって最悪のケース、すなわち邪魔となる大気ミューオンが最も多くなるほうを規準にとって、雑音数を推定し、超高エネルギー宇宙ニュートリノ信号を同定する手法を作っていったのだ。

この考え方は、他のすべてのIceCube実験データ解析とは大きく異なる考え方で、いまもって、このやり方を採用しているのはＥＨＥ解析だけである。誰も見たことのない極端に高いエネルギー帯を探索しているのだという自覚が、（一見綺麗にみえる）シミュレーション原理主義的な手法に踏み出すことを良しとしないのだ。

図5・10に、IC-86（完成後の86ストリングによる観測）のときのコントロールサンプルのデータの角度分布を示した。x軸にcos（コサイン）を使っているので、三角関数を見ると

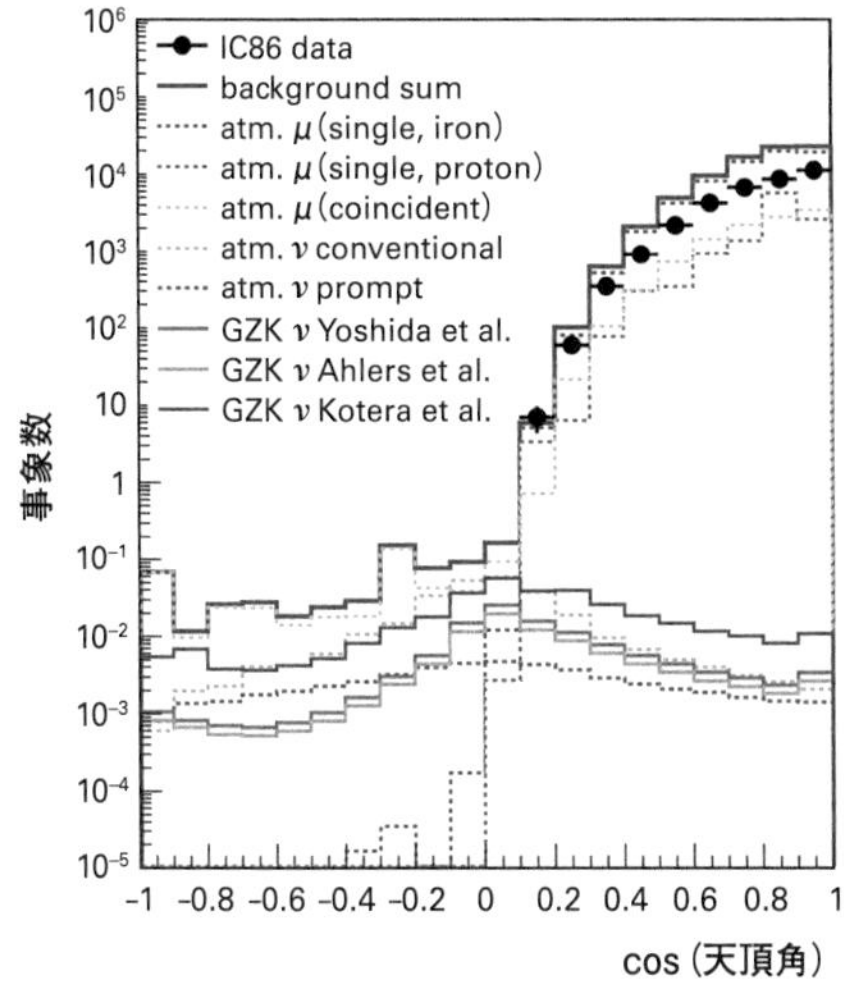

図5・10　IC-86（86ストリングで稼働した、完成後のIceCube）のコントロールサンプルデータ（黒点）の天頂角分布。x軸1が真上から真下に突っ切った場合で、この数字が減るほど角度が寝てくる場合に相当する。例えば、0は完全に横から水平に横切った場合である。黒点は、二つの破線に挟まれていることが分かる。上の破線が100%鉄、下の破線が100%陽子の場合の大気ミューオン擬似データの分布である。ちなみに、ずっと下のほうで、x軸0のあたりでピークを持っている分布が、宇宙生成ニュートリノシミュレーションの擬似データ分布である。複数あるのは、宇宙生成ニュートリノ理論モデルが複数あるからだ。0周辺にピークがあるのは、5・3節で議論したように、超高エネルギー宇宙ニュートリノ信号は図5・6Aの場合で水平方向に多いという事情を反映している。2013年発表。

頭痛がするという人には申し訳ない（気持ちは分かります）が、理解すべきエッセンスは簡単だ。x 軸の最も右は「真上から真下」に入射する事象で、左にいくほど角度が寝てきて、x 軸真ん中は水平、最も左は「真下から真上」の場合である。

データを見ると、真上から降ってくる場合が圧倒的で、角度が寝てくると急速に数を減らしている。５・４節で議論したように、大気ミューオンは上から降ってくる場合が一番多いからだ。さらに、データは、二つの両極端なケースである１００％陽子と１００％鉄の場合に挟まれている。オーケーだ。あとは鉄１００％の場合が、大気ミューオンの数が最も多いので、最悪の場合として、このケースを想定して、超高エネルギー宇宙ニュートリノ信号を捕まえる手法をデザインしていったのだ。

シミュレーション原理主義者が多い IceCube 実験の同僚たちは、このやり方に抵抗を感じており、この手法を浸透させるだけでも、相当な時間と議論を要した。だが、この図に行き着くまでには実は5年もの歳月がかかっている。当初はもっと厳しい状況にあった。

5・6　データを再現せよ

「思ったよりも荒々しく」映る可能性

図5・11（190ページ）が、IC-22による2007年の観測データのコントロールサンプルの分布である。コンピューターシミュレーションで作成した擬似データの分布と大きく異なっている。水平方向（x軸で0付近）や、下から上に向かう（x軸の負の領域）の事象数が明らかに実データのほうが多い。大気ミューオンは原理的に下からくるはずはない。ミューオンは貫通力が多少あるとはいえ、ニュートリノとはまったく違い地球を貫通することはできないからだ。

ということは、擬似データによる予測を上回っている実データの事象の大半は、角度の推定が間違っているのだ。ドクターX大門未知子先生に「あんたたち、失敗してるじゃないの」と言われてしまう事態である。

いくつかの原因が考えられる。IC-22は、22ストリングしか持たない小さな網であり、大

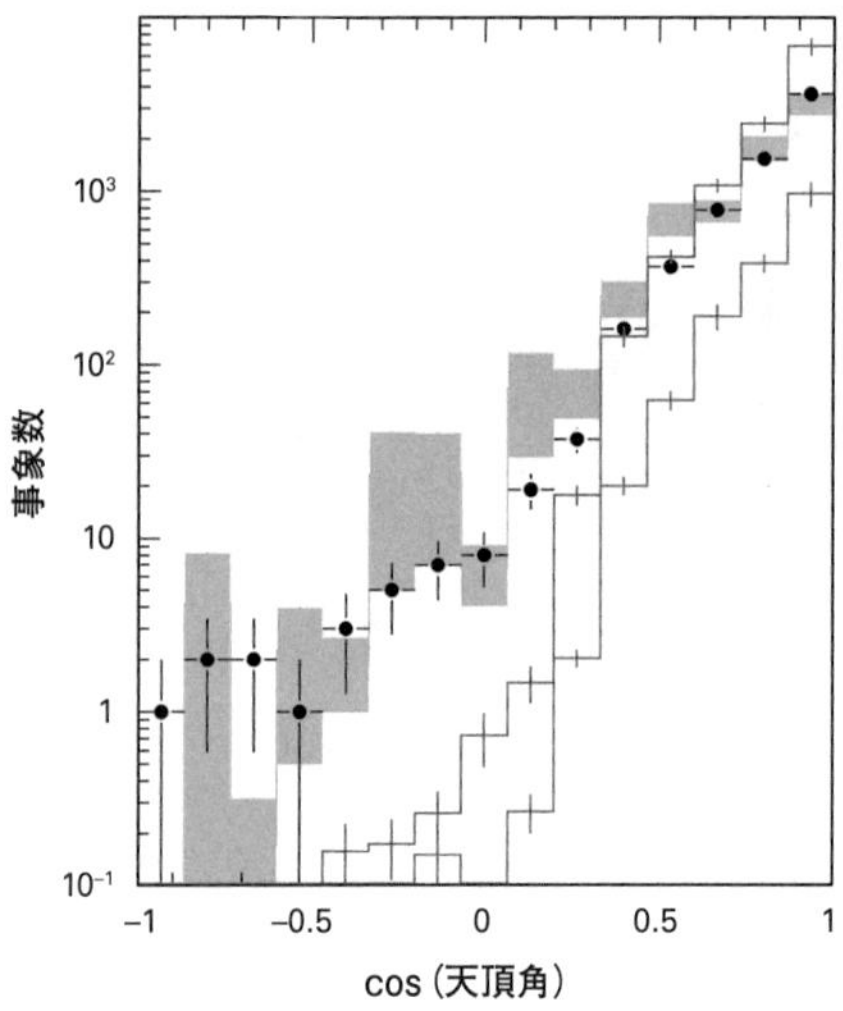

図5・11　IC-22（22ストリングで稼働した、IceCube2007年5月から約240日間の観測）のデータ（黒点）の天頂角分布。二つの実線はコンピューターシミュレーションによる擬似データの分布で、上の線（紫）が100%鉄、下の線（赤）が100%陽子の場合の大気ミューオン擬似データの分布である。緑で塗られた帯は、「経験的モデル」の予測である。2010年発表。

気ミューオン事象の多くはストリングが埋設されていない外側の氷河を通過したものが多い。チェレンコフ光は散乱されながらも、100メートル以上は優に氷河内を走るため、外側を走ったミューオンからの信号も検出することができる。

だが、氷河の光学的性質、つまりチェレンコフ光の波長帯である紫外域における光の散乱長や吸収長をきちんと理解しなければ、特にこうした外側事象に対して、角度の推定を間違ってしまうのだ。

間違いの程度は、主として散乱長による。したがって、シミュレーションで仮定している散乱の具合と実際の散乱に違いがあれば、それが擬似データと実データの角度分布の違いとして現れてしまうのだ。

また、大気ミューオンの本当のエネルギーが、我々がシミュレーションで仮定しているエネルギーと異なる可能性もある。前節5・5で述べたように、空気シャワーを作る宇宙線と大気中の原子核との衝突は、実測できないような高いエネルギーで起こるので、この衝突の産物である大気ミューオンの性質の計算には、不定性がつきものだからだ。

詳細は省くが、この不定性がチェレンコフ光の放射パターンの違いを生み出し、結果としてチェレンコフ光で見るミューオンは「思ったよりも荒々しく」映る可能性があった。そうすると角度決定に影響を与える。特に、ＤＯＭが埋設されている氷河領域の外側を通った場合には影響が顕著に出る。

いずれも、この時点ですぐには解決できない問題であった。氷河の光学的性質を満足できるレベルまで理解するためには、もっと検出器の数が必要であったし、解析にも何年もかかると思われた。この問題は最終的には、「ミスターアイスモデル」ウイスコンシン大学のディマ・チルキンによって２０１１年頃にほぼ解決され、今も彼の手によって改善が続けられている。

ディマは、IceCube 実験成功の立役者の一人だ。だが、IceCube 実験は２００６年からIC‐9、２００７年はIC‐22によって観測が行われているのだ。２０１１年まで観測結果を報告しないというオプションは論外である。なるべく早く超高エネルギー宇宙ニュートリノの探索結果を世に問いたかった。

「経験的モデル」を採用

前に述べたように、コンピューターシミュレーションが実データ（コントロールサンプル）を再現しないという事態は僕にとって想定内だった。ここは違う手を考えよう。そこで持ち出したのが経験的モデル（Empirical model）というやり方だった。

ある物理現象、この場合は宇宙線が大気と衝突し空気シャワーを作り、その生成物であるミューオンの束が、IceCube実験の検出器が埋設されている深氷河まで飛び込むという一連の過程をシミュレーションしていく代わりに、この過程の始めと終わりを結びつける数学的な関数を作るというものだ。

関数？　学校で習った記憶がありますか？　$y=f(x)$ というやつです。

この場合、x はこの過程を始める最初の因子、すなわち大気に飛び込む宇宙線のエネルギーだ。これを放り込むと、y すなわちミューオンの束のエネルギーを出力してくれる数学的な式、というのがこの式の意味するところだ。

この関数 $f(x)$ は、実際に起きている物理過程を直接記述はしないが、とにかく x たる宇宙線のエネルギーを与えれば、y であるミューオンの束のエネルギーを近似的に計算してくれる。大事な点は、この関数にはいくつか未定のパラメータがあり、それを調節することによって、実際のデータを再現できるようにする余地があるということだ。データから帰納的に決めていくので、経験的モデルと呼ばれているのだ。

問題は、宇宙線のエネルギーとミューオンのエネルギーを結びつけてくれるような便利な数学的関数があるのかどうかだった。これがあったのだ。しかもそれを大昔（1978年）に考え出したのは、僕のユタ大学時代に数ヶ月だけ机をともに並べた元同僚 ジェリー・エルバートだった。この関数はエルバート公式と呼ばれている。

ジェリーは、大気蛍光望遠鏡実験の黎明期を支えた物理学者だった。僕も大学院学生時代から名前だけは聞いていた。僕がユタ大学グループに移籍したときは、彼があと数ヶ月で引退してカリフォルニアに引っ込むという時期だった。物静かな紳士で、曲者（くせもの）揃いのユタグループの中では異彩を放っていた。奥さんのほうは対照的に口八丁手八丁のやり手で、アパート経営で成功し、その世界に詳しかった。僕がアパート探しで苦労していたら、見かねた彼女が大家との交渉を引き受けて、あっという間に問題を解決してくれたという恩もあった。

あれから10年以上が経ち、まさかこの局面でジェリーに再会するとは。連絡先が分からず直接礼を言うことはできなかったが、「ありがとうジェリー」と東の方角に手を合わせた（千葉から見ればカリフォルニアは東です）。

このエルバート公式を、今僕らが抱えている問題に使えるように変型した。この式にそって再び擬似データを作りいくつかのパラメータを調節すると、コントロールサンプルを見事に再現した。図5・11（190ページ）の帯で示した分布である。

この経験的モデルによる擬似データに基づき、５・４節で述べたように、どの角度からどのくらい以上の光子数を持つ事象が来たら、超高エネルギー宇宙ニュートリノとするという基準を決めていった。綺麗な解決策ではないが、次善の策としては機能する。少なくとも、「真贋問題」に対処できるくらいの信頼度は持っているつもりだった。だが、後述するように、これは IceCube 実験グループ内で大議論となった。

「上手に捨てる」方法を採用

続く翌年２００８年の観測は、40ストリングで稼働し、前年に比べてほぼ倍増した観測網で実施できた。IC-40である。だが、コンピューターシミュレーションが実データを完全に再現しないという問題は変わらず残っていた。

このときの対処法は、コンピューターシミュレーションによる擬似データは活かすけれども、実データを再現しない部分を上手に捨てるという方法であった。

角度決定は、各ＤＯＭに記録された信号の時間情報による。特に、氷河の深さ方向にこの時間がどのように推移していったのかという変化量が角度決定に効く。この変化量と、実際に推定された角度を比べ、両者の違いが幾何学的な関係である角度と時間の関係よりも大幅に異なる事象は、「失敗」イベントとして解析には使わない。「クオリティーカット」と呼ばれる手法だ。

さらに、角度決定が悪い事象の多くは、氷河の一番深い部分に埋設されているDOMに多くのチェレンコフ光信号を記録していることを突き止める。この部分の氷河はかなり透明度が高く、チェレンコフ光の光子が何百メートルも走ることが分かりつつあった。これが角度決定に悪さをしているのだ。

そこで氷河の最深部にあるDOMに多くの光量を記録しているグループ（大深度グループと名付けよう）に入るような事象は、角度情報を使わずに、関係はしているがまったく別の観測量を使うことにしたのだ。IC-40データを解析した石原さんの抜群のセンスとアイデアである。

大深度グループに入るような大気ミューオン雑音事象は、40ストリングの検出器が埋設されているエリアに入射した時刻と、最も多数の光子を記録した時刻の間に差がある。典型的な場合を考えよう（図5・12〈198ページ〉）。

大気ミューオンはほとんどの場合上から降ってくる。なので最初に信号を残すのは上の方にいるDOMである。その後、ミューオンはチェレンコフ光を撒き散らしながら氷河の中をさらに直進し、高い透明度を持つ最も深い部分に到達したときに、最も明るく見える。したがって最初に信号を残した時刻とは大きな時間差ができる。

一方で、お宝である宇宙ニュートリノのほうは、５・３節で議論したように水平方向から来るものが一番多い（図５・６〈１６３ページ〉のＡの場合である）。

この連中は最初から、深い部分の氷河を横から突っ切ってくる。ハナから透明な氷河を走ってくるので最初から明るく見える。したがって最初に光信号を記録した時刻と、最も多数の光子を記録した時間の差は小さい。多くの場合ほぼ同時だ。この時間差を角度の代わりのパラメータとして使うことにしたのである。なんの難しい計算も要らない。データに記録されている情報（例の「ポーシャ」によって抽出された）をそのまま使う。実にシンプルだ。

図５・13（１９８ページ）にこの時間差分布を示した。データは、鉄１００％と陽子１００％にほぼ挟まれている。オーケーだ。しかも雑音分布はどちらかというと時間差の大きいところ（x軸の３０００の近辺。３０００ナノ秒、すなわち１００万分の３秒だ）に多いのに比べ、お宝のほうは予想通り時間差がほぼゼロのものが多い。雑音とお宝を選り分ける力を持っているのである。

時間差の大きい事象は、雑音である可能性が高いので、要求する総光子数を大きくして、

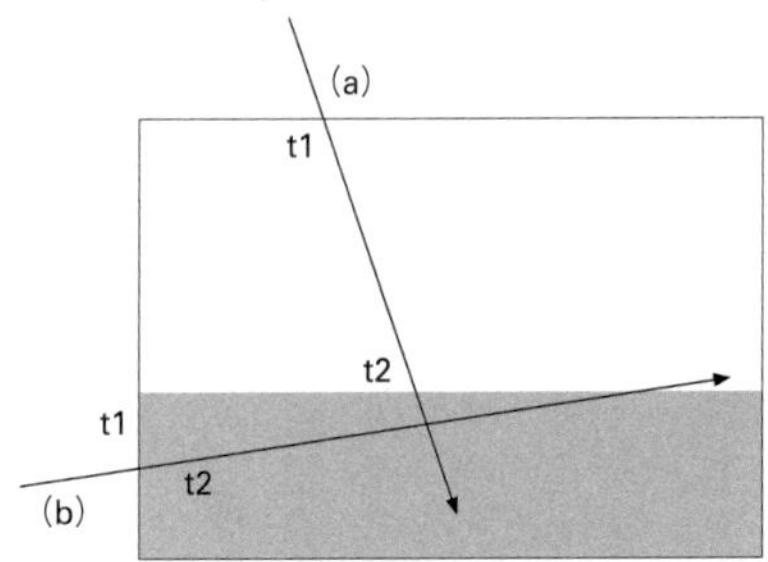

図5・12　上から来る場合（a）は、DOM検出器が埋設されているエリアに入ってきたときの時間t1と氷河が透明な深い部分に届いて明るく見える時間t2との間には時間差がある。一方で水平方向から氷河最深部に入射してくる場合（b）は、両者の時間に大きな差異はない。

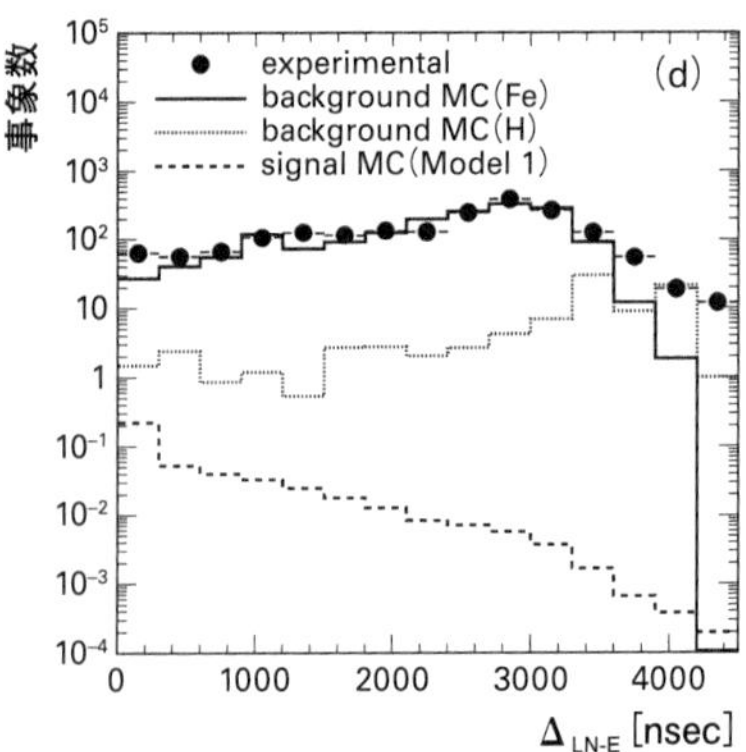

図5・13　IC-40（40ストリングで稼働した、IceCube 2008年5月から約330日間の観測）のデータ（黒点）の時間間隔分布。実線が鉄100%、点線が陽子100%としたときのコンピューターシミュレーションによる大気ミューオン擬似データの分布である。下の破線が宇宙生成ニュートリノシミュレーションの擬似データ分布を示している。2011年発表。

極めて高いエネルギーを持つもの以外は捨て去る。時間差の小さい事象はお宝である可能性がより高いので、要求する総光子数をすこし少なくして（つまり要求水準を緩める）、お宝をなるべく拾い上げるようにする。

最終的にIC‐40では、こうした基準をすべて満たした観測データに残る雑音の数はわずか0・1、すなわち実験を10回やって一回だけ混入するかどうか、というレベルまで落とすことができた。一方で宇宙生成ニュートリノはモデルにもよるが1イベント程度が期待できるところまでこぎつけたのだ。

つまり、もしこの最終基準を突破して残った事象があれば、それは目指す宇宙ニュートリノである確率が高いのだ。すなわち、１０００万倍も多い大気ミューオンを除去して、宇宙ニュートリノを捕まえる感度に到達したと言える。

だが、事はそう簡単に進まなかった。

5・7 挫折――論文にするべからず

壁として立ちふさがった「シミュレーション原理主義」

最初のトライは、IC‐9による2006年の124日間の観測データの解析だった。天体ニュートリノや宇宙生成ニュートリノ背景放射を捕まえるにはまったく感度は足りない。しかし、たとえ9ストリングしかない小さな網であっても、実験が機能していることを示したかった。もっと重要なことは、超高エネルギー領域でもIceCube実験は将来良い感度でお宝探しができることを、世界の研究者に向けて宣言することであった。

そのために、IC‐9のデータ解析の結果（もちろん宇宙ニュートリノは見つからなかった）だけではなく、建設が完了し86ストリングの網になったIC‐86の時代にはどの程度の感度が出せるのかということまで研究して、結果を論文にまとめようとしていた。

科学の世界では、結果を専門の論文誌に掲載することで初めて公式な結果とみなされる。我々の研究分野である物理学あるいは天文学でも、このような論文誌はいくつもあるが、いずれも投稿された論文に対して編集者が審査員（レフェリーと呼ばれる）を数名任命し、論文内容を審査する。自由な意見表明を保証するためにレフェリーの名前は論文の著者には明かされない。この審査を経て、出版するに相応しいと判断されたものだけが、論文誌に掲載される。ピアレビューと呼ばれるこの過程は、ある意味では研究内容の水準と価値を保証するものとも言える。

IceCube 実験では、論文を投稿する前にさらに厳しいハードルを課している。すべての仕事は２００名以上からなるプロジェクトメンバーに公開され、議論される。この議論をリードするのは、プロジェクトメンバーから選抜された数名の内部レフェリーだ。匿名ではないというだけで、論文誌の審査システムと変わらない。内部レフェリーは実験の状況を熟知しているから、この内部審査のほうが論文誌の審査よりも厳しいという場合も多い。

２００６年のIC‐９データの解析結果を論文の草稿としてまとめる際にも、このような内部査読ルールのもと、４名からなるレフェリーとやりあうことになった。

ここでストップがかかったのだ。彼らはエルバート公式による経験的モデルの手法に納得しなかった。なぜ通常のコンピューターシミュレーションによる擬似データ分布がコントロールサンプルと合わないのだ、少なくとももう少し低いエネルギーでは合っていると言ってきたのだ。僕らの解析のほうが間違っているのではと示唆してきた。彼らのほとんどがIceCube実験の前身であったアマンダ実験の出身者であった。アマンダ実験で観測しているエネルギー領域とはまったく異なるのに、彼らの常識は、そこには至らないようだった。

アマンダ実験のやり方とはまったく異なるアプローチを持ち込んだため、抵抗は大きかったのだ。5・3節で紹介したように、EHE領域できちんと機能するように、ほとんどのシミュレーション・解析プログラムは僕ら独自のものだった（シェイクスピアの子どもたちだ）。

これらのプログラムの背景にある哲学が理解されていない。その説明から始めなくてはならなかった。またエルバート公式による経験的モデルに対しても、我々の目的に使えるように近似した部分が気に入らないようだったので、この近似でもうまくいくということを様々なプロットを使って説明した。

だが、彼らは完全には納得していなかった。通常のコンピューターシミュレーションで再現できないようなデータは正式結果として公表できない、というような雰囲気である。僕に言わせればシミュレーション原理主義的な考え方である。

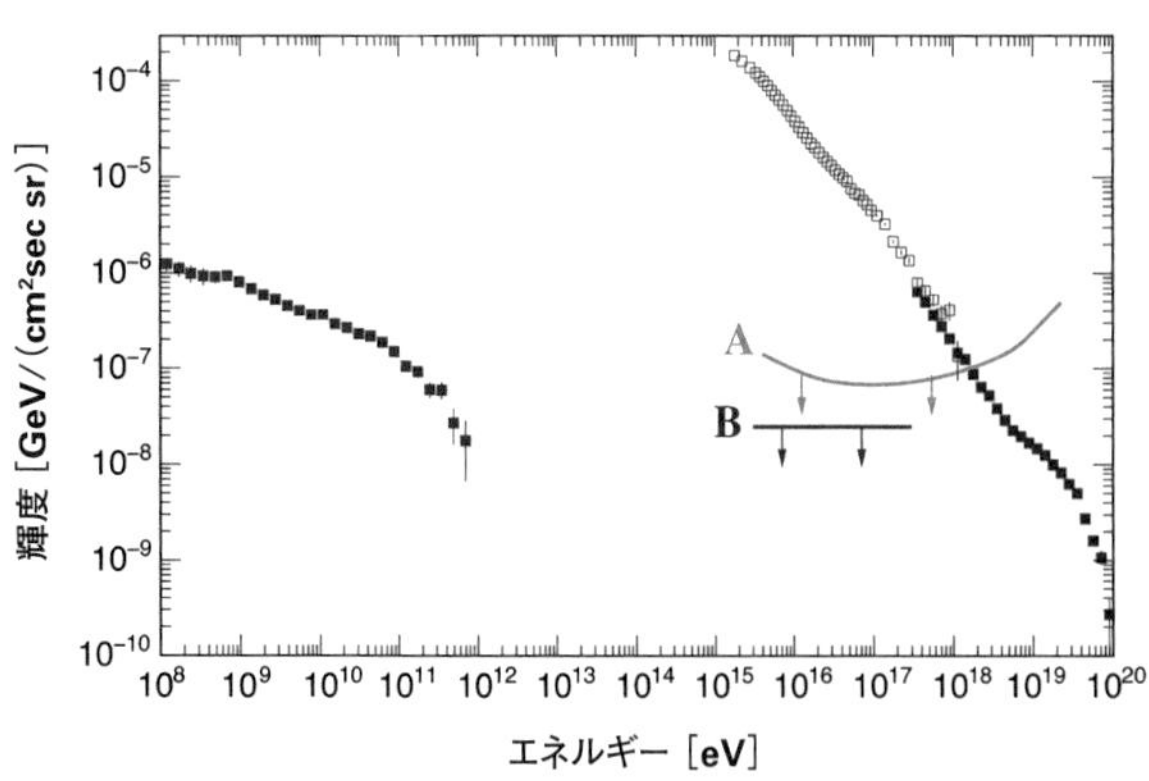

図５・14　輝度の上限値という概念。探索したけれど、見つかりませんでしたという場合、宇宙ニュートリノはあるとしても、その量あるいは輝度はこれ以下です、という上限値が結果となる。この上限値の表し方にはいくつかあり、(A) はEHE解析で今も行われている付け方である。どのようなモデルであろうとも、この曲線より下になければなりません、というものだ。一方で (B) の場合は、もし宇宙ニュートリノがこの図で水平の直線で表されるようなエネルギー分布であれば、この直線以下です、という制限である。ニュートリノ天文学ではこちらのやり方が一般的であった。

大きな溝

また最終結果の示し方についても、僕らとは考え方に大きな溝があった。２・３節の図２・５（49ページ）をここでもう一度示してみる（図５・14）。

宇宙からの背景放射の高エネルギー帯におけるデータだ。ただし、今回は妙な曲線と直線付きである。観測データを解析して宇宙ニュートリノが見つからない場合、結果はなにもないかというとそうではない。宇宙ニュートリノの量はこれ以下ですという制限がつけられるのだ。その制限を超えるような量のニュートリノを作るような宇宙エンジン天体やエンジン機構モデルは、観測結果と異なりますのでお引き取りください、となるわけだ。

図5・14の曲線や直線はこの制限を示している。（A）のやり方は、宇宙ニュートリノがどのようなエネルギー分布を持とうとも、とにかくこの曲線の下になければなりません、という制限だ。

だが、実は同じデータを使って（B）のような制限にすることもできる。これは、もし宇宙ニュートリノが、そのエネルギーによらず輝度が同じであれば、その量はこの直線以下です、という制限だ。この仮定、つまり輝度が同じという場合は、この図では常に水平の直線になるので、このような形になる。

この両者は同じデータから出発したものだが、一見（B）のほうがより強い制限にみえる。（A）の曲線より下にあるからだ。アマンダ実験を始めとするニュートリノ観測では、このやり方が標準となっていた。

だが僕らは、これはまやかしだと考えていた。いったいどこの誰が、「エネルギーによらず輝度は同じ」などと決めたんだ。そういう可能性がある、ということに過ぎないじゃないか。実際、ＥＨＥ解析が対象としている超高エネルギー領域で、エネルギーによらず輝度は同じという分布を予測している理論なんて一つもないのだ。

だがレフェリーたちは、僕らの解析による（Ａ）の制限とアマンダ実験による（Ｂ）の制限を比べて、ＥＨＥ解析の感度は悪すぎると言ってよこした。

ダメ押しは、僕らがこれこそは僕らの強みだと思っていた解析に対する反応だった。シミュレーションの正しさをチェックするために実データ（コントロールサンプル）と比較するわけだが、コントロールサンプルといっても我々が完全に「コントロール」できるわけではない。大気ミューオン雑音だって宇宙線の主成分が陽子なのか否かに左右されるし、分からないことが多いのだ。ところがＥＨＥ解析に使えるほぼ完全な「コントロール」データがあったのだ。それはスタンダード・キャンドルと呼ばれた窒素レーザーの装置を使ったものだった（図５・15、２０６ページ）。

氷河に埋設したのは、ＤＯＭだけではなかった。窒素レーザーも2台埋め込んだのだ。窒素レーザーは大輝度の紫外光を出力する。この紫外光は、高いエネルギーの宇宙ニュートリノが作るものに似た事象を人工的に作り出せる。５・３節の図５・７（１６７ページ）右側のようなタイプ、つまり「氷河シャワー」タイプの擬似事象になる。窒素レーザーの明るさは

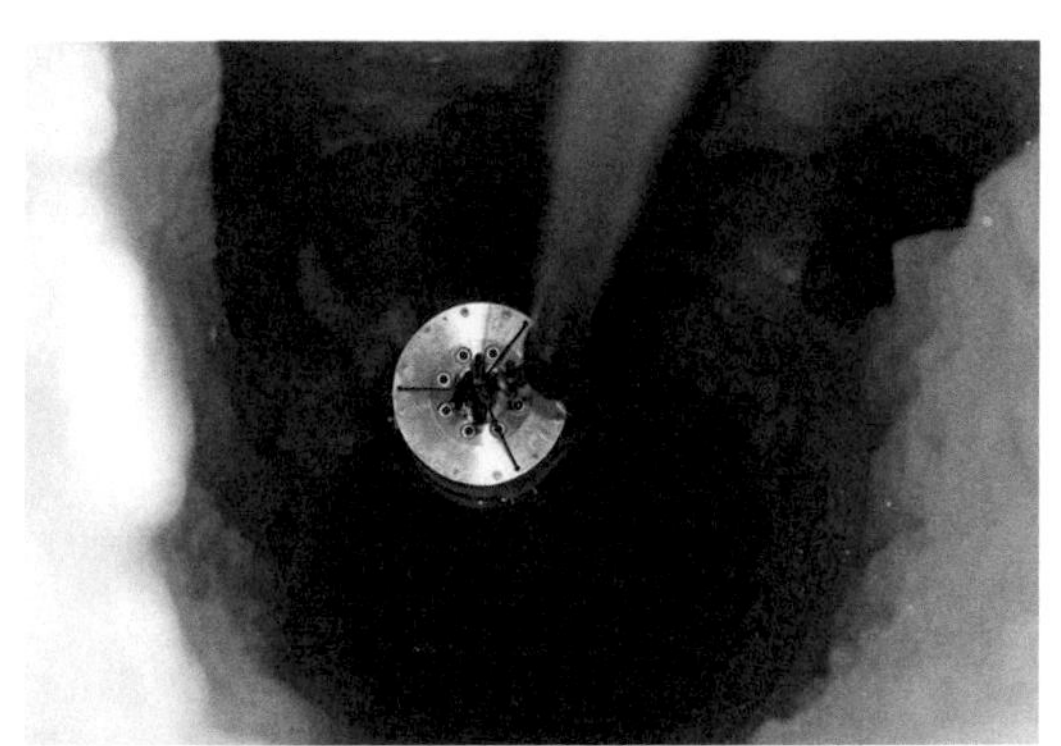

図5・15　氷河に沈められていく窒素レーザー「スタンダード・キャンドル」。

コントロールでき、その輝度は別の実測から分かっている。つまり、どの程度のエネルギーに相当する擬似シャワー事象なのか我々には分かっているのだ。

このデータを解析してシミュレーションと比較すれば、シミュレーションの精度について直接的なチェックになる。自分たちの解析の信頼度を、独立した実験データで検証できるのだ。これこそ実験物理学者がやるべきことだ。

そう考えて、この装置を製作したカリフォルニア大学バークレー校と協力して、スタンダード・キャンドルのデータを理解する努力をした。石原さんと僕は、このためにバークレーに2週間ほど滞在して一緒に彼らと仕事をすることまでやったのだ。

解析してみると、スタンダード・キャンドルからの光を受信したDOMの信号から計算した総光子数は、シミュレーションの予測と30％ほど異なっていた。またレーザーの輝度を変えると、このズレも変化した。残念ながらピッタリとは合わなかったが、これが現実だ。解決すべき問題ではあるが、当面はこの違いを誤差に計上して結果を出した。

ところがレフェリーたちは、これに噛みついた。そんなに違うはずはないと。ＤＯＭの信号応答のモデルが間違っているんじゃないかと指摘した。だがＤＯＭや光電子増倍管の信号応答を実際にラボで測定したのは、誰あろう「ゴールデン」を作った僕らである。その精度を一番理解していたのは僕らであった。ＥＨＥ解析以外のどの解析も、スタンダード・キャンドルのような独立したコントロール・サンプルを使って自らの結果を実験的にチェックしたものはなかった。だが、この我々独自の工夫の結果、レフェリーの目にはＥＨＥ解析の信頼度に疑問符がついたのである。

完全な敗北

この後の何年にもわたって僕らは精力的にスタンダード・キャンドルの問題に取り組んだ。その価値があると信じていたからだ。その結果、２台のキャンドルのうち１台は、窒素レーザーからの紫外光放射の角度がやや横向きに歪んでいるであろうことが、また２台とも、レーザーの輝度が約2倍ほど実際には明るいことが判明した。別にEHE解析に使われたシミュレーションが悪いわけではなかったのだ。だが、IC‐9のデータを解析した2007年から2008年にかけて、そこまでの事実は分かりようがなかった。

レフェリーグループのチェアは、スウェーデン・ウプサラ大学のオルガ・ボトナーだった。彼女は常に冷静沈着な人物だ。際どい内容をオブラートに包んでエレガントに伝えることができる才能も持っていた。野蛮人の僕には欠けている能力である。2007年9月からほぼ1年にわたり論争をしてきたが、粘り強くこちらの言い分にも少なくとも耳を傾けてくれた。

オルガがよこしたコメントには有用なものももちろんあった。あまりにも大量の光子を扱うEHE用シミュレーションの計算スピードを上げるために僕らが行った工夫の一つはマズいものであり、シミュレーションによる擬似データのチェレンコフ光子数の値を有意に減らしてしまう可能性を指摘したのは彼女である。だが、レフェリーから指摘されたその他多くの「問題点」には承服しかねるものがほとんどだったが、最後まで僕はオルガを納得させることはできなかった。

一度オルガと電話会議をして数日後のことだった。最終判断のメールが来た。論文誌には投稿しない。時期尚早であり、IC‐22あるいは現在観測データをためつつあるIC‐40のデータを使いなさいと。日付も特定できる。２００８年９月３日だ。完全な敗北だった。

この世界は結果がすべてである。どんなに努力していようと、僕らは頑張ったんだと叫ぼうと、すべては結果で判断される。そしてこの場合の結果とは、自分たちの仕事を論文にまとめ論文誌に掲載させて、世の研究者に問うことである。僕ら日本グループは何も成し遂げられなかった。IC‐９のデータを使って唯一論文誌に掲載されたIceCube実験の論文は、大気ニュートリノが検出できました、数も予想通りですということを報告するものだった。

５・８　間違った結果を発表した研究者のリベンジ

決意

この挫折はもちろんEHE解析を遂行していたすべての人にとって痛手だった。特に石原さんは、研究者としてのキャリアを積むのに大切な、ポスドク時の最初の２年余りの時間の多くをこの解析に費やしていたのだ。打撃は僕なんかよりも遥かに大きいはずだ。このままで終われない。再戦に挑む気は満々だった。

実は、僕自身も諦めるわけにいかない個人的な理由もあった。僕には研究者として拭いがたい汚点があった。

2・4節以降で何度も議論したように、「垓」電子ボルトに達するかというような超高エネルギー宇宙線はビッグバン由来の「冷たい光」と衝突して、地球に飛来するまでにエネルギーを失う。地球で観測できる宇宙線のエネルギーには上限があり、その上限はおよそ0・6垓電子ボルト（6×10^{19} eV）である。

だが、AGASA実験（3・2節参照）の観測データを解析していた大学院生時代の僕は、このエネルギーの上限を遥かに超える宇宙線を発見した。この瞬間は25年以上が経った今でも昨日のことのように覚えている。1994年2月、東京に大雪が降った日のことだった。

このころにはデータ解析用のプログラム開発も終わり、解析はほぼルーチン化していた。いつものように山梨県にある観測所からデータを転送し、解析プログラムにかけた。その結果は宇宙線のエネルギー分布を示す棒グラフになるように仕込んであった。ところがその日の解析の結果を見ると、あり得ないところに棒が立っていた。なんとエネルギーにして2×10^{20} eV、2垓電子ボルトの信号があると言っているのだ。

信じられない結果である。当然自分の解析を疑った。考えられるありとあらゆる量を再計

PHYSICAL REVIEW LETTERS

VOLUME 73　　26 DECEMBER 1994　　NUMBER 26

Observation of a Very Energetic Cosmic Ray Well Beyond the Predicted 2.7 K Cutoff in the Primary Energy Spectrum

N. Hayashida,[1] K. Honda,[3] M. Honda,[1] S. Imaizumi,[4] N. Inoue,[4] K. Kadota,[2] F. Kakimoto,[2] K. Kamata,[5] S. Kawaguchi,[6] N. Kawasumi,[3] Y. Matsubara,[7] K. Murakami,[8] M. Nagano,[1] H. Ohoka,[1] M. Takeda,[2] M. Teshima,[1] I. Tsushima,[3] S. Yoshida,[2]* H. Yoshii[9]

図5・16　理論的に予測された上限を遥かに超えるエネルギーを持つ宇宙線の検出を報告するフィジカルレビューレターズに掲載された論文の表紙。1994年12月発表。

算し、間違いがないか調べた。間違いは見つからず気がついたら朝になっていて、おまけに大雪だ。交通機関はマヒしていてしばらく帰宅もできなかった。

指導教員の一人だった永野元彦先生のお宅に意を決して電話した。永野さんはビッグニュースに驚きすぐに研究所まで飛んでくると言ったが、大雪でそれは不可能だった。

翌日は日曜日だったし僕も疲労困憊していたので、1日あいだを開けて月曜日の朝一番で研究所の主要メンバーが集まって検討した。いろいろと細かい詰めはあったが大きな問題は見つからず、この発見はフィジカルレビューレターズという米物理学会の権威ある論文誌に掲載された（図5・16）。僕にとっても初めてのことで嬉しかった。

この結果は世界中を駆け巡り、大ニュースとなった。

標準的な理論でこの結果を説明するのは難しい。様々な新しい可能性が議論され、新しい論文が山積みとなった。この発見は、巨大観測プロジェクト、オージェー実験（3・2、3・6節）が開始される大きなきっかけともなった。もっとたくさんのデータが必要であるというわけだ。

だが、AGASA実験の30倍もの大きさの網を持つオージェー実験は、この結果を確認できなかった。確認できないどころか、本来の予測通り、0・6垓電子ボルト以上のエネルギーを持つ宇宙線の数が急速に減っていることが、これ以上ないという明快さで示されたのだ。僕の結果は疑問の余地なく否定された。

今振り返ると、やるべきことを僕はやっていなかったことが分かる。解析自体はそう間違えていなかったが、結果の数値に対する誤差の見積もりが甘すぎたのだ。エネルギー推定にどのくらいの幅があるか、もっと慎重に様々なテストをして確かめるべきだったのだ。経験を積んだ今なら、やるべきことが見通せる。だが青二才だった僕はそこに思いが至らなかった。

示唆してくれる人はいた。例えばユタの砂漠を駆け回っていたときの東大宇宙線研究所の所長だった戸塚洋二先生だ。戸塚さんはスーパーカミオカンデの生みの親と言える人で、存命であれば梶田隆章先生とともにノーベル賞を受賞したはずだと衆目の一致するところであった。なにかの折に所長室に呼び出され話をしていたときに、戸塚さんは言った。「君たちの誤差と我々（スーパーカミオカンデ）の誤差は意味が違う」と。

そのときは、なんてことを言い出すんだ、この人は、としか考えなかった。だが、戸塚さんは正しかったと今は思う。IceCube 実験の成果が認められ、戸塚さんの業績を記念して作られた戸塚洋二賞を２０１４年にいただいたときは、このときのことをしきりに思い出した。

こうして僕は間違った結果を出した奴として世界中の業界研究者に知られることになった。オージェー実験をやっている友人たちには、お前のおかげでオージェー実験の予算がついたようなもんなんだからと言われるが、なんの慰めにもなっていない。IceCube 実験の同僚の多くも僕のこの「発見」を知っている。今度ばかりは、歴史の評価に耐えられる結果を出さなくてはならないと思っていた。IceCube 実験に参加したのなら、誰よりも早く良い結果を出す、それが僕のリベンジだった。

先を行くオージェー実験

僕にとって皮肉なことに、IC‐９の結果を論文にすることができなかった２００８年は、

1垓電子ボルトに近くなるにつれ超高エネルギー宇宙線の数は急激に減っているという結果を、オージェー実験が最初に正式な論文として出した年だった。

それればかりではない。オージェー実験は超高エネルギーニュートリノ探索結果も出してきたのだ。大気蛍光望遠鏡を使えば、超高エネルギー宇宙ニュートリノを探索できるという話をした。ニュートリノは大気深く突入して空気シャワーを作るという特徴があるからだ（3・2節参照）。

これに加え、ニュートリノが地球を「カスって」くるときに稀に岩石内で衝突すると、検出可能な空気シャワーを作るという手法を彼らは取り入れた。しかも彼らの地表検出器は厚みがあるため、そうしたニュートリノが作る「超水平」シャワーを検出できる能力があることが分かった。大気蛍光望遠鏡と違い、24時間365日観測することができるのである。

これは強力な網であった。まさに2008年、彼らは最初の結果を論文にまとめ公表した。宇宙ニュートリノは見つからなかったが、輝度の上限値を結果として出した（図5・17）。

すでに述べたように上限値はそれ自体、科学的な価値がある。彼らの上限値はこの時点ではまだ宇宙生成ニュートリノ背景放射の予測値の遥か上にあり、なんらかのインパクトを与えるものではなかったが、100京電子ボルト（10^{18} eV）、まさにEHE解析のメインエネル

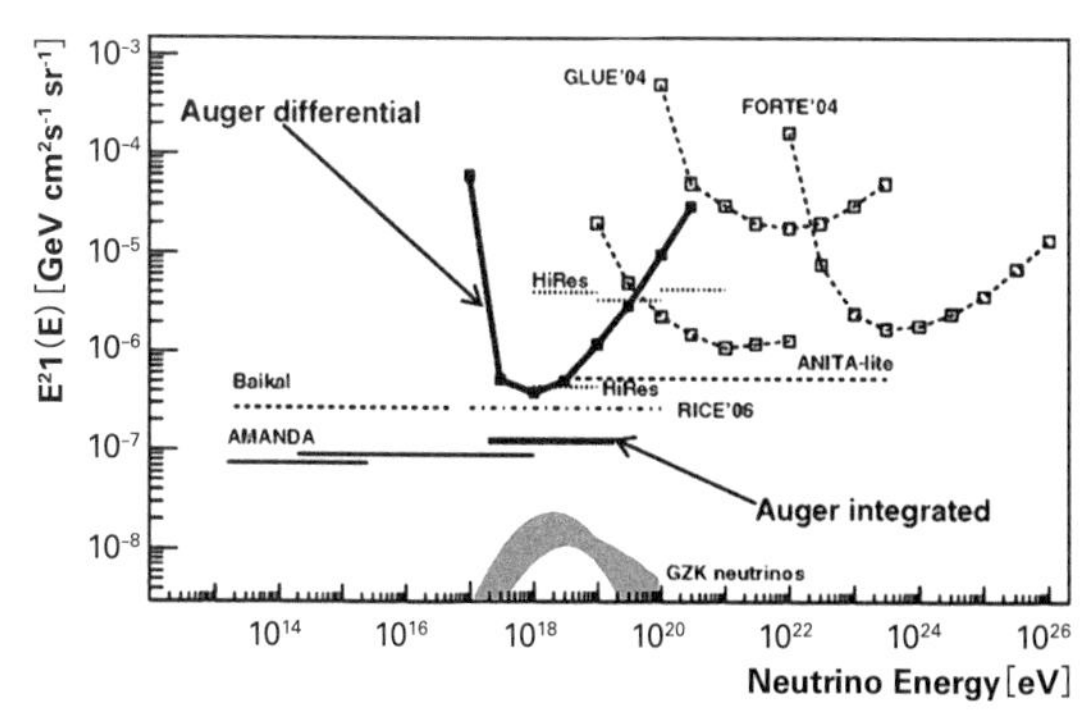

図５・17　フィジカルレビューレターズに掲載されたオージェー実験による超高エネルギー宇宙ニュートリノ輝度の上限値（太線）の図。IceCubeのことなどどこにもない。2008年発表。

ギー帯で最も優れた観測結果だった。このエネルギー領域の主演役者はオージェー実験であり、IceCube実験ではないということが研究者コミュニティーの共通理解として広がりつつあった。

実際、オージェー実験の論文ではIceCube実験のことなどただの一言も触れていない。けれども僕らはIC-9の解析の経験から、IceCube実験は10^{18} eVという超高エネルギー領域であってもオージェー実験に優っていることを分かっていた。だが論文はない。単なる遠吠えに過ぎないのだ。

さらにオージェー実験は前年の２００７年に驚くべき結果を発表していた。超高エネルギー宇宙線の到来方向は、我々の銀河系の比較的近くにある活動銀河核の方向と相関があるというのだ。２・１節で述べた、騒乱的天体の代表格だ。

大気蛍光望遠鏡の大型プロジェクトを実現しようと奔走していたときの僕の希望的見通しであった、銀河系外空間の磁場は弱く、宇宙線の主要成分は陽子であり、ご近所さんに放射源があれば、起源天体をニュートリノを使わなくても同定できるだろう（3・2節）、ということが本当だったかのようだった。超高エネルギー宇宙線起源の解明まであと一歩、そしてその謎を解くのはオージェー実験である、という雰囲気となった。オージェー実験は我が世の春を謳歌していた。

今に見ていろよ、このまま終わってなるものかという思いは、僕のこのような個人的な背景もあって相当強いものだった。

5・9　再戦

ロビー活動に力を入れる

2007年5月から2008年4月まで、IceCube は22ストリングで観測された。IC‐22だ。完成後に86ストリングを持つ IceCube の約30％の大きさである。このデータが再試合

１戦目である。間瀬さんをメイン解析者とし、僕と石原さんが脇を固めて援護するという布陣で挑んだ。

IC - 9解析が必要以上にレフェリーの抵抗にあった大きな理由の一つが、ＥＨＥ解析のツールやシミュレーションがアマンダ実験のものとはまったく違う思想のもとに作られていたことだった。この思想や具体的な手法を徹底して理解させねばならない。

そこで、詳細な内部資料を作り早くからレフェリーを始め、主だった人たちに見せ、我々のやり方を理解してもらうことに力を入れた。本格的な解析が始まる前から、この一種のロビー活動を行ったのだった。文句があれば、早い段階で言ってもらう。大詰めを迎えてから、今さらそんなことを言うな、という事態を避けるためでもあった。

当時、IceCube実験メンバーの98％はアメリカとヨーロッパであった。残り２％が日本である。この地理的ハンディーから、電話会議はほとんどが日本では夜中の時間帯になるし、顔を合わせて議論する機会も減る。どうしてもコミュニケーションが希薄になりがちだ。

そこで、このようなロビー活動に力を入れた。僕はこうしたことは好きではないし、性格的にあまり向いていないとも思ったが（こんなことは面倒くさいと思うたちである）、物事を前に進めるために割りきってやっていた。

エルバート公式による経験的モデルに懐疑的な反応が多かったので、いわゆる標準的な大気ミューオンのコンピューターシミュレーションによる擬似データ生成にも真剣に取り組んだ。大量の粒子を取り扱わざるを得ない超高エネルギー領域でも、なんとか許容できる計算時間内に擬似データ生成が終わるように工夫した。このあたりは間瀬さんが粘り強く取り組んでいた。生成された擬似データと実データ（コントロールサンプル）を比較し、両者の分布の合い具合が、少しでもマシになるような工夫をしたのも彼の仕事である。

ところが、相変わらず雑音擬似データは実データを完全には再現しなかった。エネルギーを測る基礎に使っていたチェレンコフ光総光子数についてはだいぶ良くなり、陽子100％と鉄100％の間にデータが来るようになった（図5・18）。これは良い兆しだった。だが、5・6節の図5・11（190ページ）で前に示したように、天頂角分布に関しては、両者の分布の違いは歴然としていた。この状況で前に進むには、エルバートの経験的モデルの信頼性について納得してもらうしかない。そのためには、実データの量が重要であった。データに基づき帰納的に関数 $f(x)$ に付随するパラメータの値を決定するのが、経験的

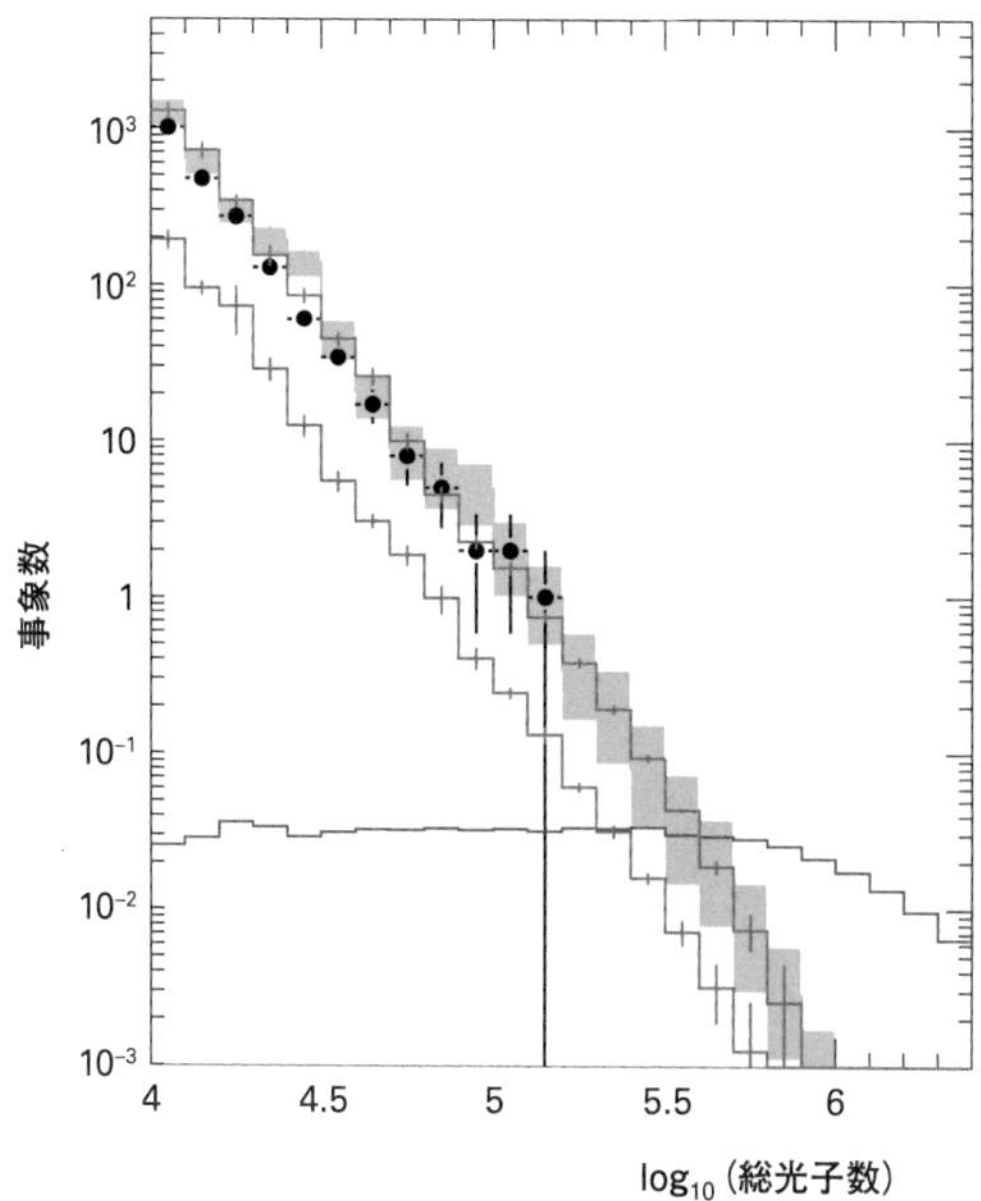

図５・18　IC-22（22ストリングで稼働した、IceCube2007年５月から約240日間の観測）のデータ（黒点）の総光子数分布。二つの実線はコンピューターシミュレーションによる擬似データの分布で、上の線（紫）が100%鉄、下の線（赤）が100%陽子の場合の大気ミューオン擬似データの分布である。緑で塗られた帯は、「経験的モデル」の予測である。2010年発表。

モデルの真髄である。そのようにして決めたパラメータの精度を上げるためには、基となるデータの量が大事なのだ。

だが、経験的モデルを組むために使うデータを増やすのは簡単な話ではなかった。IceCube実験は、ブラインド解析という手法を侵すべからずの絶対的原則として採用していたからだ。

ブラインド解析とは?

ブラインド解析とは、レアな宝を探すような種類の仕事で繰り返された、過去の過ちを防ぐために考え出された思想である。

どのような条件を満たせば「宝」であり、残りは雑音、あるいは贋作であるとするかを決めるやり方は一通りではない。実験データを眺めて、もしかしたら宝かもしれないという、クサい信号があったとしよう。宝を発見したぞ、と思いたいのが人情だ。そうすると、この信号が宝である確率を高めるように、宝信号が満たすべき条件を意図的に後から設定することは可能なのだ。

こう考えてみよう。またサイコロの例だ。2と3の面がお宝候補の条件だとする。ここで贋作が網にかかるとしよう。サイコロを振る。2か3の面が出る確率は3分の1だ。つまり本当は贋作なのにお宝候補になる確率は、3分の1あるということになる。この状況下で網を広げて待っていたら獲物がかかった。この獲物は2のフダを持っていたとしよう。お宝候補だ！

だが、本来贋作がお宝に化ける確率は3分の1なのだが、この獲物が2だと知ったことで、代わりに2が出る確率を計算する。これは6分の1だ。3分の1の半分に減る。この、後から計算した確率のほうを使って、贋作である確率は小さいのだからこれはお宝だと主張し、「発見」を世界に公表する。こういったことがまかり通るのである。これは後出しジャンケンみたいなものだ。実験データに見つかったクサい信号を見て、勝つための条件を決めているからだ。

このようなやり方で公表された「発見」は後年、さらなる実験や観測で否定されることがほとんどである。実際未だにこのような後出しジャンケン的なやり方を許容している実験グループは散見される（僕はそのような実験から出てくる結果は信用しない）。

そこで、実際のデータを見ずに、事前にどのような条件を満たせばお宝とするか決めなさい、決めなければデータを見ることはまかりなりません、というルールを設定して解析をする考え方が出てきた。これがブラインド解析である。IceCube 実験で言えば、どの事象を宇宙ニュートリノ候補であるとするかの条件設定は事前に行え、ということである。

例えば、5・4節にある図5・9（182ページ）の曲線は、まさにこの条件である。EHE解析では、この線より上に見つかった事象（総光子数が十分たくさんある明るい連中だ）があれば、超高エネルギー宇宙ニュートリノ信号である可能性が極めて高いとして、その確率を計算することになっている。その確率を計算するのも、この曲線に基づいて算出する。ここで条件を変えることは許されないのだ。後出しジャンケン厳禁である。この方針自体は正しい。

ブラインド思想の壁

だが、この条件を決めるために使うのはコンピューターシミュレーションによる擬似信号だ。シミュレーションが正しいという保証はないということは今の皆さんにはもうお分かりだろう。だから観測データの10％だけはシミュレーションのチェックに使うために見てもよろしい、というのが IceCube 実験のルールだった。

この10％のデータはバーンサンプル（burn sample）と呼ばれる。焼きつくす（burn）ほどこのデータを眺めなさい、という意味だ。そのようにしてお宝の判定基準を決めたうえで、すべての観測データを見させてくださいというプロポーザルを提出する。これはブラインド解除提案と呼ばれる。

例によってレフェリーが数名IceCubeメンバーの中から選定されて、審査する。またプロジェクトメンバー全員が、この提案を見て意見を言う。皆の合意がとれたら提案は認められて、観測データが「開けられる」。これが手続きだ。IC‐9の解析も、この手順を踏んで観測データを「開けて」きたのだ。ブラインド解除承認は、すべての解析が通過しなければならない関門である。その門はそう簡単には開かないものだった。

これが問題だった。経験的モデルの信頼性を追求するには実際の観測データが必要だ。だがバーンサンプルは全データの10％だ。これでは足りないのだ。そもそもこのような問題が起こり得るので、僕はブラインド解析の硬直的な運用には極めて批判的である。それなりの量のデータを眺めなければ自分たちの実験について理解できないのだ。データを見なくても他の手段でシミュレーションの正当性をチェックできるような実験なら、ブラインド解析を不可侵の錦の御旗に掲げてもよいだろう。だが、IceCube実験はその種の測定実験ではなかった。

そこで、IC‐9では総光子数が10万以下である事象はすべて見ることにしていた。こっちで勝手に決めたのである。EHEバージョンのバーンサンプルだ。その代償として、宇宙ニュートリノ信号候補を決める条件としては、最低でも総光子数10万個以上を要求するということで公平性を担保した。それはそれで筋が通っていたので、ウイスコンシン大の何人かなど僕と近い人間にだけ話を通しておいた。

IC‐9は最初期のデータということでこのようなゲリラ的な態度で通用させていたが、IC‐22ではそうもいかなくなった。IC‐9と同じく総光子数が10万以下である事象はすべてバーンサンプルにして「焼きつくす」ことにしたが、事をオフィシャルにした瞬間、文句を言う人たちが出てきて手を焼いた。やれ他の解析に影響が出るだの、公平じゃないだのと言い出すのだ。総光子数と天頂角しか見ないから、と説得するのは骨が折れた（実際には他の変数も経験的モデルの適用限界を見定めるために少し見たが）。こうしたブラインド解析原理主義者との衝突は、2012年の宇宙ニュートリノ発見解析で再燃する。

大きな前進

そうしてIC‐9に比べ豊富になったデータを基に経験的モデルのパラメータを決め直した。

さらに標準的な大気ミューオンシミュレーションから得られた一部の情報を、経験的モデルによる擬似データ生成の部分に活かして、さらに信頼性を上げた。このあたりは、IC‐９のときにレフェリーが挙げた問題点を一個ずつ潰していく作業だった。

経験的モデルを実データで実証する新しい方法も取り入れた。経験的モデル $y = f(x)$ は、宇宙線のエネルギー x と大気ミューオンのエネルギー y を結びつけるものだ。y はＥＨＥ解析では、チェレンコフ光総光子数Ｎとして測定される。すなわち、x とＮの関係だ。x とＮを与えるまったく別の測定データがあれば、経験的モデルと比較できる。独立した実証ができるのだ。

この測定データを提供したのが、IceCube 実験の真上にある宇宙線空気シャワー測定装置 IceTop である（図５・19、２２６ページ）。氷河の上に展開された地表検出器のアレイである。IceTop は宇宙線の空気シャワーを観測し、そのエネルギーを推定する能力がある。その同じ空気シャワーで作られたミューオンの束が氷河深くまで貫通し、氷河内に埋設されたＤＯＭで捉えられる。

すなわち、IceTop のデータで、宇宙線のエネルギー x を、IceCube のＥＨＥデータでチェレンコフ光総光子数Ｎを同時に測定できるのだ。この測定と経験的モデルを比べたので

図5・19　建設途中のIceTop検出器。雪中から半分顔を出しているタンクが検出器だ。2006年。

ある（図5・20）。

これは説得力のある実証だった。石原さんの手によるものである。この両者の分布は誤差の範囲で一致した。これは大きな前進だった。

さらに、この時点では最新の観測データであるIC-40の1ヶ月分のデータを素早く解析し、このデータの分布もIC-22データで決めた経験的モデルに何ら変更を加えなくても再現できることを示した。これがダメ押しだったと思う。2009年3月EHE解析は、ブラインド解除提案が認められた（すべての観測データを見てよろしいという承認）。

IC-22データでは一番乗りである。まだニュートリノ捕捉網としては小さいので、当然超高エネルギー宇宙ニュートリノは見つからなかっ

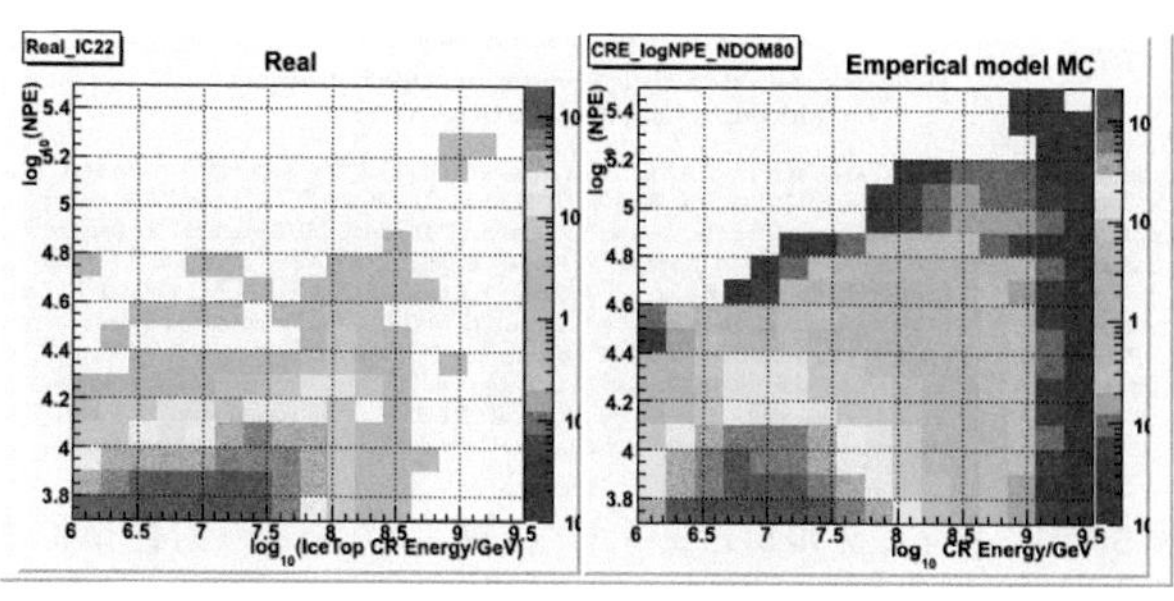

図５・20　大気ミューオン雑音を作る宇宙線のエネルギー（x軸）とIceCube検出器で測定されるチェレンコフ光総光子数Ｎ（y軸）平面での事象数分布。左がIceTopとの同時測定データから得られたもので、右が経験的モデルによる擬似データから得られたものである。IceCube実験内部資料から。

たが、ニュートリノ輝度の上限値は算出した。

この上限値は、２００９年にアップデートされたオージェー実験による上限値に少しだけ負けていたが、肩を並べるところまではきたのである。ようやく戦線に参加したのだった。結果はポーランドで開かれた宇宙線国際会議（ＩＣＲＣ）で間瀬さんが報告した。

最初の論文掲載

だが、これを正式な論文にしなければ何の結果にもならない。２００９年８月に最初の論文草稿を書いた。プロジェクト内部からレフェリーが４名任命された。IC-９から半分入れ替わったが、チェアは引き続きオルガが務めた。最初の草稿は英文につたない部分も多く（僕のせ

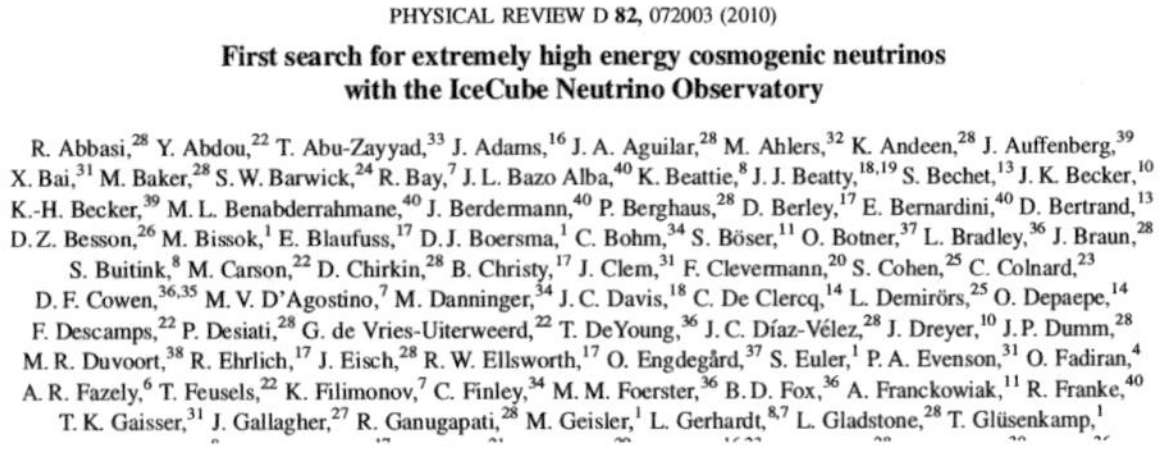

PHYSICAL REVIEW D **82**, 072003 (2010)

First search for extremely high energy cosmogenic neutrinos with the IceCube Neutrino Observatory

R. Abbasi,[28] Y. Abdou,[22] T. Abu-Zayyad,[33] J. Adams,[16] J. A. Aguilar,[28] M. Ahlers,[32] K. Andeen,[28] J. Auffenberg,[39] X. Bai,[31] M. Baker,[28] S. W. Barwick,[24] R. Bay,[7] J. L. Bazo Alba,[40] K. Beattie,[8] J. J. Beatty,[18,19] S. Bechet,[13] J. K. Becker,[10] K.-H. Becker,[39] M. L. Benabderrahmane,[40] J. Berdermann,[40] P. Berghaus,[28] D. Berley,[17] E. Bernardini,[40] D. Bertrand,[13] D. Z. Besson,[26] M. Bissok,[1] E. Blaufuss,[17] D. J. Boersma,[1] C. Bohm,[34] S. Böser,[11] O. Botner,[37] L. Bradley,[36] J. Braun,[28] S. Buitink,[8] M. Carson,[22] D. Chirkin,[28] B. Christy,[17] J. Clem,[31] F. Clevermann,[20] S. Cohen,[25] C. Colnard,[23] D. F. Cowen,[36,35] M. V. D'Agostino,[7] M. Danninger,[34] J. C. Davis,[18] C. De Clercq,[14] L. Demirörs,[25] O. Depaepe,[14] F. Descamps,[22] P. Desiati,[28] G. de Vries-Uiterweerd,[22] T. DeYoung,[36] J. C. Díaz-Vélez,[28] J. Dreyer,[10] J. P. Dumm,[28] M. R. Duvoort,[38] R. Ehrlich,[17] J. Eisch,[28] R. W. Ellsworth,[17] O. Engdegård,[37] S. Euler,[1] P. A. Evenson,[31] O. Fadiran,[4] A. R. Fazely,[6] T. Feusels,[22] K. Filimonov,[7] C. Finley,[34] M. M. Foerster,[36] B. D. Fox,[36] A. Franckowiak,[11] R. Franke,[40] T. K. Gaisser,[31] J. Gallagher,[27] R. Ganugapati,[28] M. Geisler,[1] L. Gerhardt,[8,7] L. Gladstone,[28] T. Glüsenkamp,[1]

図5・21　フィジカルレビュー誌に掲載された最初のEHE解析の論文。2010年発表。

いだ)、構成も練れていなかったせいもあって、結構な集中砲火を浴びた。その一つ一つに対応しなければならなかった。陽子100%と鉄100%という両極端の場合を考えるというEHEの方針に噛みつく奴もいた。宇宙線の組成モデルをいじって見かけ上コントロールサンプルにピッタリ合わすという他の解析のやり方が正しいと考えているわけだ。ロビー活動をしていたのに、今さらそんなことを言ってくるな、という事態がやはり起きてしまう。

こうした無意味で非生産的な指摘もたくさん来る。石原さんがここでは矢面に立ってくれた。ロジカルに、レフェリーや他のプロジェクトメンバーの挙げた問題点を論破していく。途中で草稿をイチから書きなおして構成も変えたこともあり、この内部審査の過程はまたも長丁場となった。

ほぼ1年をかけてやりあったあげく、ついに2010年7月に論文投稿が認められた。投稿先の論文誌フィジカルレビューの審査は問題なく終わり、２０１０年10月論文は掲載された（図５・21）。ＥＨＥ解析の最初の論文であり、２００２年に僕がフランシスに誘われてIceCube実験に参加してから８年以上が経っていた。なんとか戦線に残ることはできたのだった。

第２戦

第２戦は、２００８年４月から２００９年５月まで実施されたIC-40（40ストリング）による観測データだった。完成後の網の約半分の大きさになった装置による観測である。メインの解析者は石原さんだ。すでに２００９年初めには下準備を進め、観測期間が終わればすぐにでも解析をスタートできるように彼女は準備を進めていた。

このころには他大学にもこのエネルギー領域で解析をしたいという人も出てきた。スイスやアメリカから何人かが手を挙げてきた。石原さんもフェアにやりたいと思う人なので、こちら側の情報は惜しみなく出していた。だが結局彼らの進みは遅いので、彼女はやるべきことを淡々と進めていった。

５・６節で触れたように、コンピューターシミュレーションによる擬似データが実データと合わない部分は賢いクオリティーカットをかけて落としたり、「大深度グループ」に属する事象は角度を使わずに時間差情報を使う（図5・12〈198ページ〉や5・13〈198ページ〉参照）ことによって、経験的モデルには引退してもらうことに成功する。また10％のデータだけをバーンサンプルにするという通常のやり方で事が足りるようにもなった。

ということは、総光子数が10万以下であっても宇宙ニュートリノ信号候補として同定するような基準を作ってもよいことになったのである。こうした改良が効いて、2010年7月には早くもブラインド解除提案が認められる（IC‐22の論文が出る前である！）。

IC‐40をもってしてもまだ網は小さく、宇宙ニュートリノ信号は見つからなかった。ただし前にも触れたように、宇宙生成ニュートリノ背景放射が見つかってもいい程度の感度は達成されていた。理論予想には幅があるが、楽観的な数字をとれば1発くらいは見つかってもいいくらいのレベルには来たのである。このまま観測を継続すれば（しかもストリング数は増えるので網は大きくなる）、宇宙生成ニュートリノ背景放射の検出が射程内に入ったことを意味していた。

また、宇宙生成ニュートリノだけではなく、天体ニュートリノ生成機構にも一定のインパクトを与える結果でもあった。天体ニュートリノがあるとすれば、その輝度はこれくらい以下程度だろうとする理論的な目安の数値があった（第6章で議論する）。

提唱者の名前をとって、ワックスマン－バーコール限界と呼ばれている。IC‐40の観測データに宇宙ニュートリノ信号がなかったことによってつけられたニュートリノ輝度の上限値（つまり宇宙ニュートリノがあるとすれば多くてもこれ以下ですよという制限）は、この理論値に抵触していた。EHE解析が対象とするエネルギー領域である10^{15} eV（1000兆電子ボルト）から10^{19} eV（1000京電子ボルト）という極めて高いエネルギー帯に天体ニュートリノが存在する可能性に制限をかけ始めたのだ。

これは超高エネルギー宇宙線を放射する宇宙エンジン天体の正体を探るうえで、ニュートリノ観測からの初めての意味のあるインプットであった。別の言い方をすれば、超高エネルギー宇宙線を生み出すエンジン天体の正体を考えるときに、IC‐40によるニュートリノ輝度の制限は考えに入れておく必要があるということになる。

ブラインド解除提案から半年も経たない間に論文の最初の草稿が書かれ、今度は内部レフェリーによる審査もあっさりと通過して、2011年3月にはフィジカルレビュー誌に投稿された。フィジカルレビュー誌の匿名のレフェリーの審査も好意的で大きな問題はなく、2011年5月には無事に掲載された。これまでの難航ぶりがウソのようにスムーズな進行だった。論文は多くの研究者に引用された。IceCube実験は超高エネルギー領域においても研究者コミュニティーからその動向と結果について大きな関心を払われる存在になったのだった。

また僕らEHE解析をやってきた者にとっては、IC‐9時代から批判を浴びた僕たちのやり方、特にチェレンコフ光の総光子数をエネルギーの目安に使うという手法が機能するということをIceCubeプロジェクトのメンバー全員に実証したという意義もあった。批判していた人たちは、ブラインド解除承認後に観測データを「開けて」みたら、EHE解析手法に想定外の穴があり、とんでもない信号をお宝として同定するのではないかという疑念があったわけだ。論文投稿後にプロジェクトの全メンバーにあてたメールで石原さんは宣言した。IC‐9、IC‐22、そしてIC‐40と3つのデータで解析をしたが、想定外のことは起きなかったことを思い出してもらいたい。この手法は成熟したと。

総括として相応しい宣言だったと思う。

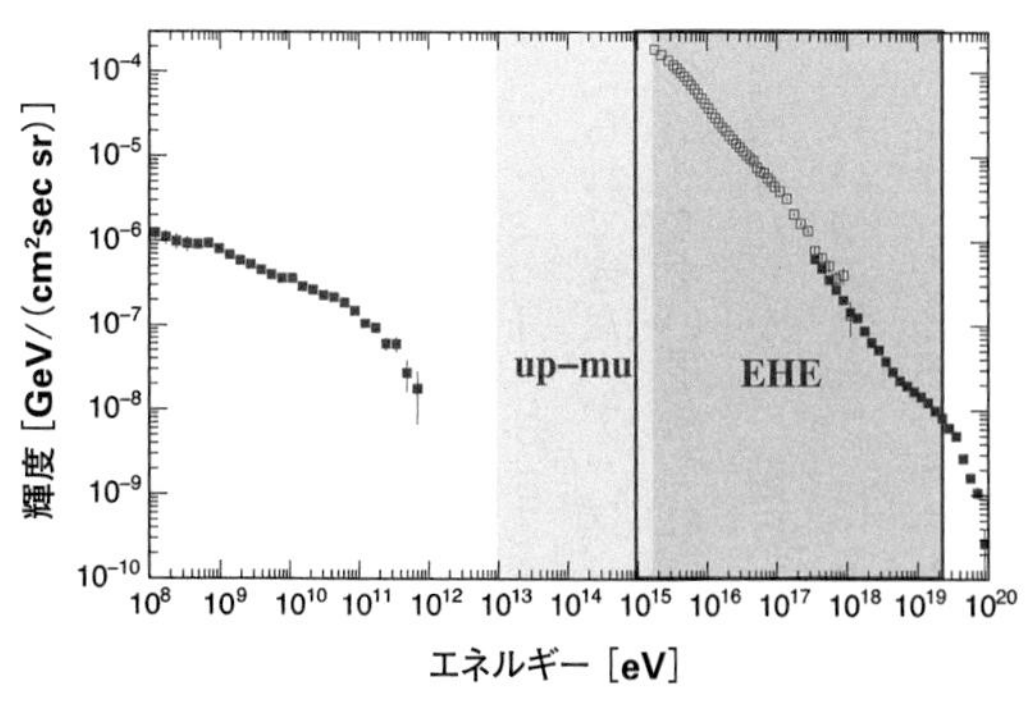

図５・22　EHE解析と、アップ・ミュー解析がカバーする主なエネルギー帯。データ点は、図２・５と同様に、宇宙からの背景放射の高エネルギー帯の観測データを示している。すなわち左側はγ線、右側は宇宙線の輝度である。

５・10　他の解析の状況

アップ・ミュー解析とは？

このころ、ＥＨＥ解析以外の他の解析結果はどうであったろうか。

IceCube実験のようなニュートリノ観測の王道は、４・３節で議論したように、エネルギーの低いほうから高いほうへと攻めていって、どこかの時点で大気ニュートリノ雑音を上回って顔を出すと期待された、天体ニュートリノの背景放射を探す解析である。図４・１（１３２ページ）で示したように、ニュートリノを探索するエネルギーを上げていけば天体ニュートリノの成分が卓越するという仮定に基づいている。

このやり方では、エネルギーにして10^{13} eV（10兆電子ボルト）から10^{15} eV（1000兆電子ボルト）くらいのエネルギー帯に主な感度がある。このエネルギー帯ではEHEと異なり、ニュートリノは地球を貫通する確率が極めて高いため、北半球から地球に入射したニュートリノが地球を突っ切って、南極の氷河に到達するような事象を探すことになる。図5・6（163ページ）の（C）の場合だ。

つまり、下から上に突き上げてくるようなトラック（線路）型の信号となる。この解析はアップ・ミュー（up-mu）解析と呼ばれ、ニュートリノの検出手法としては、最も古くから考えられてきた。アップ、つまり下から上向きにくる信号は、ニュートリノが引き起こす最も分かりやすい現象だからだ。存在が実証されているもので地球を貫通してくる素粒子など他には存在しない。図5・23に模式的に示したように、ニュートリノがIceCube検出器であるDOMの埋まっている氷河の近くまで来て、岩石または氷河の原子核と衝突を起こしてミューオンを作る。ミューオンは1キロ以上貫通できるので、DOM埋設エリアに突入し、チェレンコフ光が観測されるのだ。

アップ・ミュー解析では、測定されるものの大半は大気ニュートリノ由来の信号だ。この

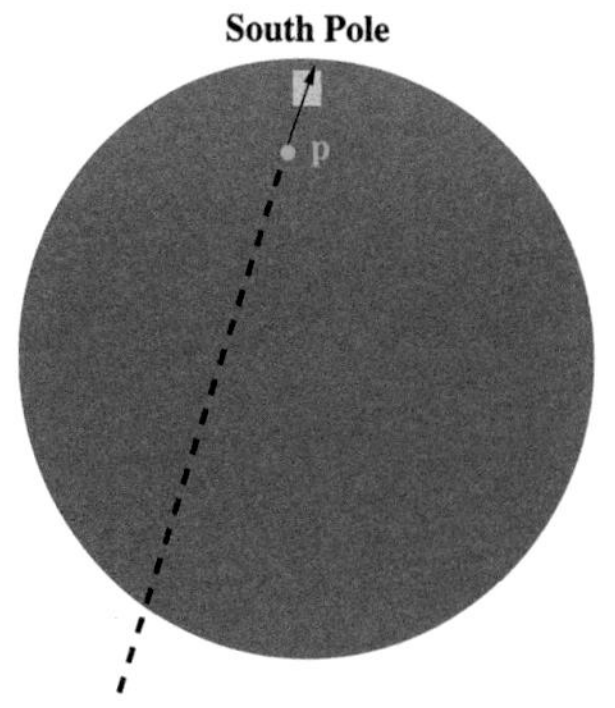

図５・23　アップ・ミュー解析のコンセプト。地球を貫通してきたニュートリノは地点Ｐでミューオンを作り、そのミューオンがIceCube実験装置まで突入してくる。IceCubeからはこれが下から上に突き上げてくるような信号として見える。

信号のエネルギー分布を測り、高エネルギー部分で大気ニュートリノ雑音から期待される事象数より多くなっていないかどうかを見る。

２０１１年にIC－40による結果を公表した。図５・24（２３６ページ）に示したように、データと大気ニュートリノ雑音の期待分布には差がなく、天体ニュートリノはまだこの観測データでも見えていなかった。結果として、天体ニュートリノの量に上限値をつけたわけだが、後から考えるとこの上限値は後年に発見された天体ニュートリノの量にかなり近かった。あとひと押しかふた押しのところにいたのであるが、このときはダメだったかという雰囲気が支配していた。なにせアマンダ実験の時代から、このやり方の解析は何年もや

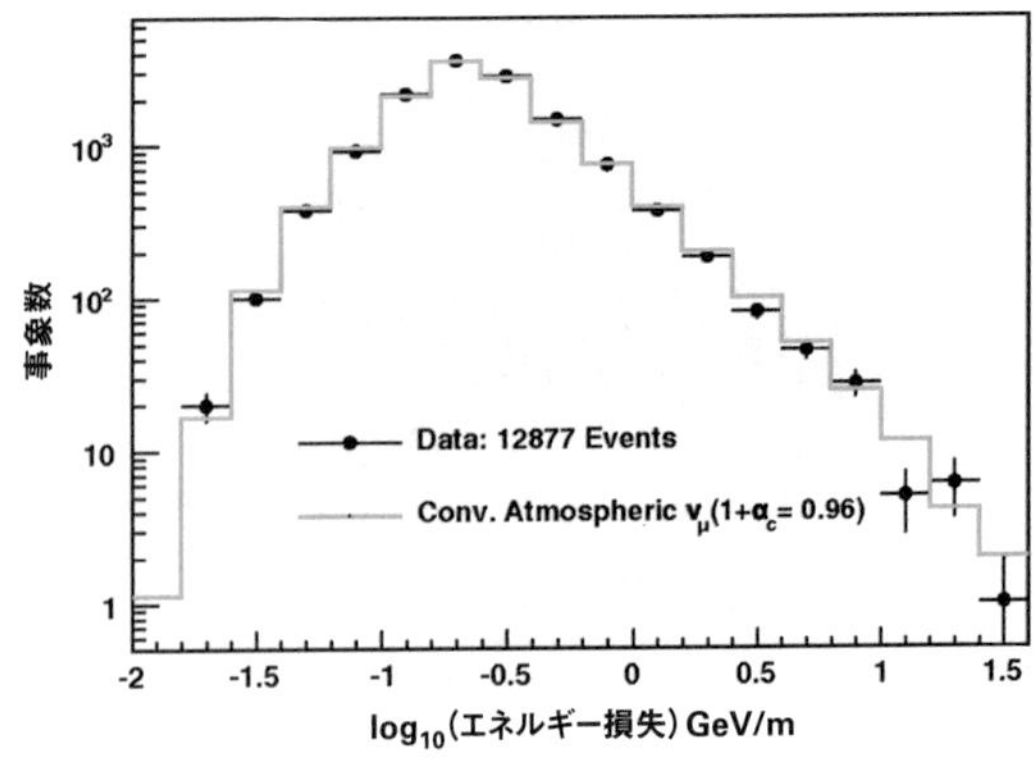

図5・24　IC-40（40ストリングで稼働した2008年の観測データ）によるアップ・ミュー解析の結果。横軸はニュートリノから生成されたミューオンのエネルギーに相当する。上向き信号のエネルギー分布（誤差棒つきの点）と大気ニュートリノ雑音擬似データによる分布（ヒストグラム）が比較されている。両者に違いはなく、天体ニュートリノの兆候はまだ見えない。低いエネルギーの事象数が減っているのはこの解析に不必要な他の種類の雑音（主に大気ミューオン）が混入するのを防ぐために導入されたアルゴリズムによるもので、人為的なものである。高エネルギー部のほうに着目すべきだ。2011年発表。

り続けていたのだから。

ニュートリノの点源探索

もう一つの王道解析が、4・3節でも触れた、ニュートリノの点源探索だ。背景放射ではなく、個々の天体からのニュートリノ放射の有無を探索する。ニュートリノで明るく輝く天体があれば、その方向からのニュートリノ信号が多くなるはずである。大気ニュートリノは宇宙とは無関係なの

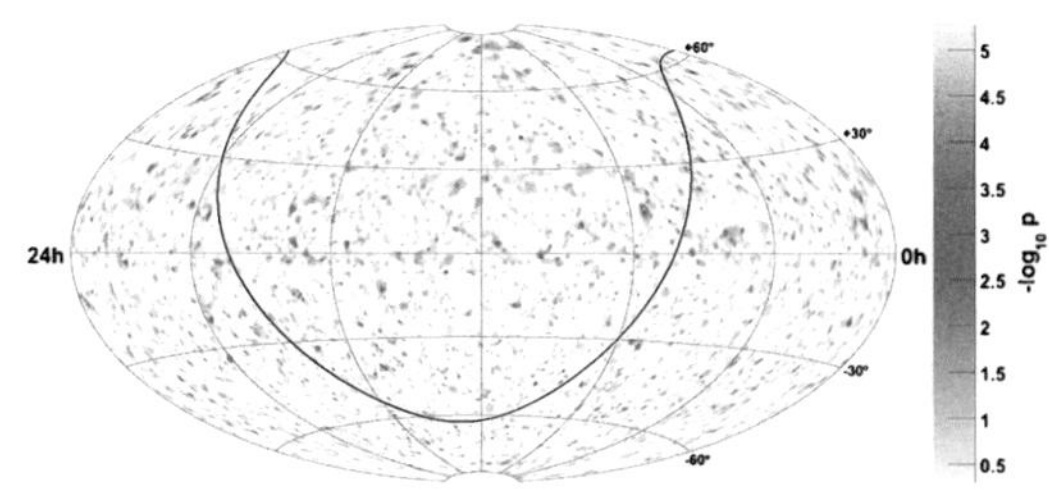

図5・25　IC-40（40ストリングで稼働した2008年の観測データ）によるニュートリノ点源解析の結果。宇宙の特定の方向によらず、どの方向でも同じ強度でニュートリノが来る（大気ニュートリノ雑音はもちろんこの場合に相当する）という仮説から実際のニュートリノの数がどれくらい多いか少ないかを色で示している。黒い曲線は我々の銀河面、平たく言えば「天の川」の場所を示している。2011年発表。

で、宇宙のある特定の方向から信号が多いということはあり得ない。ニュートリノ事象数の宇宙座標における方向依存性を見るというのが解析の根幹であった。

２０１１年の段階では、同じようにIC－40による観測結果が出ていた。図５・25に示したのが、方向による数の違いである。数の違いは確かにあるが、統計的に意味のある違いではなかった。

統計的に？　またしてもサイコロの例で恐縮だが、サイコロ１００個を振ったとしよう。２の面が出る確率は６分の１なので、２が出ているサイコロの数は16個か17個くらいのはずだが、実際にやってみると、20個、あるいは12個などと、けっこうその数はバラツクものだ。

これが統計的なゆらぎである。「たまたま」ということがあるからだ。サイコロの面の出方は確率過程なのでこのようなことが起こる。というわけで、数に違いがあっても、このゆらぎで説明できる程度であれば、統計的に意味のある違いではないと結論される。つまり、この観測データからニュートリノ天体の存在は確認できなかったのだ。

背景放射の場合と同じように、この場合も「上限値」が算出できる。ニュートリノで輝く天体があったとしても、その明るさはこの数値以下です、というものだ。この明るさの上限値は、高エネルギーγ線を放出している天体のうち明るいほうに属するもの（つまり、γ線で見た「一等星」みたいなもの）とほぼ同じか、むしろより低い値であった。

ニュートリノ点源解析で感度が出るニュートリノのエネルギーは10^{12} eV（1兆電子ボルト）から10^{14} eV（100兆電子ボルト）程度である。1兆電子ボルトの光子、すなわちγ線を出している天体は見つかっている。そうしたγ線は電子が起源と考えて矛盾なく、超高エネルギー宇宙線陽子を加速しているパワフルなエンジン天体ではないと考えるのが自然ではあるが、宇宙エンジン天体の可能性が完全に否定されているわけではない。天体ニュートリノは、宇宙線陽子が光と衝突して生まれた生成物であるが（2・5節参照）、この同じ衝突でγ線も作られるからだ。

とすると、最も単純に考えれば、こうしたエンジン天体をニュートリノで見たときの明るさとγ線で見たときの明るさ（輝度と言ってよい）は大体同じであると期待してよかった。IC-40の結果は、こうした楽観的な予想は間違っていますと告げているのだった。

天体ニュートリノを放出する無数の天体からの放射の重ね合わせがニュートリノ背景放射である（2・2節の議論を思い出そう）。これらのニュートリノ天体のパワーがすべて同じだったとしたら、その平均的な明るさは、このIC-40の上限値よりもざっとひと桁程度暗いということが後年のデータと計算から明らかになる。つまりニュートリノはこの時点で点源として見えなくても何ら不思議ではない。

だが、このときは楽観的な見通しであった、明るいγ線天体と同程度の明るさ、という単純な期待が念頭にあったため、IceCubeのメンバーの多くは期待を裏切られたという気持ちになっていた。

これら王道解析の他にもいくつかの特化した解析結果があったが（第6章で触れる）、どれも宇宙ニュートリノの匂いすら漂わなかった。また得られた上限値も宇宙エンジン天体の性質に意味のある知見をもたらすものでもなかった。というわけで、IceCube実験メンバーに将来に対して悲観的な空気が漂い始めていたのもこのころからであった。

例外は「空気を読まない」ことにかけては定評のある筆者である。それに感化されたわけでもなかろうが、ＥＨＥ解析をやっていた他の人々も同じだった。ＥＨＥのIC‐40の結果は超高エネルギー宇宙線を放つエンジン天体を探る研究に意味を持つ結果であったし、理論的予想を考慮すればもうひと押しすればなにか見えるに違いないという信念があった。ここで手綱を緩めず最新データをどんどん解析すべきであった。

5・11　早く結果を出せ

遅々として進まない解析

IC‐40の次のデータセットは、59ストリングからなるIC‐59である。２００９年5月から約1年にわたって観測データを取得していた。IC‐40によるＥＨＥ解析の論文がフィジカルレビュー誌に掲載された２０１１年5月には、とっくにIC‐59データのブラインド解除提案（すべてのデータを開けて、解析してよろしいという承認――５・９節）が認められ、結果が出ていてしかるべきだった。

IC‐59の解析は千葉グループではなく、アメリカ・メリーランド大学のポスドクがやっていた。ＥＨＥをやりたいと早くから手を挙げていたので任せることにしたのである。IceCube実験は国際共同プロジェクトなのだから、日本以外からの参入を歓迎すべきだと僕らは思っていたこともある。

メリーランド大学は、γ線バースト天体と呼ばれる騒乱的天体の代表格からのニュートリノを探査する解析で先頭を走っていたグループである。この解析結果については次章で述べる。力のあるグループであったが、ＥＨＥ解析に絡むのは初めてなので、近くにいる同僚からの実践的な支援は望めない。どうしても孤立しがちになる。そこで、こちらからは様々な情報を彼女に送ったり、定期的な電話会議で議論を欠かさないようにしていた。

だが、彼女の進みは亀のように遅かった。ブラインド解除承認に行き着きそうな気配も漂わない。２０１０年夏には、こちらからメリーランド大学に出向き様々なサポートをしたが、進捗ははかばかしくなかった。

彼女の気持ちは分からないでもない。せっかく新たにＥＨＥに参入するのだから解析手法に新機軸を打ち出したいのだ。その意気は研究者として正しい。だが、ああでもない、こうでもない、という試行錯誤が永遠に続くかのようなノンビリさだった。少しでも早く結果を出すのが新機軸を打ち出すのと同様か、むしろそれ以上に大事なのだという意識が足りなかった。あともうひと押しで、何か見つかるだろうというこの時期に、もどかしい限りである。

またウイスコンシン大学のポスドクも、さらに大きな網であるIC‐79の解析に手をあげた。2010年春から2011年春までの約1年間の観測データである。こちらのほうも新機軸として、氷河表層にあるIceTopを使って大気ミューオン雑音を落とすという手法を取り入れようとしていたが、解析のやり方が荒っぽく、とてもブラインド解除承認がとれるとは思えなかった。

ニュートリノ研究分野最大の国際会議に向けて

そうこうしている間に、ニュートリノ研究業界の最大の国際会議である、その名も「ニュートリノ」が2012年6月に京都で開催されることになり、僕も組織委員会の一員となった。2011年5月のことである。プログラムを担当する委員会のチェアは、中畑雅行先生だった。中畑さんは、カミオカンデによる超新星ニュートリノ発見や、スーパーカミオカンデによる太陽ニュートリノ測定などで活躍し、このころには神岡グループによる太陽・超新星ニュートリノ解析の総元締だった。

スーパーカミオカンデが測定している太陽からのニュートリノは、10^6 eV（１００万電子ボルト）、僕らIceCubeは10^{12} eV（１兆電子ボルト）、ＥＨＥ解析に至っては10^{18} eV（１００京電子ボルト）であるから、エネルギー帯域がまったく違い、狙うサイエンスも異なるが、ニュートリノで宇宙を探査するという大きな共通項では結ばれており、中畑さんはIceCube実験に常に関心を寄せてくれていた。

ニュートリノ天文学のセッションをどのように構成するか提案を任された僕は、この好機を活かそうとIceCube実験の講演を二つ押し込むプログラムの実現を企んだ（１実験１講演が慣例だった）。２０１１年にIceCube実験観測装置が完成しIC‐86として観測を始めて以降、最初の大型国際会議であること、そして何よりもＥＨＥ解析で結果を出せるという手応えがあったからだ。観測結果を世界に向けて公表するうえでこれ以上ない舞台である。

まずは、IceCube実験グループの幹部メンバーに向けてアドバルーンを打ち上げ、反応を見ることにした。一つは、いつも通り全体の報告を中心とした講演、そしてもう一つは特に面白い解析結果に特化した講演の二本立てで提案すると投げかけたのである。

総論賛成、各論になると百家争鳴状態となった。講演を二つもらうのはいい。だが、本当に面白い結果が出るか分からないから、一つはニュートリノ天文学ではなくニュートリノの性質を探る解析にしたらどうかとか（IceCube 実験は、ニュートリノを使った素粒子物理の研究も可能であり、これを推進している研究グループもあった）、いや暗黒物質解析にしたらどうかとか（これはフランシスの提案だった）まとまらない。だが当時の IceCube グループを覆っていた悲観的な空気を反映してか、ニュートリノ天文学をお題に2講演いけるよ、という意見は少数派だった。

まとまらないのは僕にとって予想通りだった。これは一種のガス抜きだ。とりあえず講演二つ分のスロットをもらうということ自体に反対はないということを確認したので、中畑さんに IceCube からは講演を2本行いたい、最初の講演は一般的な報告だが、γ線バースト解析やアップ・ミュー解析をメインにしたもの、もう一つの講演はＥＨＥ解析でいきたいと提案した（γ線バースト天体については6・1節で語る）。

僕なりに熟考した結果である。1本目の講演でγ線バースト解析を考えたのは、サイエンスとしても強力な結果を出す可能性が高かったことに加え、当時の IceCube 実験のスポークスパーソンがメリーランド大学のグレッグ・サリバンであり、彼のグループはγ線バースト天体解析のメッカだったことを考慮していた。

2本目の講演にEHE解析を持ってきた理由については言うまでもないだろう。この案はやや議論を呼んだ。組織委員会の上に位置する国際勧告委員会では反対意見も出た。IceCube実験は超高エネルギー帯に感度がないとか言い出している。

こちらにしてみれば、いったいいつの話をしているんだという意見である。だが、勧告委員会のメンバーのフランシスも当然賛成にまわり、組織委員会のほうでも好意的な評価が多く（中畑さんのリーダーシップもあった）この案は認められた。もう11月になっていたが上出来の舞台の出来上がりだった。

だが、IC‐59データによるEHE解析は遅々として進んでいない。他の解析も同様だった。研究者コミュニティーはIceCubeの観測装置が完成したのを知っている。当然マイルストーンとなる新しい結果が出るのを期待していた。だからこそ、ニュートリノ国際会議でも2講演枠をもらえたのだ。秋口にスウェーデンで開催されたIceCubeプロジェクト会議で、僕は進みの遅さに苦言を述べたが、早さよりは結果の正確さのほうが大事だよ、と諭される始末である。

このときの会議の主要な議題の一つは「サービスワーク」の分担であった。コンピュータシミュレーションをバグのないように管理するとか、バーンサンプルデータの基礎チェックを誰がやるかだとか、内部レフェリーの義務をどうするとか、要するにプロジェクトを支える管理業務だ。

おいおい、そんな事がホットトピックでいいのかと。今の時点でのサービスワークっていうのは、少しでも早く解析結果を出すことなんだよと石原さんは言っていたが、僕もまったく同意見だった。IC‐79の解析は日本からは間瀬さんが始めていたが、このままいくと、ニュートリノ国際会議は手ぶらで参加することになりかねなかった。

5・12 決断、再び前線へ

時間がない中での「宣言」

時間は経ち、２０１２年になった。状況は好転しない。そこで決断した。千葉大グループで全部やる。ＥＨＥ解析を所管するIceCubeプロジェクト内のワーキンググループの長は僕から石原さんにバトンタッチしていた。グループの長は通常自らは解析をせず、グループ内から出てくる様々な解析を取りまとめ手綱を引っ張っていく役割だ。

こうした慣例からは異例のことだが、石原さんは私がやる、IceCube完成後86ストリングで2011年5月から開始したIC-86のデータをニュートリノ国際会議直前のデータまで含めて解析する、と宣言した。6月のニュートリノ国際会議まで半年も残されていない中での決断だった。ここで結果を報告するためには、スケジュールを逆算すると4月中にはブラインド解除提案を提出する必要があった。時間はまったくなかった。

信じられないかもしれないが、最新データであるIC-86を解析する準備は系統的にはまったく行われていなかった。南極現地で取られているデータに対する最低限のチェックだけがされていた。ほぼ「生」のデータからEHE解析を通して超高エネルギー宇宙ニュートリノ信号を探索する長大なプロセスのすべてを日本側でやる必要があった。またニュートリノ捕獲網を構築していくのに必要な、コンピューターシミュレーションによる擬似データ生成も始まってすらおらず、これもすべてこちら側で独力でやらなければならない。

「自作農」の底力

ここで、苦心惨憺してきた僕らの経験と積み重ねてきた資産が生きた。EHE解析に関する限り、僕らはそのほぼすべてを独力で開発してきた。このやり方については熟知している。

シミュレーション、解析のためのデータファイルの処理、必要な検出器の較正、そして解析プログラムに至る過程のすべてに縦に串をさし、統合的なプラットフォームを作り上げてきた。

これはIceCube実験規模の大型プロジェクトではあまり見られないアプローチだ。多くは横串モデルである。「シミュレーショングループ」や「較正グループ」、「信号再構成グループ」があり、各グループは、その結果や開発されたソフトウエアを、解析者に「提供」する。これは、それぞれのエキスパートによる作品を使えるというメリットがある反面、提供された作品の中身はブラックボックスになりがちだ。データ解析者が、なにか分からないこと、足りないことに突き当たるとそれぞれのエキスパートグループにヘルプを依頼することになる。

でも、僕らは違った。よその解析のことは分からないが、ことEHEに関する限り自分たちで皆やってきた。もちろんエキスパートグループの開発した作品も一部使ったが、それもすべてEHE解析に合うように自分たちで改変してきたのだった。

これは僕が元々小さな実験プロジェクト（AGASAとハイレゾだ）の出身ということもあったし、人数にしてIceCubeプロジェクトメンバーのわずか2%ほどがポツンと日本でやっていたという地理的な孤立も影響していたかもしれない。とにかく結果としてこうなった。足りない？　分からない？　じゃあ自分たちで作りましょう、という自作農が僕らだった。

皆、馬車馬のように働いた。解析に必要なシミュレーションは間瀬さんと手分けしてIC-86に合うようにプログラムを修正し、擬似データ生成と生成データのチェックをひたすら続けた。どうなったら超高エネルギー宇宙ニュートリノ信号候補と判定するかという最終基準（例えば図5・9〈182ページ〉の赤の曲線だ）を決定するのに使う統計的な計算ツールを作ったり、宇宙エンジン天体理論予測を実際の実験データと比較できるようにする支援ツールの開発などの側面支援を僕はやっていた。そして石原さんは、IC-86の観測データをひたすらコンピューターにかけ、バーンサンプルを眺め、超高エネルギー宇宙ニュートリノ捕獲網のアルゴリズムの構築に取り組んでいた。

だが、急ぐ必要はあるが、間違った結果は出したくない。僕はすでにありがたくない前歴がある。少なくともプログラムのバグなど、明らかなミスによる間違いは犯したくなかった。そこで僕自身の手によるIceCube実験「完全非公認」解析を久しぶりに稼働させた。

解析結果をチェックする有効な方法の一つは、独立した解析フローを二つ並行して走らせることだ。両者の結果は誤差の範囲で一致しなくてはならない。ただし、これは労力は2倍かかる。しかもより問題になるのは、最終的にどちらの結果を公式な結果として公表するか決めなくてはいけないことだった。特に若手研究者にとって、自分の解析結果が表に出ていくことがキャリアを固めるうえで極めて大事だ。当然、競争になる。だが僕がここで欲しかったのは結果のチェックであり、競争ではない。しかし、わざわざ他者の解析のチェックのために自分の時間の多くを使う若手はいない。

そこで、IC‐9とIC‐22のときに僕がこの役を担うことにした。僕はもはや若手でもないし、最低限の足場は持っているからだ。結果のチェックが目的なので、プログラムもほぼ独立して書き、アルゴリズムも意識して違うものにした。ただし、あまり大規模なシステムを作り上げる時間はないので、その能力は限られたものである。所詮は1軍の結果を確認する2軍の立場だから、それで良しとしていた。

これは、IC‐9やIC‐22のときには実際に機能した。間違いも見つかったし、自分たちの手法を深く理解することにつながった。今回のIC‐79とIC‐86の「突貫解析」では、このときに使ったものを掘り起こして、１軍である石原さんたちの結果の一部を確認していった。さすがに、これまで豊富な経験を積んできた歴戦の勇士だけあって、明白な間違いは見つからなかった。

そうしている間にニュートリノ国際会議のプログラムと講演者が確定した。IceCube実験の1本目の講演は、スポークスパーソンのグレッグ、２本目のＥＨＥ解析講演は石原さんだ。筋書き通りだ。グレッグはIC‐86の解析がＥＨＥ以外でろくすっぽ進んでいないことに焦りだし、持てる研究資源と計算機の能力を集中的に割り当てろと、春にカリフォルニア州バークレーであったプロジェクト会議で指示を飛ばし始めた。進軍ラッパを吹くならもっと早く吹いてほしかったと、聞いていた僕は思ったが（結局、グレッグの講演には、IC‐86どころかIC‐79の結果さえひとつも間に合わなかった）、いずれにせよプロジェクトメンバーみんなが危機意識を持つことはいいことだ。こちらもサポートが受けやすくなる。

２０１２年４月29日、ついにIC‐86 ＥＨＥ解析のブラインド解除提案にこぎつけた。ニュートリノ国際会議まで、残りあと１ヶ月であった。

5・13 真夜中の攻防

やってみるしかない

IC-86のブラインド解除提案の審議が、プロジェクトメンバー全員が参加する電話会議で始まった。最初の会議は5月3日にあり、以後4回の会議を重ねることになる。時差の関係で日本時間の午前0時開始であった。建設を終え、全86ストリングで観測を始めた最初のデータであるIC-86 1年目の解析であり、EHE解析でもしかしたら何か見つかるかもしれないという期待もあって、異例の注目度の中で審議は行われた。審議の議事を進めるのは、ドイツのマーカス・アッカーマン、IceCube実験の全データ解析の取りまとめの任にあたっていた若手であった。

いつものように最初の電話会議では、石原さんがIC-86データ向けに最適化した超高エネルギー宇宙ニュートリノ探索網の仕組みについて淡々と説明していく。内部レフェリーが任命され、メンバー全員が提案をよく読みコメントを出す期間が設けられた。約2週間である。

一方僕のほうは、カレンダーを睨みながら綱渡りの日程を考えていた。最短でブラインド解除提案が承認されるのは2週間後、そこで何らかの結果が出たとしよう。5月21日だ。その時点で、6月3日に始まるニュートリノ国際会議まで2週間を切っている。

IceCube実験では、何らかの新しい結果を国際会議で公表する場合、2週間前までに、プレゼンの内容とスライドを全メンバーに回覧しなくてはならないというルールがあった。内容が一定の水準に達し、IceCubeプロジェクトとして外部に公表してよいものになっているか審査するためである。この2週間ルールを厳格に適用されると、ニュートリノ国際会議に間に合わない。

これを1週間に縮める必要があった。せっかくなにか発見があっても、2週間ルールを盾に発表まかりならんとなれば、悪夢以外の何物でもないからだ。根回しの必要がある。

マーカスとスポークスパーソンのグレッグにルールの柔軟な運用をすべきだと主張した。グレッグは同意し、解析結果が出た時点で、なぜ今回は特別な扱いにするかメンバー全員に向けて説明するメッセージを出すと請け負った。マーカスも2週間ルールに拘泥する必要はない、という点では同意したが、彼はこうも言った。ＥＨＥ解析でなにか発見できる可能性は高いだろう。そうなったときに、国際会議までわずか1週間しか残されていないなか、この発見についてどのようなメッセージを出すべきかはよく考えないといけない。その点については楽観できない、と。彼は続けた。僕らは何年も宇宙ニュートリノを探してきたんだ、それがわずか1週間の期間でお宝候補について自信を持ってなにか言うことは難しいだろうと。マーカスの言う通りだったが、時間は買えない。やってみるしかなかった。

綺麗に雑音を切る

解析アルゴリズムは、これまでで最もクリーンかつシンプルであった。86ストリング、総計5000台以上のDOMからなる巨大な観測装置となり、質の良いデータが多数を占めていたおかげだ。図5・26左図に示すように、エネルギーとチェレンコフ光総光子数の相関も綺麗に現れ、細工の必要がない。角度決定の精度が悪く、IC-40では角度の代わりに時間情報を使った「大深度グループ」に属する事象も、今度は角度がよく決まり、擬似データによる予測分布とも矛盾がなかった。すでに図5・10（187ページ）に示した通りである。

宇宙ニュートリノ信号同定アルゴリズムの最終段階における予想分布が図5・26右である。図5・9（182ページ）の2012年バージョンだ。曲線の上に信号があれば、お宝候補だ。宇宙生成ニュートリノであれば、0・5から4事象が期待され、天体ニュートリノが、

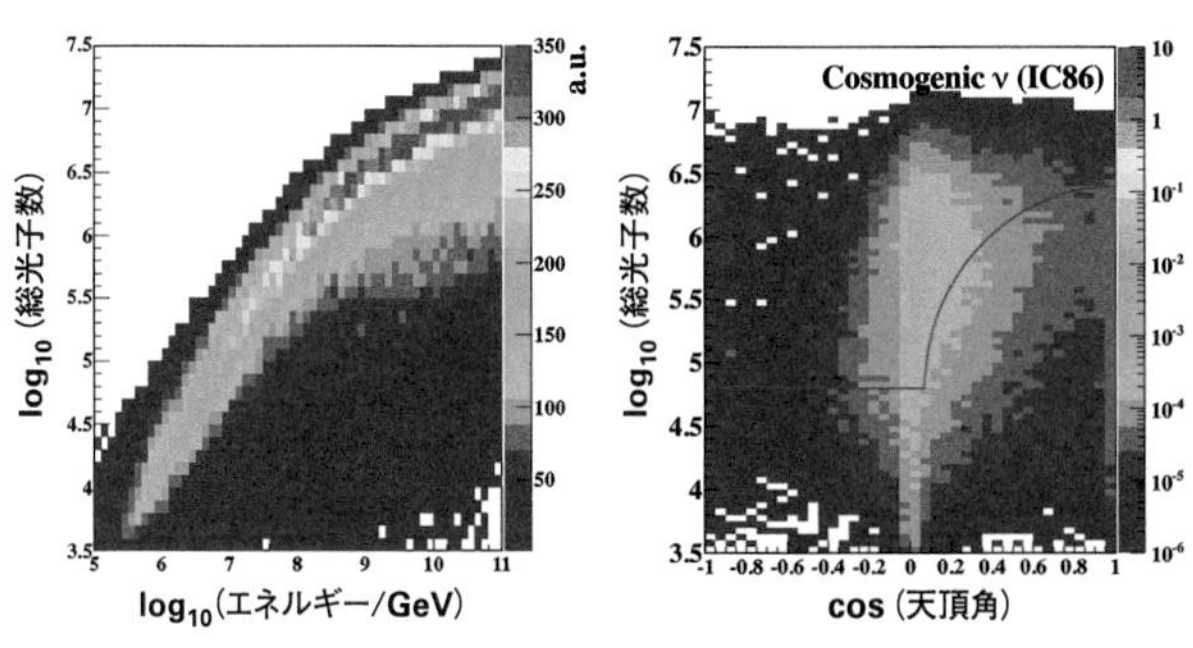

図5・26　（左図）IceCubeに入射したミューオンのエネルギー（x軸）とチェレンコフ光総光子数（y軸）の相関。（右図）角度（x軸）Vsチェレンコフ光総光子数（y軸）平面上における宇宙生成ニュートリノ信号の予想分布。赤色の曲線から上にある事象が超高エネルギー宇宙ニュートリノ候補として同定される。いずれも2013年発表。

もし10^{15}eV（1000兆電子ボルト）以上の超高エネルギー領域にまで伸びていれば1から2事象が、曲線の上に現れるはずである。対照的に、贋作の頻度はわずか0・07に過ぎなかった。綺麗に雑音を切ることができたのである。

審査での指摘

信号候補を判定する図5・26右図の曲線の決め方に改善の余地があるのではないか、というのが審査における最初の指摘だった。見ての通り、x軸の0付近から左側はただのまっすぐな線だ。つまり水平方向から入射してきた場合と、下から上へと入射してきた場合とで、お宝判定基準は同じである。超高エネルギー宇宙ニュートリノはほとんどは水平方向から来る。超高エネルギー領域では、地球はニュートリノを「吸収」してしまうので（5・3節の議論を思い出そう）、下から上と来るものはいない。それならば、水平方向から来るもの「だけ」を宇宙ニュートリノ候補とするようにこの曲線を変えるべきだという主張である。

一見、この主張は理にかなっているように聞こえる。だが僕らは、わざとこの部分は単純にしていた。角度によって選択条件を繊細に変えていくためには、角度の決定精度とその誤差に対する我々の理解が正しいということが大前提だ。この時点でそこまでの自信はなかったので、多少想定外のことが起きても傷が深くならないようにしておきたかった。

もう一つの理由は、より理論的なものだ。確かに宇宙生成ニュートリノ、すなわち1「垓」電子ボルトの超高エネルギー宇宙線が「冷たい光」と衝突して作り出すニュートリノはエネルギーが極めて高いため、地球による吸収効果が顕著に出る。よってその信号のほとんどは水平方向だ。

だが、「冷たい光」だけではなく、宇宙空間を漂う赤外線と衝突してできるニュートリノも予想されていた。宇宙生成ニュートリノの「低エネルギー成分」である。低エネルギーといってもそのエネルギー帯は10^{16} eV（1京電子ボルト）というこれまた信じがたい高さのエネルギーだ。これも存在するなら捕まえたかった。赤外線背景放射の量はよく分かっていないため、このニュートリノの量の正確な予言は不可能だ。だからこそ、測定してみたいのだ。

また、もっと低いエネルギー領域、10^{12} eV（1兆電子ボルト）から10^{14} eV（100兆電子ボルト）にいると予想されている天体ニュートリノが、もうひと桁上である10^{15} eV（1000兆電子ボルト）のエネルギー領域にもある可能性はもちろんある。理論予想もたくさんあった。IC-40データによるEHE解析結果はこの可能性に制限をかけ始めていた。IC-86でも引き続き天体ニュートリノの「超高エネルギー成分」を探索したいと考えていた。1000兆電子ボルト程度では、地球によるニュートリノの吸収効果は限定的だ。別の言い方をするなら、真下からとは言わずとも、水平線下30度くらいから突き進んでくるくらいの貫通力をニュートリノは持っている。1000兆電子ボルトから1京電子ボルト程度のニュートリノを射程に置いておくなら、水平方向だけに限定した網の掛け方をすべきではない。

電話会議では議論が続いた。宇宙生成ニュートリノに的を絞った解析をすべきだという原理派はけっこう頑固だった。そこで、赤外線背景放射の量が分からないのだから、宇宙生成ニュートリノを狙うにしても、ここは網を広げて待ち構えておくべきだという論理で反論する。そこに援護射撃をしてきたのがフランシスだった。フランシスは元々理論物理学者であるということもあり、このような観測データ解析の現場の議論には滅多に口を挟んでくることはない。

だが、このときは違った。シゲルの言うことは正しい、理論予想に想定外はつきものなのだから最初から絞りすぎないほうがいいと言ってくれた。めったに発言しないベテランのたまのコメントが効いたのか、この議論は幕引きとなり、このままでいくことになった。後から考えると、この議論に勝ったのは非常に大きかった。もしここで変更を強いられていたら宇宙ニュートリノの発見はなかったのだ。

荒れる電話会議

翌週の電話会議はさらに荒れた展開となった。マーカスを始めとするドイツグループが、コンピューターシミュレーションによる擬似データの数が不足していると指摘したのだ。

ＥＨＥ解析の主要な雑音は大気ミューオンである。特にエネルギーの高い宇宙線（いわゆる超高エネルギー宇宙線だ）が大気と衝突したときにできるミューオンは当然エネルギーが高いため、ＥＨＥ解析では贋作となり得る。

しかし、ドイツグループの主張はこうだった。もう少し低いエネルギーの宇宙線からのミューオンはずっと頻度が高い。このミューオンが場合によっては、シャワータイプの信号（５・３節の議論〈162ページ〉参照。図５・７〈167ページ〉の右側のような信号、図５・６〈163ページ〉のBの場合だ）の贋作になり得ると主張したのだ。

これは想定外の視点からの批判だった。これまで、そのようなタイプの贋作がコンピューターシミュレーションで予測されたことはないと反論するが、いや、それはシミュレーションの数が不足しているせいだと返される。シャワータイプの信号を取り除くようなフィルターをかけるべきだという議論に押されがちになった。劣勢だ。そんなフィルターを急遽開発する時間はないし、そもそも、シャワータイプの贋作が無視できないレベルにあると証明されたわけでもない。単に可能性だけの問題なのだ。

追い詰められた最後の最後に思いついた。バーンサンプルだ。実観測データの10％をバーンサンプルとして解析していた。これはドイツグループの言うやや低エネルギーの宇宙線由来の大気ミューオンがその大半を占める。その解析結果からは、彼らの指摘しているような雑音事象は一つも見つかっていないと反論した。これには、ああ確かに、という空気が流れた。場の雰囲気は五分五分になった。勝負は５日後に急遽設けられることになった臨時電話会議に持ち越しとなった。終わったのは朝の４時だった。

休む暇はない。すぐに対策を準備する。シャワータイプの信号に対する角度の決定精度を明確に示す図を作る。誤差は確かにより角度を寝かせる方向だ。例えば、水平方向から入射したニュートリノがシャワーを作ると、その方向はやや下から上向きに入射したように解析される傾向が見て取れる。図5・26（255ページ）の右図で言えば、x 軸の負の領域だ。シャワータイプの贋作が混入するとすれば、この部分だ。

そこで、この部分に着目する。IC - 86のシミュレーションは日本側で作ったものしかないが、IC - 79についてはウイスコンシンで作られた擬似データセットがあった。EHE用ではないので、エネルギー領域は低いが、ドイツグループの指摘したような贋作のエネルギー領域とはちょうど重なる。仕事の速い石原さんは、このデータを素早く解析し、擬似データの数は10倍になったけれども、やはり x 軸の負の領域に染み出てしまうような大気ミューオン事象はないことを実証した。

また、バーンサンプルを使ったチェックも重要だ。コンピューターシミュレーションは常に正しいとは限らないからだ。バーンサンプルを解析した限りでは、x 軸の負の領域に染み出てくるものはまったくない。ドイツグループへの反証だ。

ただし、これだけでは説得しきれないだろう。もう少し突っ込んだ洞察が必要だ。ＥＨＥ解析の最終段階、つまり、総光子数と天頂角の平面上での信号分布を見るという図5・26右のような解析をする前に、いくつかのフィルターをかけて、より質の良い信号だけを残すようにしていた。「クオリティーカット」だ。このフィルターの基準を緩めると、x 軸の負の領域に染み出てくるものが現れ始めた。大気ミューオンのシミュレーションによる擬似データでも同じことをやって両者を比べる。両者は完全には合わなかったが、倍以内の違いでしかなかった。そもそもの絶対数が少ないので、影響は軽微なはずだった。

5月15日の臨時電話会議では、これらのすべてを報告した。だが、クオリティーカットの基準を緩めると、シミュレーションによる擬似データとバーンサンプルの分布で倍程度の違いが x 軸の負の領域に現れる問題が議論を呼んだ。このままでは納得を得られないという流れになりそうだ。この違いがある以上、ブラインド解除を認めるべきではない、という極論を主張する者もいた。実際にはクオリティーカットの基準を緩めるわけではないのだから、大きな問題にはならないと主張するが、5名任命されていたレフェリーの過半の同意を得られそうになかった。そこで僕は、x 軸が負、すなわち、下から上に向かって氷河内を突き進んでくるようなデータは、バーンサンプルに限らずすべてをチェックさせろと主張した。

バックグラウンドブラインド解除とは？

バーンサンプルは、実際に取得された観測データの1割しかない。クオリティーカットをかけると、x 軸の負の領域に染み出てくるものがないのは、バーンサンプルの数が少ないせいであることが十分考えられる。観測データをすべて使えば、数は10倍になるので、この問題の実際の影響を精査できるはずだ。

だが、この要求は当然ブラインド解析のルールからは逸脱する。プロジェクト内に多くいるブラインド解析原理主義者は当然のごとく反発した。

反発されることは織り込み済みだった。落としどころはエネルギーの指標である全チェレンコフ光子数が比較的小さいものに限って、すべてのデータを使って分布をとるというものだった。つまりエネルギーの低い、明らかに雑音信号が凌駕している領域で、擬似データと本物のデータを見比べ、その違いを外挿して宇宙ニュートリノ候補同定領域（図5・26〈255ページ〉右図の赤線から上）の雑音事象数の推定にどの程度影響しているのか計算すればいいのだ。それができれば、違いは多くてもせいぜい2倍程度であることを明確に示すことができる。２倍程度であれば、お宝探しへの影響は軽微だ。

こうした、ある事前に決められた条件にしたがって、観測データをすべて使うやり方は、今ではバックグラウンドブラインド解除（background unblinding）と呼ばれ、IceCube 実験では定着した。だが、このときは初めての経験である。すんなりとは承認されそうもなかった。柔軟な考え方をしそうな人間を味方につける必要がある。

電話会議の数日前に、僕は議事進行役のマーカスに連絡しこの案を根回ししていた。感触はいい。反発を受け、それではこれでどうですか、という流れでこの提案を電話会議で提案した。勝負どころだった。すったもんだの末に、この落としどころは認められた。擬似データと実データの分布の違いがせいぜい２倍程度であったなら、ブラインド解除を認めるという合意もとれた。６日後にまた電話会議が設定された。終わったのは朝の３時であった。

承認

ブラインド解除提案が認められるがどうかの剣ヶ峰である。石原さんが素早く解析を進め、実データの分布は確かに大気ニュートリノや大気ミューオンのシミュレーションによる擬似データの分布よりも多いが、その違いは２倍ほどにとどまりしかもエネルギーが高くなるほ

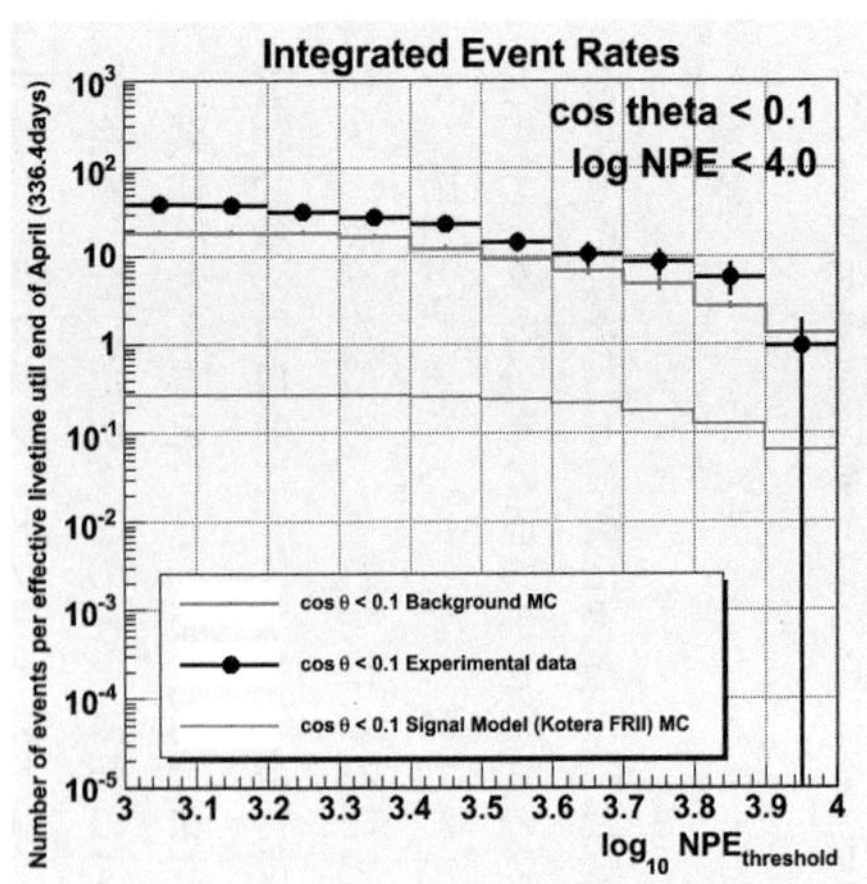

図5・27　天頂角85度以上の角度でIceCubeのDOM検出器が埋設されている深氷河に飛び込んだ事象の数分布。x軸は、チェレンコフ光総光子数である。右側にいくほどエネルギーが高い事象になる。黒点がバックグラウンドブラインド解除された実データの分布。そのすぐ下の線が大気ニュートリノ、大気ミューオンのコンピューターシミュレーションによる擬似データの分布である。遥か下にある線は、宇宙生成ニュートリノのシミュレーションによる予測だ。実データと擬似データの違いは、右側にいくほど小さくなっていくことが分かる。IceCube実験内部資料から。

ど（つまり、宇宙ニュートリノ信号が存在する領域に近くなるほど）、この違いは小さくなることを明快に示した（図5・27）。

だが、違いがエネルギーを上げると小さくなるという有利な点を使わずに、雑音事象数のシミュレーション予測を天頂角85度以上の事象ではすべて2倍に増やすという保守的なアプローチをとることを石原さんは選択した。反対意見を少しでも抑えるためだ。この線にそって超高エネルギー宇宙ニュートリノ候補の同定ラインを引き直し、ブラインド解除提案を改訂した。この約2倍の違いは、大気ニュートリノ雑音信号が2発同時に飛び込んだ場合の確率計算が誤っていたせいであることが数ヶ月後に判明する。だが、この時点ではベストの処方箋であった。

5月21日、電話会議が再び開かれた。バックグラウンドブラインド解除による解析結果を説明し、改訂されたブラインド解除提案を説明する。問題となっている違いの原因を後日きちんと調査することを条件にブラインド解除は承認された。ニュートリノ国際会議まで残された時間はあと12日である。

5・14　発見

バート&アーニー ―― 高エネルギー宇宙ニュートリノ信号の発見

「あったよ」。石原さんが僕のオフィスに来て知らせてくれたときのことは忘れない。

IC-86による超高エネルギー宇宙ニュートリノ信号同定の網に2発の事象がかかったとい

う知らせだった。意外にも、2発とも、「氷河シャワー」タイプ、つまりは図5・7（167ページ）右のタイプだった。5・3節で議論したように、ニュートリノから生成されたミューオンの作るトラック型の事象（図5・7〈同〉左）のほうが網が大きくとれるので、見つかるとしたらこちらかな、と思っていたのだ。大きな発見は予想を裏切る形で現れることは歴史が教えているが、これもそのパターンだった。

見つかった事象は絵にかいたような綺麗なシャワー事象だった。推定エネルギーはざっと10^{15} eV（1000兆電子ボルト）である。まさか、コンピューターシミュレーションで作ったものじゃないよね？　と言いたくなるくらいに、IC-86の検出器網の真ん中で炸裂した大きな信号だった。大きさは500メートル四方にも及ぶ巨大なものだ。

図5・28が一発目の事象である。中心部の巨大な丸は、ニュートリノ反応点の最も近傍にあるDOM検出器で受けたチェレンコフ光量の大きさを示している。なんと1万個もの光子が、この検出器（S53-D23、つまりストリング#53の上から23番目のDOM）に飛び込んでいるのだった。ものすごい数だ。見たこともなかった。

こいつはバート（Bert）と名付けられた。2012年1月に飛来した2発目のニュートリノはアーニー（Ernie）と命名された。どちらもセサミストリートの有名なキャラクターで

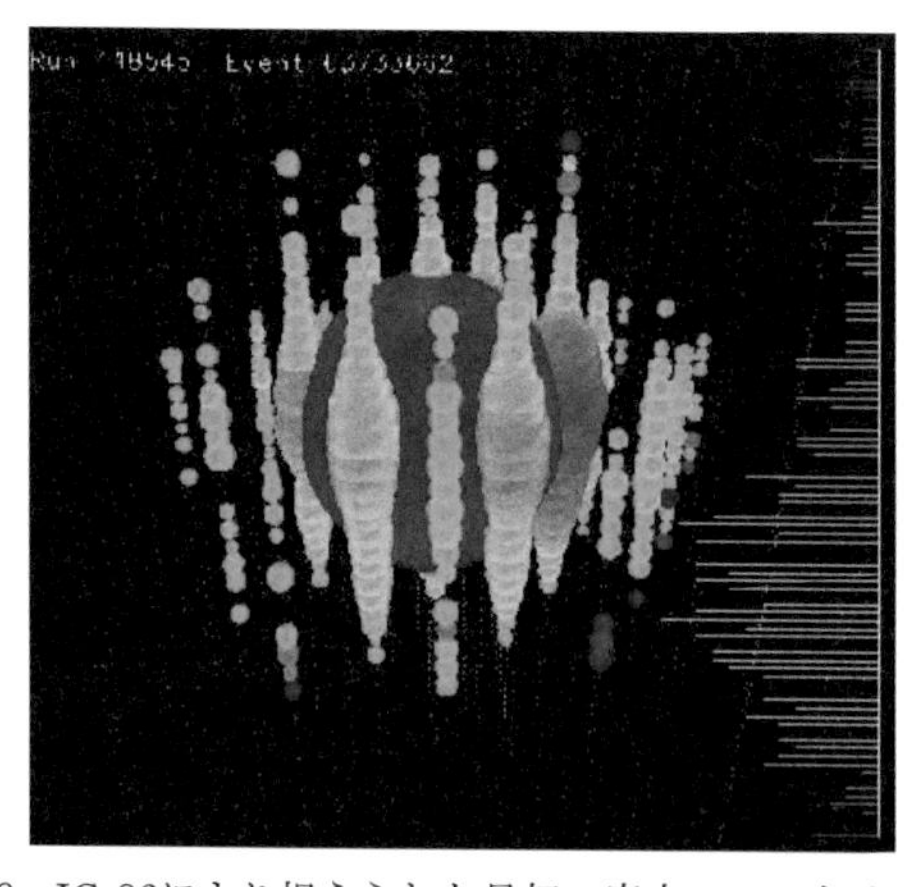

図5・28　IC-86により捉えられた最初の宇宙ニュートリノ信号。2011年8月に観測された。この図は、ニュートリノ国際会議で公表したバージョンである。

ある。バート&アーニーは、世界の関連研究者に知らぬ者はいない、最初の高エネルギー宇宙ニュートリノ信号の名称として浸透していくことになる。

Serendipity

僕は大学院生時代の1994年に、のちに誤りと分かる「発見」をしていた。5・8節で述べた通りだ。それから18年後に、ついに本当の発見に立ち会うことができた。幸運としか言いようがない。研究者冥利につきる瞬間だった。高エネルギー宇宙ニュートリノは本当に存在したのだ。高名な物理学者リチャード・ファインマンの有名な本『ご冗談でしょう、ファインマンさん』

に、発見をしたときにその秘密を知るのは世界でも僕だけなんだ、というロマンティックな気持ちを書き記したエピソードがあるが、このときの僕も似たような気持ちだったかもしれない。高エネルギー宇宙ニュートリノが本当にあることを知っているのは、ここ千葉にいる数名だけなんだな、と。

千葉の外で結果を最初に知ったのはフランシスだった。彼は、IceCube実験の予算を拠出した米NSFで講演をする予定があり、なにか見つからなかったかと石原さんに聞いてきたのだ。IceCube実験メンバーに正式に報告する前に、外部にこの結果を知らせるのはルール違反も甚だしいわけだが、そこはIceCube実験の生みの親であり、日本の僕らを折りに触れ応援してくれていたフランシスからの頼みである。また予算拠出先での講演に彼を手ぶらで行かせるわけにもいかない。石原さんは、結果を彼に躊躇なく教えた。少しは恩返しができたかもしれない。

幸運な僕だったが、この2発の信号であるバート&アーニーの発見も実は予期せぬ運が味方してのことだった。シャワー事象が最初の超高エネルギー宇宙ニュートリノ信号として網にかかったのが予想外であっただけでなく、このニュートリノがどの方向からやってきたか、その角度の推定を「良い方向」に間違えていたのだ。

バートは水平から上、約30度の方向から下向きに飛び込んできたニュートリノであることが、シャワー事象用に特別に開発された解析手法によって後日判明する。ところが僕らがこの当時使っていた手法では、水平方向から来たと推定されていた。ＥＨＥ解析は、水平方向から来る信号に対して網を大きくとれるように設計していたので、まさにこの間違いのおかげでバートは同定されたのだった。もし、バートの方向を「正しく」解析していたら、僕らはこのニュートリノを見つけることができなかったのだ。

アーニーのほうは逆に、水平から下方約70度から上に向かって突き上げてきたニュートリノ信号であった。ブラインド解除提案の審議のときの意見にしたがって、水平方向から来る事象だけに特化していたならば、このアーニーも同定することはなかった。図５・26（２５５ページ）右図のお宝判定基準の曲線を x 軸０付近から左側は単純な直線にしておいたのが功を奏したのだ。

二つの信号とも、エネルギーは10^{15} eV（１０００兆電子ボルト）程度であり、10^{18} eV（１００京電子ボルト）を主要なエネルギー帯とする宇宙生成ニュートリノと考えるには、エネルギーが低すぎると考えられた。天体ニュートリノ背景放射の一番エネルギーの高い成分を捉えたと考えるのが自然である。つまりＥＨＥ解析の「本丸」であった宇宙生成ニュートリノではなく「伏兵」のほうを捉えたことになる。

Serendipityという英語がある。的確な日本語訳はないのだが、「別のものを探しているときに偶然素晴らしいものを発見すること」という意味だ。科学はしばしば、Serendipity的に進展する。科学史をひもとけば、そうした事例に満ちている。

ビッグバンの名残りである「冷たい光」マイクロ波背景放射の発見や、カミオカンデによる超新星爆発からのニュートリノ検出は、このカテゴリーに入る。今回の高エネルギー宇宙ニュートリノの発見もSerendipity的に実現したと言えるかもしれない。別の種類の宇宙ニュートリノを本丸としていた解析で見つかり、しかもバートやアーニーの角度推定が「絶妙」だったことが発見の背景にあるからだ。もちろん運だけでは大きな発見はできない。持てる力のすべてを注ぎ、失敗を恐れずに進んだ者に、ごくたまに自然の神様が微笑むことがある。そう考えるのが正しいだろう。

侃々諤々の議論

バート&アーニーが見つかった。5月24日の電話会議で、この事実を正式に報告した。だが、この結果をどのようにニュートリノ国際会議で発表するかについてはまた別の問題であり、侃々諤々の議論となった。

まずは、この信号が本当にニュートリノからのもので、つまらない大気ミューオンによる贋作でないかどうかをチェックすべしとか（このチェックは複数のグループによって実際に行われた）、10^{15} eV（1000兆電子ボルト）程度のエネルギーというが、正確な値とその誤差はいくらなのか、あるいはこれらは天体ニュートリノであって宇宙生成ニュートリノの「低エネルギー」成分ではないと本当に言い切れるのか、などもう収拾がつかない。

正直に言うと、宇宙ニュートリノが見つかることを見越して、その後の解析をどのように進めていくべきなのか、僕らもあまり考えていなかった。とてもそんな余裕がなかったというのが偽りない気持ちだ。だがIceCube実験のメンバーを覆っていた悲観的な空気は吹き飛び、皆興奮していることは明らかだった。とにかく、ある程度の合意をとって、発表内容を決めなくては間に合わない。もう1週間と少ししか時間がないのだ。

大きな論点は三つあった。（1）2発のニュートリノが、贋作である確率をどう計算するか？（2）バート＆アーニーのエネルギーはいくらか？（3）この2発のニュートリノよりさらに高エネルギーの領域にはニュートリノ信号がなかったことによる知見をどう発表するか？

（1）については、比較的簡単だった。贋作が宇宙ニュートリノ信号領域に染み出す数、すなわち図5・26（255ページ）右図のお宝判定基準の曲線の上に存在する大気ミューオン・大気ニュートリノの数は、0・14だった。例の擬似データと実データの約2倍の違いを考慮して、この数値は当初のほぼ倍になった。1年後に論文として正式公表した数値は、0・082であるが、この時点では保守的な見積もりをしていたせいだ。0・14個期待されるときに2発受かる確率は数学的によく知られた数式で計算できる（ポアソン分布と呼ばれる）。確率は0・0094、すなわちもし100回実験すれば、1回くらいは、贋作をお宝と誤認定するかもという数値だ。

（2）が問題であった。シャワータイプの信号を専門的に解析しているグループがこの2発のニュートリノのエネルギーを推定したが、呆れたことに異なるアルゴリズムでまったく違う数値が出てくるのだ。エネルギーはいくらなのか、まったく答えが出てこない。そんな体たらくだから君たちは僕らに先を越されるんだよ、と毒づきたくなる情けなさだった。仕方ないので僕はチェレンコフ光総光子数やDOMに記録された波形情報を基に、コンピュータシミュレーションに基づきエネルギーを自力でざっくりと推定した。ニュートリノの衝突の仕方や宇宙ニュートリノのエネルギー分布による不定性を考慮しても10^{15}eV（1000兆電子ボルト）から10^{16} eV（1京電子ボルト）の範囲にバート&アーニーのエネルギーは入っているという結果だった。すったもんだの議論の末、これをそのまま発表することになった。後に、シャワー事象のエネルギー推定解析はウイスコンシン大学の若者たちによって一新され、役に立たなかった従来の手法は駆逐されることになる。

（3）はこういうことだ。少なくとも10^{17} eV（10京電子ボルト）以上のエネルギーを持つニュートリノは観測されなかった。つまりＥＨＥ解析の本丸である宇宙生成ニュートリノは観測されなかったと解釈して、超高エネルギー宇宙生成ニュートリノはあるとしてもその数はこれ以下ですという上限値を出したかった。これは宇宙エンジン天体の性質を論じるうえで大事な情報だった。だが、バート&アーニーが宇宙生成ニュートリノの「低エネルギー」成分である可能性は除去できないなどとして、この上限値を発表することには強い反対意見があり、僕らはこの反対を覆すことはできなかった。上限値の解析は、論文を書き専門誌に発表する際の宿題としてお預けになった。

世界を駆け巡った発見のニュース

決定されたこの線にそって石原さんは発表スライドを用意した。実を言えば、6月3日に

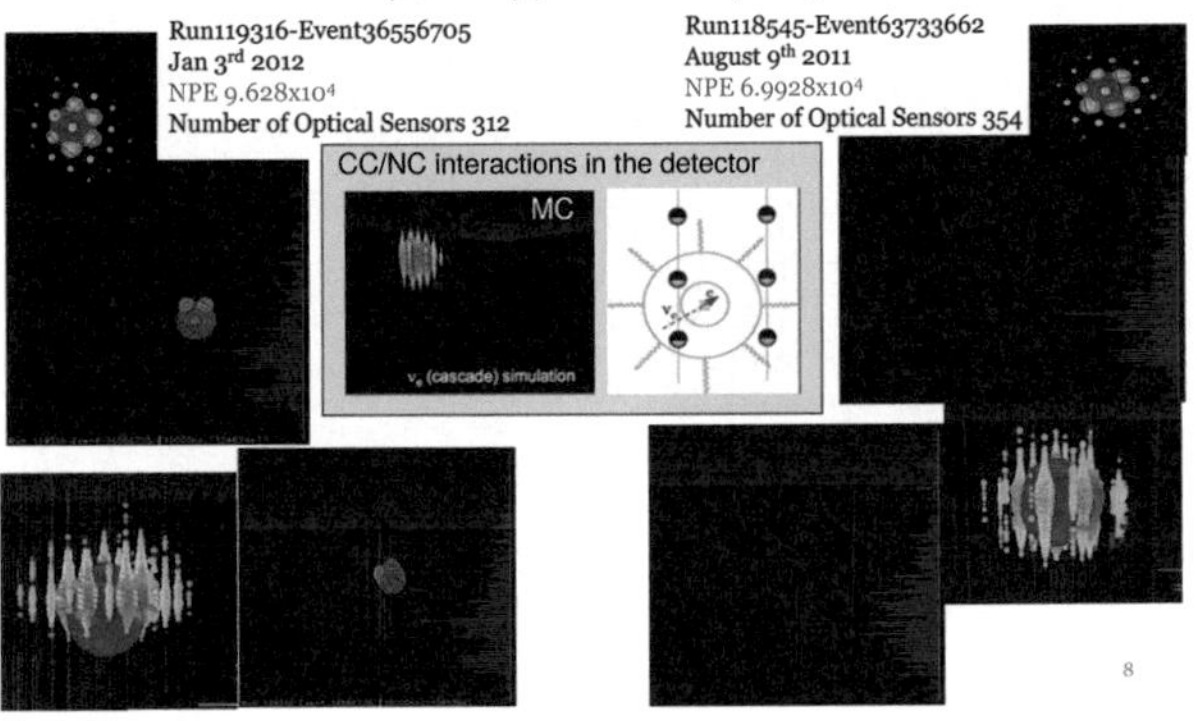

図5・29　2発の超高エネルギーニュートリノが検出されたことを報告するニュートリノ国際会議の発表スライド。歴史に残る1枚だろう。2012年6月。

始まったニュートリノ国際会議の最中も発表内容について議論は続き、最終的な発表スライドが固まったのは講演日の2日前、6月6日のことだった。本当にギリギリのタイミングだった。長年にわたり物理学者をやっているが、こんな状況は後にも先にもこのときだけだ。あまり経験したくはないことは確かですね。

2012年6月8日金曜日の午後4時、ついに石原さんは発見を公表した。僕は観客席の後ろのほうで聞いていたが、周りがどよめくのが分かった。良い講演だったと思う。IceCube実験、超高エネルギーニュートリノを検出というニュースが世界を駆け巡った。

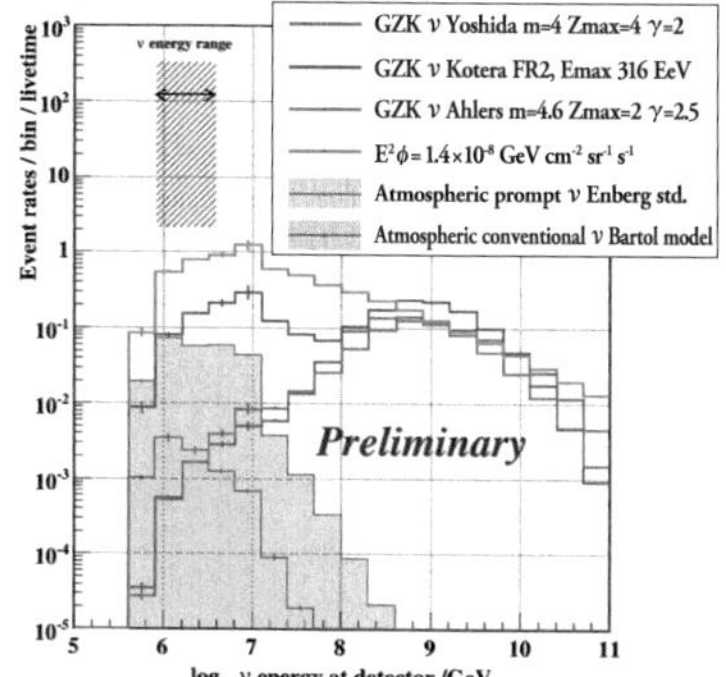

図５・30　EHE解析によって検出されるニュートリノの予想エネルギー分布と、実際に検出された二つのニュートリノのエネルギーを比較するニュートリノ国際会議の発表スライド。GZK νとラベルされたヒストグラムが宇宙生成ニュートリノに関するいくつかの理論に基づく予想を示している。$E^2\phi$とラベルされたヒストグラム（緑色）は天体ニュートリノであった場合にあり得るシナリオの一つとして提示したエネルギー分布である。図左上の黒帯でバート＆アーニーのエネルギー範囲を表した。この時点では、この大まかな推定が精一杯であった。2012年６月。

確かに、マイルストーンとなる瞬間だった。けれども、2発の信号がついに網にかかったという知らせを最初に受けたときほどの感激はもうなかった。どちらかというと、ホッとしたという気持ちが近いかもしれなかった。

5・15 長期化した論文執筆

三つの論点と分かれる意見

発見を公表した後は、すぐに論文を書きしかるべき論文誌に掲載されなくてはならない。それがIceCube実験として公式な結果になる。

だが、これは予想以上に難航した。国際会議発表時に噴出した三つの論点、すなわち（1）2発のニュートリノが、贋作である確率をどう計算するか？（2）バート＆アーニーのエネルギーはいくらか？（3）この2発のニュートリノよりさらに高エネルギーの領域にはニュートリノ信号がなかったことを使って、超高エネルギー宇宙（生成）ニュートリノ量の上限値を決める、といういずれの課題も、300人にも及ぶプロジェクトメンバー間の合意形成が極めて難しいものであったからだ。

宇宙ニュートリノ事象候補が見つかったあと、それをどう料理していくかについて方針が共有されていればよかったのだが、バート&アーニーが同定されるまで、誰もその点に考えは至っていなかった。探しました、見つかりませんでした、そこからコレコレのような結論が言えます、という論文なら、執筆に際しこれまでに蓄積されてきた（暗黙なものも含む）了解事項があった。だが、なんかありましたという場合は初めてだ。それでなくてもIceCubeのメンバーには口うるさい面々が多い。すんなりいくわけがなかった。

最初の論点（1）で本質的なのは、雑音事象が宇宙ニュートリノ候補同定領域に入り込む数と、その誤差である。ニュートリノ国際会議発表時はこの数は0・14であるが、その誤差は見積もれていなかった。例の擬似データと実データの2倍の違いの原因を石原さんは解明し、雑音事象の数の期待値は0・082となった。その誤差も推定できたときには冬になっていた。

やれやれと思ったが、こんどは贋作がお宝と誤認定される確率計算にその誤差をどのように入れ込むかでなかなか合意がとれなかった。誤差を考慮すると、雑音事象の数は最大で0・123、最小で0・025である。僕は、真の値がこの最大値と最小値のなかのどこにあるかはまったく分からないという前提で贋作誤認定確率を計算した。だが、他の前提に立った計算のやり方もあり、意見はまったくまとまらなかった。最終的に僕のやり方で公式結果にすると合意できるまで、何ヶ月もかかった。最終的な数字は0・0029、すなわち大気ニュートリノなどの贋作がお宝として検出される過ちは、1000回実験をすれば3回くらい起きますね、という値となった。

論点（2）である、バート&アーニーのエネルギーはいくらかについても最終的な数値がなかなか決まらなかった。新しい解析手法がウイスコンシンで開発され、推定値が出たが、この値は解析手法のアップデートとともに微妙に変わり続けた。さらに誤差の推定手法についても意見が乱れ飛び、収拾がつかなかった。

またニュートリノのエネルギー推定は、氷河との衝突の仕方によって変わる。衝突して、どのような物理過程を経てチェレンコフ光を撒き散らすのかという経路は複数の可能性があるからだ（専門的には荷電カレント反応と中性カレント反応と呼ばれている）。この扱いをどう論文に反映させるのか意見が分かれていた。結局、ニュートリノが衝突して氷河内に爆弾のように落としたエネルギー値を主要な数値として出すことにした。これはチェレンコフ光検出による純粋な測定値として出せる。その値をニュートリノのエネルギーに変換するのは、前述した物理過程に依存し、一意的には決まらない。「爆弾」のエネルギーの値と同じか、やや大きいはずであるというのが最低限確実に言えることである。ここに行き着くところには2012年は終わっていた。最終的なエネルギーの値はバートが（1.04 ± 0.16）× 10^{15} 電子ボルト、アーニーが（1.14 ± 0.17）× 10^{15} 電子ボルトである。

論点（3）はかなり面倒な問題だった。バートとアーニーを作り出したニュートリノのエネルギーがいくらなのか、またこのニュートリノの起源を説明する様々な理論的モデルを、2発のニュートリノ信号を含む観測データを使ってどのように検定していくのかという手法をきちんと考えていなかったからだ。

技術的な詳細は専門的すぎるのでここでは省くが、あまり綺麗なやり方にはならなかった。バートとアーニーが 10^{15} eV（1000兆電子ボルト）程度のエネルギーであるから、ニュートリノ衝突過程に起因する不定性を考慮しても、少なくともその100倍上のエネルギーである 10^{17} eV（10京電子ボルト）以上ではニュートリノは見つかっていないとしていいだろう、という前提でニュートリノ量の上限値を出したり、理論モデルの検証を行ったりしたのだ。

10^{17} eV という値は、バート&アーニーのデータを見たうえで決めている。いわば後出しジャンケンだ。すでに述べたようにブラインド解析に代表される、後出しジャンケンによるごまかしを防止する手法を大切にするIceCube実験の哲学とは相容れない点がある。このため何人かから痛烈な批判を浴びた。僕も確かに一理ある批判だと思っていたが、量の上限値や理論モデルの検定といった大事なことを何も書かない論文にすることはできないので、これは後出しジャンケン的な解析です、ということを明確に記述するということで妥協してもらった。これは将来解決すべき宿題として残り、２０１５年から始まった次のＥＨＥ解析での主要な開発項目の一つとなる。

「学問的な」理由以外の要素

だが論文として出すのが長引いた理由は、こうした「学問的な」理由以外にもあったように思う。超高エネルギー宇宙ニュートリノ検出はSerendipity的に実現した。本丸は別にあった解析で伏兵として見つかり、しかも一つは入射角度推定を間違えていたために同定できたわけだ。前にも述べたように、予期せぬ形で科学的な発見が起こり得ることは、歴史が証明している。

だが、こうした形の発見を論文として出すのは、人によっては居心地が悪いと感じていたし、論理性が求められる論文でうまく書くのは難しかった。あの常に楽観的なフランシスでさえ、なかなか難しいなあとつぶやいていたくらいである。特定のものを狙った仕事で、まさにドンピシャ、狙い通りのものが見つかりました、というほうがずっと心地よく論文にできる。今回の論文は、そうした理想的な展開で実現した仕事を記述するわけではなかった。ましてや、この微妙な状況をうまくスラスラと読める文章にするのは、英語を母国語としない僕らには高いハードルであった。

速報論文の主著者である石原さんは相当苦労していた。まさに一字一句、すべての文章にプロジェクトメンバーから修正要求が入り、Aさんの修正要求とBさんの修正提案は互いに矛盾していることなどザラにあった。論文草稿は公式にグループ内に回覧したものだけで、27も版を重ねていた。生みの苦しみと言えばそれまでだろうが、キツい経験であったことは想像してもらえるだろう。

論文投稿が長引いたせいで窮地にも陥った。宇宙ニュートリノがバート&アーニーだけであるはずがない。EHE解析で拾えないような、もう少し低エネルギー域にもっと宇宙からの信号が隠れているはずである。

「バート&アーニー」型の信号同定に特化した新型の追解析が始まっていた。HESE解析として知られるこの解析は、IceCube実験の最も有名な解析として知られることになる。この顛末は次節で述べる。

このHESE解析の結果は、2013年5月にウイスコンシンで開催された学会で公表された、広く研究者に知れ渡った。この公表前に、バート&アーニーの検出論文を出しておければよかったのだが、間に合わなかった。このために問題が生じた。

茫然自失の状態から論文の掲載へ

苦労の末に石原さんが速報論文をフィジカルレビューレターズ誌に投稿したのはニュートリノ国際会議での結果公表から10ヶ月が経過した2013年4月19日だった。あっという間に掲載は認められるだろうと思っていたが、掲載可否を決める審査が行われている期間にHESE解析の結果が公表されたために、二人の匿名レフェリーは今さらこの結果を論文とすることに懐疑的なコメントを出してきた。HESEの結果とまとめてもいいんじゃないかという指摘まである。これまでの労苦はなんだったのか。茫然自失である。

ここで乗り出してきたのが、オルガ・ボトナーだった。あのIC-9の論文投稿を認めず、僕らの前に立ちはだかってきたスウェーデン・ウプサラ大学の重鎮だ。常に冷静沈着、エレガントな彼女は提案した。HESE解析は、EHE解析による発見を基に組み立てられたこと。ＨＥＳＥ解析とＥＨＥ解析はまったく違う手法で組み立てられていること。この2点を指摘し、二つをまとめることは逆に焦点がぼやけてしまう、ＨＥＳＥ解析の論文を出すときにＥＨＥ解析について引用する論文も必要である、という主張をフィジカルレビューレターズ誌の編集者にするべきだと。この提案にそって編集者にメールした。

編集者は説得された。さすがオルガである。編集者は逆にすっかり乗り気になり、この論文は特別扱いとする、早くレフェリーのコメントを入れた改訂版を出せ、と言ってきた。なかなか論文掲載を認めないことで知られるフィジカルレビューレターズで、そんなことを言われた経験はまったくなかった。これからもないだろう。

２０１３年7月、ついに速報論文は掲載された。速報と言いながら、ニュートリノ国際会議での発表から1年以上が経過してしまったが、この論文は注目論文として、ありとあらゆるところで引用され、宇宙物理・天文分野においてフィジカルレビューレターズ誌から出た論文のなかで最も有名なものの一つとなった。その意味では編集者の判断は正しかったわけだ。バートはフィジカルレビューレターズ誌の表紙を飾った（図５・31、２８４ページ）。解析の詳細を述べた本論文は、フィジカルレビュー誌に２０１３年12月に掲載された。

２０１２年初めから始まったＥＨＥ突貫解析による狂騒曲はこうして幕を閉じた。胃が痛

NEWSPAPER

PHYSICAL REVIEW LETTERS

Contents

Articles published 6 July – 12 July 2013

VOLUME 111, NUMBER 2

12 July 2013

PHYSICAL REVIEW LETTERS

Articles published week ending 12 JULY 2013

Published by American Physical Society

APS physics

Volume 111, Number 2

図5・31　バートが表紙を飾ったフィジカルレビューレターズ誌。

くなるようなエピソードばかりであったが、笑い話もないわけではない。

フィジカルレビューレターズ誌に掲載された速報論文には、同定された2発のニュートリノ信号の絵を載せた。この絵に、広く知られていた信号の愛称である、バートとアーニーという文字を入れ込んでみたらどうだという意見がIceCubeメンバーから出てきた。

いや、そんなことは論文には相応しくないとか、バート&アーニーという言葉はもはや公共財とも言えるから問題はないはずだとか、議論は熱くなるばかり。僕は石原さんが決めればいいと思っていた。

結局、バート&アーニーの文字を入れ込んだものが最初に投稿された。編集者は次のような返事をよこした。

「この重要な内容の論文に、ふざけた装飾は不適切である。取りなさい」。仰せの通りでございます。

５・16　証拠固め——追加解析

追加解析の二つの大きな目的

ＥＨＥ解析は、その名の通り超高エネルギーニュートリノ探索に特化した解析である。10^{15} eV（１０００兆電子ボルト）以下のニュートリノ探索には感度がない。だが、バート＆アーニーが10^{15} eV域で見つかり、それよりも高いエネルギー域には宇宙ニュートリノ候補がなかったという２０１２年時点での状況は、当然のごとく次の疑問を生む。

では反対に、10^{15} eV以下にもっと宇宙ニュートリノが隠れているのではないですか？

宇宙エンジン天体の立場になって考えれば、もう少し低いエネルギーのニュートリノを作るほうがエンジン出力としては小さくて済むのだから、実現性はより高くなる。多くのニュートリノが10^{15} eV以下に存在していると予想するのは自然な考えだ。すぐに追加解析が始まった。

この追加解析の目的は大きく分けて二つある。EHE解析によって検出された2発のニュートリノの同定が、実はつまらない贋作である確率は、0・0029、つまり1000回やれば3回程度は起こるかもというレベルである。これは十分小さいが、懐疑的な研究者を含めたすべての人を納得させるには足りないとされていた。過去に、このレベルの結果が間違っていたと判明した例があるからだ。絶対確実な「証拠」とみなされる目安は、確率0・00003、すなわち10万回実験をやれば、間違いが3回くらい起こる、というレベルである。これを達成したかった。

もう一つは、よりたくさんの宇宙ニュートリノを同定できれば、宇宙からどのくらいの数の宇宙ニュートリノが放射されているか（背景放射の「輝度」と考えてもよい）とか、宇宙のどちらの方向から来ているかなど、宇宙エンジン天体に迫る有益な情報が引き出せるからだ。

追加解析を考えるうえで有利な点は狙うものがハッキリしていることである。天体ニュートリノとして見つかったのはバート&アーニーだ。このタイプの信号をもっと同定すればいいのだ。狙いがハッキリしていれば、捕獲網も論理的に明快に構築できる。Serendipity 的な要素はここでは排除される。具体的な「仕様」を満たしたお宝を探し、結果はその有無で示される。ストーリーは至って単純だ。

バート＆アーニーに共通する際立った特徴は、両者ともIceCube実験検出器ＤＯＭが多数埋設されているエリアの内部でニュートリノが衝突してできたことだ。遥か外側で衝突して、ミューオンという形で外からＤＯＭアレイに突っ込んできた（図５・６〈１６３ページ〉Ａの場合だ）ものではない。ＤＯＭ検出器が３次元的配列で埋設されている場所の内側で突如として発生した信号である。

この点を、お宝の「仕様」として捕獲網を構築したのが、ウイスコンシン大学の二人の若武者、ネイサン・ホイットホーンとクラウディオ・コッパーだった。この愛すべき生意気な若者たちは、バート＆アーニーの発見後すぐに、猛烈な勢いで突進していった。ＨＥＳＥ（High Energy Starting Event）解析と名付けられ、天体ニュートリノ存在の揺るぎない証拠を示した解析としてIceCube実験のシグネチャーとなる。２０１２年7月11日、ニュートリノ国際会議でのＥＨＥ解析結果の公表から、わずか１ヶ月あまりで、ＥＨＥ解析を所轄するワーキンググループに最初の提案を提出した。すでにこの時点で新解析ＨＥＳＥの大枠は出来上がっていた。

お宝の「仕様」は、DOM検出器アレイの内側から最初にチェレンコフ光が放射されるというものだ。図5・32にコンセプトを示す。バート&アーニー型は左の場合だ。一方で贋作である大気ニュートリノや大気ミューオンの場合は、必ず外側にある検出器が最初に光を受けるという特徴がある。大気ミューオンの場合は明白だろう。外側からトラック型としてチェレンコフ光を放射しながら突っ込んでくるのだから。

大きなポイントとなったのは大気ニュートリノの場合だ。大気ニュートリノは宇宙線空気シャワーによって作られる。空気シャワーは大気ミューオンも作るので、原理的には大気ニュートリノは大気ミューオンを必ず付随しているはずである。ミューオンはニュートリノほど貫通力がないので、地球を突っ切って下から上と突き上げてくるような場合は、大気ニュートリノだけが生き残って IceCube 検出器がある氷河に到達するが、氷河表面から下に向かってやってくる場合は、ミューオンも生き残る。IceCube 検出器が埋設されている深さは1500メートルに過ぎないからだ。

こうした場合、図5・32右のように、付随してきた大気ミューオンは外側にある検出器を

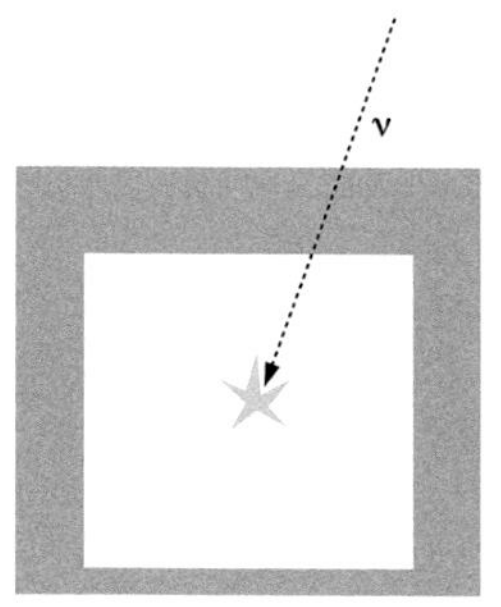

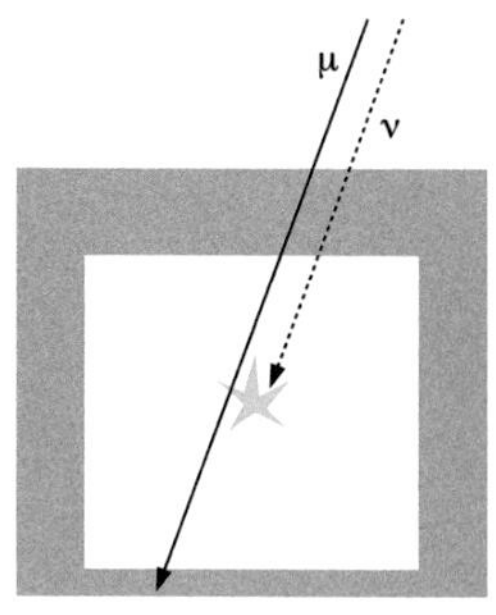

図５・32　HESE解析のコンセプト。外側の大きな四角形が、IceCubeのDOM検出器が埋設されているエリアの境界である。左の図が、バート ＆ アーニー 型の宇宙ニュートリノ信号の場合だ。破線で示されたニュートリノは、エリア内部で氷河と衝突し、シャワーを引き起こす。ここからのチェレンコフ光放射が検出される。一方でニュートリノ自体はなんの痕跡も残さないので、外側の色が塗られた部分にある検出器は暗いままだ。それに対し、右図で示された大気ニュートリノの場合は事情が異なる。破線で示された大気ニュートリノには、必ず大気ミューオン（実線）が付随してやってくる。ミューオンは荷電粒子なのでチェレンコフ光を放射しながら突入してくる。この場合、信号は外側の検出器が光を受けることから始まる。バート&アーニーとは異なる始まり方だ。

鳴らすはずだ。つまり、外側の検出器に光が飛び込まずに、いきなり最初から中心部の検出器にチェレンコフ光が飛び込むようなものが、宇宙ニュートリノである。

この外側の検出器をVeto検出器と呼ぶ。通常の検出器は、信号が「ある」ことが情報となるが、Veto検出器の場合は信号が「ない」ことが意味を持つ。信号があれば、これは贋作だとして捨てるわけだ。このテクニック自体は割と古典的だが、これを

IceCube 実験に適用したのは初めてのことだった。

このやり方の長所は明白だ。たとえエネルギーが低くても、宇宙ニュートリノを捕獲できる。EHE解析では感度のない 10^{15} eV 以下でも網を広げることができるのだ。短所は、網の大きさが限られるということだ。外側の層は Veto に使うので、この部分にニュートリノが衝突しても同定できない。また外側からミューオンとして飛び込む高エネルギー宇宙ニュートリノも同定できない。エネルギーが高いものを捕まえるためにできるだけ大きな網を広げようとしたEHE解析とは対照的だ。完全に相補的である。

「信頼性を保証せよ」

この Veto 手法の信頼性が肝である。IceCube 検出器DOMは、ストリングにそって17メートル間隔で並んでいるが、ストリングの間隔は125メートルもある。まばらと言っていい配置だ。この間をミューオンが Veto 検出器に痕跡を残すことなくすり抜けていく可能性はゼロではない。大気ミューオンは宇宙ニュートリノの1億倍もある。すり抜け確率を疑問の余地なく計算できなくては、贋作が混入する可能性を見積もることができない。この点がHESE解析が結果を出すための最大の山場だった。

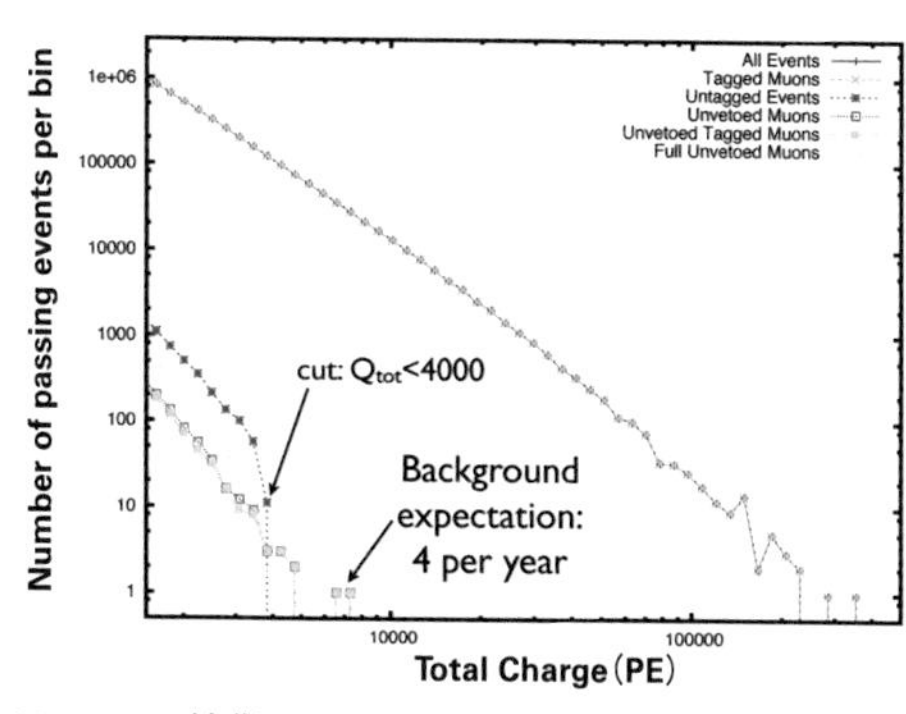

図5・33　Veto技術によってどの程度雑音が落とせるかを示したグラフ。IceCube実験内部資料から。

この場合の常套手段は、大気ミューオンのコンピューターシミュレーションを走らせて、どの程度ミューオンがすり抜けるかを計算することである。だが、シミュレーションは正しいとは限らないのはいつものことだ。そこで、ネイサンとクラウディオの二人組は、これを実際のデータからも見積もることにトライしていた。シミュレーション原理主義が嫌いな僕らEHE組も大喝采だ。EHEワーキンググループでの審議では彼らの背中を押すことを考え、生産的なコメントだけを出すことを心がけていた。

彼らはVeto検出器を2層に分けた。外側の層にあるDOM検出器が鳴った事象をまず取り出す。これは外側から飛び込んだミューオンだ。この事象が次の内側の層にあるDOM検出器にチェレンコフ光を届かせたか否かを調べたのだ。もし届いていなければ、このミューオンは痕跡を残さず「すり抜けた」ことになる。この割合から、ミューオンすり抜け確率を計算することができる。素晴らしいアイデアだ。

図5・33（291ページ）がそのデータの一部である。一番上にあるのが、最も外側の層で同定されたミューオンの数である。横軸は総チェレンコフ光総光子数、すなわちエネルギーに対応する量だ。一番下のUnvetoed Tagged Muonsとラベルされた点が、内側の層では痕跡を残さずすり抜けたミューオンの数だ。ざっと1万個ミューオンがあれば、そのうちの一つはすり抜けている計算になる。

このデータを基にすり抜け確率を計算し、コンピューターシミュレーションとも合わせ、紛れ込む贋作の数を推定していった。この計算の信頼性や贋作誤認定確率をどう計算すべきかなど詳細な点で、また例によって延々と議論が続いたが、ついに2012年9月にブラインド解除提案が認められた。

重要な示唆

2010年5月から2012年5月までの2年間のデータで総計28発のニュートリノが同定された（図5・34）。贋作混入数の推定値は6.0 ± 3.4であり、大幅な超過である。すなわ

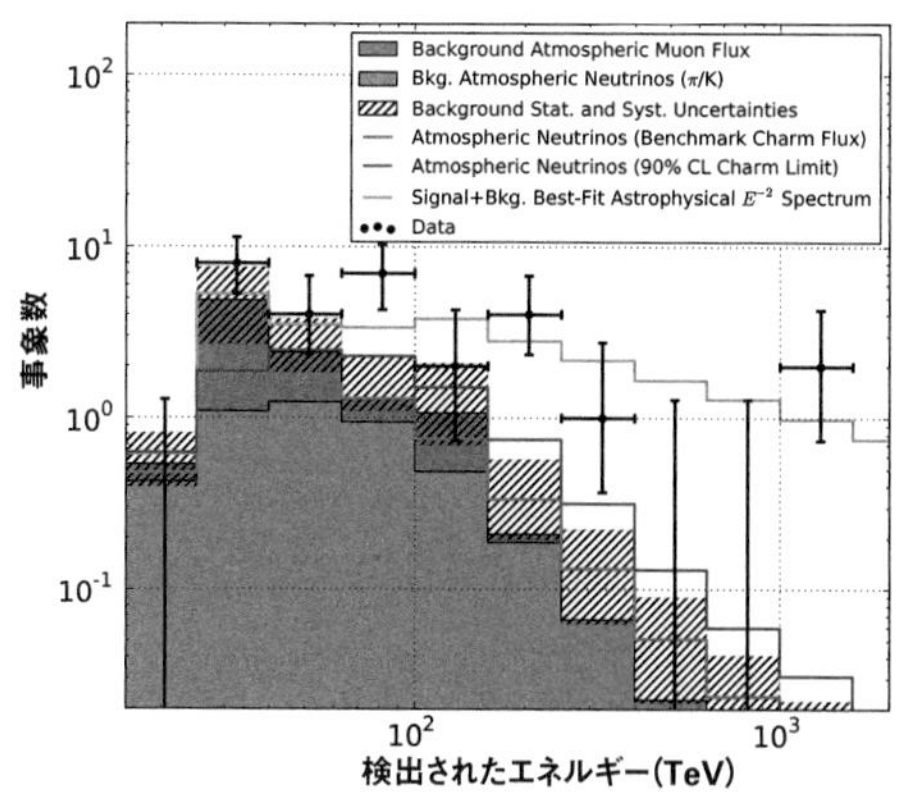

図5・34　HESE解析によって同定された信号のエネルギー分布。誤差棒付きの黒点が観測データ。コントロールサンプルデータ（図5・33）及びコンピューターシミュレーションから導出した大気ニュートリノ擬似データと大気ミューオン擬似データによる予測が各ヒストグラムで示されている。10^2TeV（10^{14}eV、100兆電子ボルト）より上で観測データが、大気由来の雑音予測を上回っている。この部分が宇宙ニュートリノの寄与である。2013年発表。

ち宇宙からの高エネルギーニュートリノを紛れもなく捕まえたということになる。

この結果を贋作だけで説明できる確率は、０・０００５、１万回実験をやれば、５回くらいは起こり得るという値だが、ＥＨＥ解析によるバート＆アーニーの検出の結果を合わせると、この確率は、０・０００２、10万回実験をやれば間違いが２回くらい起こる、というレベルとなった。万人が納得する「証拠」の目安を満たしたのである。この後もＨＥＳＥ解析は、アップデートを続けるが、この確率は減り続け、宇宙ニュートリノの存在を疑問視する者は今では誰もいない。

２０１２年９月のブラインド解除による最初の結果から８ヶ月後の２０１３年５月にウイスコンシンでの学会で結果が公表されたのはすでに述べた通りだ。その後に正式な論文にする期間はまたも長くかかった。誤差の推定、個々のニュートリノのエネルギー推定とその不定性、何を論文に明記し何を書かないかという選択などで異なる意見が乱れ飛んだからだ。ネイサンは自分の明確な考えがあり、論文をよりアグレッシヴなトーンで書いていたが、内部レフェリーなどの反対にあい膠着状態になっていた。

この論文は IceCube 実験で最も大事な論文となるはずで、人々が慎重になりがちなのも無理のないことではあったが、僕は個人的には、仕事をしたネイサンの意見を尊重すべきだという考えだった。だが、僕のような考えは少数派であった。

この状況で乗り出してくるのは、やはりオルガ・ボトナーである。オルガが論文草稿を書き直し、延々に続くように見えた議論は収束の方向に向かった。ＨＥＳＥの結果はサイエンス誌に投稿され、２０１３年11月に掲載された（図５・35）。

ＨＥＳＥ解析で得られた知見、そして宇宙エンジン天体について何が言えたのかについては第６章でまとめて議論する。ＨＥＳＥ解析で見えた宇宙ニュートリノは、輝度を高めに予

RESEARCH ARTICLE

Evidence for High-Energy Extraterrestrial Neutrinos at the IceCube Detector

IceCube Collaboration*

We report on results of an all-sky search for high-energy neutrino events interacting within the IceCube neutrino detector conducted between May 2010 and May 2012. The search follows up on the previous detection of two PeV neutrino events, with improved sensitivity and extended energy coverage down to about 30 TeV. Twenty-six additional events were observed, substantially more than expected from atmospheric backgrounds. Combined, both searches reject a purely atmospheric origin for the 28 events at the 4σ level. These 28 events, which include the highest energy neutrinos ever observed, have flavors, directions, and energies inconsistent with those expected from the atmospheric muon and neutrino backgrounds. These properties are, however, consistent with generic predictions for an additional component of extraterrestrial origin.

High-energy neutrino observations can provide insight into the long-standing problem of the origins and acceleration mechanisms of high-energy cosmic rays. As cosmic ray protons and nuclei are accelerated, they interact with gas and background light to produce charged pions and kaons, which then decay, emitting neutrinos with energies proportional to the energies of the high-energy protons that produced them. These neutrinos can be detected on Earth in large underground detectors by the production of secondary leptons and hadronic showers when they interact with the detector material. IceCube, a large-volume Cherenkov detector (*1*) made of 5160 photomultipliers (PMTs) at depths between 1450 and 2450 m in natural Antarctic ice (Fig. 1), has been designed to detect these neutrinos at TeV-PeV energies. Recently, the Fermi collaboration presented evidence for acceleration of low-energy (GeV) cosmic ray protons in supernova remnants (*2*); neutrino observations with IceCube would probe sources of cosmic rays at far higher energies.

A recent IceCube search for neutrinos of EeV (10^6 TeV) energy found two events at energies of 1 PeV (10^3 TeV), above what is generally expected from atmospheric backgrounds and a possible hint of an extraterrestrial source (*3*). Although that analysis had some sensitivity to neutrino events of all flavors above 1 PeV, it was most sensitive to ν_μ events above 10 PeV from the region around the horizon, above which the energy threshold increased sharply to 100 PeV. As a result, it had only limited sensitivity to the type of events found, which were typical of either ν_e or neutral current events and at the bottom of the detectable energy range, preventing a detailed understanding of the population from which they arose and an answer to the question of their origin.

Here, we present a follow-up analysis designed to characterize the flux responsible for these events by conducting an exploratory search for neutrinos at lower energies with interaction vertices well contained within the detector volume, discarding events containing muon tracks originating outside of IceCube (Fig. 1). This event selection (see Materials and Methods) allows the resulting search to have approximately equal sensitivity to neutrinos of all flavors and from all directions. We obtained nearly full efficiency for interacting neutrinos above several hundred TeV, with some sensitivity extending to neutrino energies as low as 30 TeV (see Materials and Methods). The data-taking period is shared with the earlier high-energy analysis: Data shown were taken during the first season running with the completed IceCube array (86 strings, between May 2011 and May 2012) and the preceding construction season (79 strings, between May 2010 and May 2011), with a total combined live time of 662 days.

Results

In the 2-year data set, 28 events with in-detector deposited energies between 30 and 1200 TeV were observed (Fig. 2 and Table 1) on an expected background of $10.6^{+5.0}_{-3.6}$ events from atmospheric muons and neutrinos (see Materials and Methods). The two most energetic of these were the previously reported PeV events (*3*). Seven events contained clearly identifiable muon tracks, whereas the remaining 21 were showerlike, consistent with neutrino interactions other than ν_μ charged current. Events containing muon tracks in general have better angular resolution, typically of better than 1 degree (*4*), compared to the 10 to 15 degrees typical of events without visible muons (see Materials and Methods). Four of the low-energy tracklike events started near the detector boundary and were down-going, consistent with the properties of the expected 6.0 ± 3.4 background atmospheric muons, as measured from a control sample of penetrating muons in data. One of these—the only such event in the sample—had hits in the IceTop surface air shower array compatible with its arrival time and direction in IceCube (event 28). The points at which the remaining events were first observed were uniformly distributed throughout the detector (Fig. 3). This is consistent with expectations for neutrino

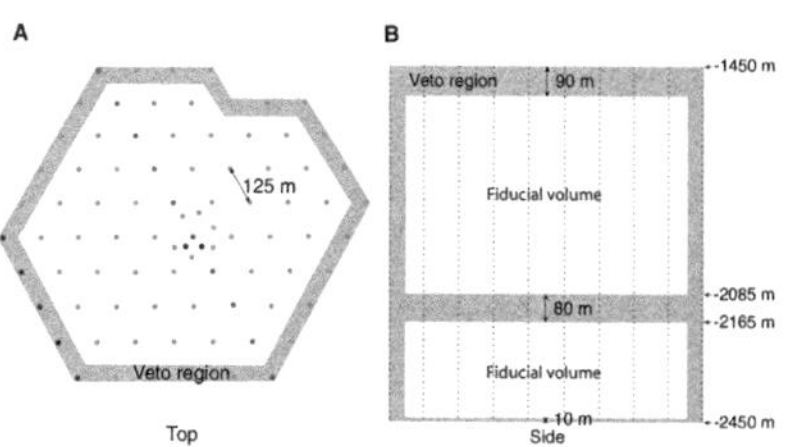

Fig. 1. Drawing of the IceCube array. Results are from the complete pictured detector for 2011 to 2012 and from a partial detector missing the dark gray strings in the bottom left corner for the 2010 to 2011 season. (**A** and **B**) The side view (B) shows a cross section of the detector indicated in the top view (A) in blue. Events producing first light in the veto region (shaded area) were discarded as entering tracks (usually from cosmic ray muons entering the detector). Most background events are nearly vertical, requiring a thick veto cap at the top of the detector. The shaded region in the middle contains ice of high dust concentration (*24*). Because of the high degree of light absorption in this region, near horizontal events could have entered here without being tagged at the sides of the detector without a dedicated tagging region.

*Full author list after Acknowledgments.

www.sciencemag.org SCIENCE VOL 342 22 NOVEMBER 2013 1242856-1

図５・35　宇宙ニュートリノ存在の証拠を示すHESE解析の結果を報告するサイエンス誌掲載の論文。

想した理論と合っていた。この事実自体、重要な示唆を含んでいる。

5・17　続く挑戦――EHE解析更新

より高い感度で探索を続行する

バート&アーニーの発見につながったEHE解析であるが、本丸である、より高いエネルギーの宇宙ニュートリノ、特に宇宙生成ニュートリノは見つからなかった。10^{18} eV（100京電子ボルト）領域における宇宙ニュートリノの情報は、1「垓」電子ボルトものエネルギーの宇宙線を叩き出す宇宙エンジン天体の起源を理解するために必須であるというのが僕の信念だ。もっとデータをため、より高い感度で探索を続行する必要がある。

2012年のEHE突貫解析で露呈したいくつかの問題点に対する解決策を考えるところから、次のラウンドは始まった。バート&アーニー型のシャワー事象が超高エネルギーニュートリノとして同定されることを考慮して、シャワー型とトラック型（図5・7〈167ページ〉の左と右にそれぞれ相当する）を分けて網を構築することにした。

実際にバートの解析で起きたように、シャワー型の信号はニュートリノの入射角度の推定が難しく間違いが起こりやすい。そこでシャワー型と判定されたものは角度情報を使わずに、エネルギーの指標であるチェレンコフ光総光子数のみを使って、お宝判定基準を構築することにした。また、観測データがどんどんたまっていくと、贋作が超高エネルギー宇宙ニュートリノ信号として誤認定される数も増えていく。ニュートリノ国際会議で発表した解析では２０１０年から２０１２年の２年間のデータで、雑音の数は０・０８２だった。観測データがたまり、６年間のデータになるとこの数は3倍になり、０・２４に増えてしまう。雑音事象の混入数を減らさなくては、せっかくたまったデータに見合った感度が出せなくなってしまうのだ。

ＥＨＥ解析で本丸のターゲットである 10^{18} eV（１００京電子ボルト）もの凄まじく高いエネルギーのニュートリノは、５・３節で議論したように水平の方向からミューオンまたはタウ粒子が飛び込んでくる形で検出されるケースが一番あり得る。図５・６（１６３ページ）Ａのパターンだ。これは IceCube 実験装置ではトラック型として捉えられる。そこで、トラック型の事象を捉える網をなるべく広げ、その分シャワー型の事象の網を小さくすることで、贋作混入数を抑えながら、かつ宇宙生成ニュートリノ検出感度を上げることにした。

有り体に言えば、もうバート&アーニー型の信号はこれ以上集めない。その分、よりエネルギーの高い宇宙ニュートリノを探索できるように網を張り直すことにしたのだった。このあたりの最適化は石原さんが着々と進めていた。

もう一つの大きな改善点は、観測データに宇宙ニュートリノ信号が見つかった場合に、宇宙ニュートリノの起源に関する様々な理論と比較し、客観的な数値として理論の正否を評価する検定結果を出す手法を考えることだ。バート&アーニーが見つかったとき、これが1垓電子ボルトにも達する極高エネルギー宇宙線由来のニュートリノである可能性はどのくらいか、きちんと見積もれなかった。採用した見積もり方は後出しジャンケン的なやり方であり、物議を醸したのだった。この部分の計算手法を事前に煮詰めておく必要がある。

このケースを突き詰めていくと、宇宙ニュートリノは見つかったが、たぶん天体ニュートリノで、極高エネルギー宇宙線由来の宇宙生成ニュートリノではないという場合の料理の仕方を考えておくことにつながる。贅沢なことに、天体ニュートリノがより高いエネルギーの宇宙生成ニュートリノ探索にとって「雑音」となる可能性を考えておけ、と言っているわけだ。

この部分の開発は僕が担当し、2015年から本格的にとりかかった。すぐにできるかと

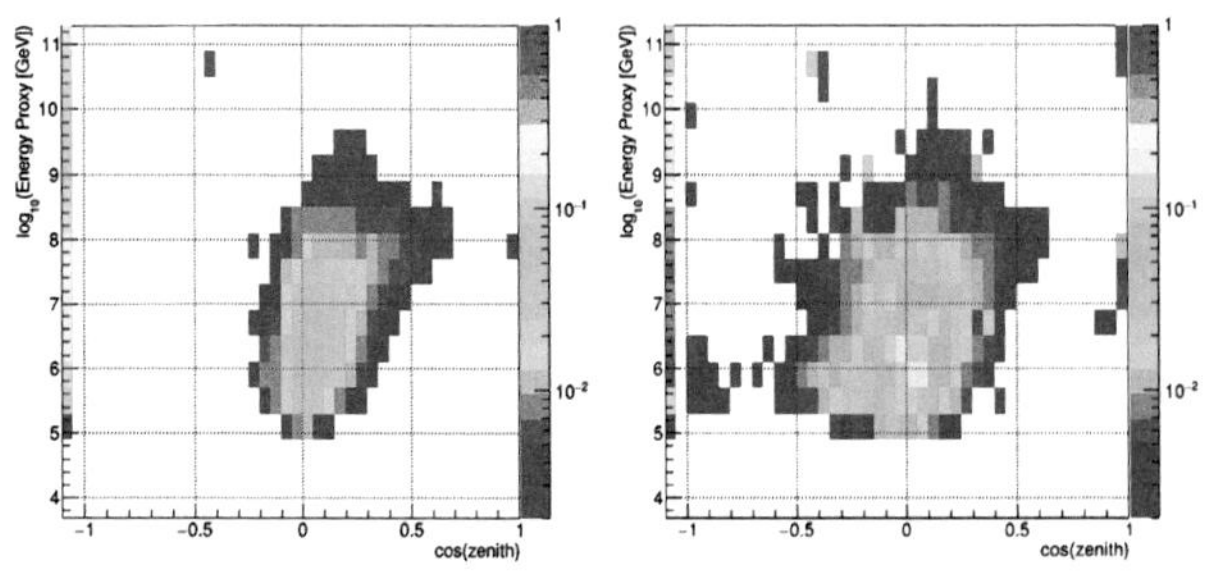

図５・36　角度（x軸）ーエネルギー（y軸）の平面上でのニュートリノ予想分布。左が宇宙生成ニュートリノの場合、右が天体ニュートリノの場合。ここでのエネルギーとはニュートリノのエネルギーではなく、ニュートリノから生じたミューオンなどチェレンコフ光を放射する粒子が氷河に落としたエネルギー量である。チェレンコフ光測定により推定できる。ニュートリノのエネルギーと相関はあり、この量が大きいほどニュートリノのエネルギーが高い確率が大きい。2018年発表。

思っていたが、統計の取り扱いに関するテクニカルな問題点がいくつか噴出し、最終的にすべて解決するまで2年余りを要した。僕はそもそも、統計学的な手法をこねくり回すことには興味がなかった。どちらかというと毛嫌いしていたほうだったが、取り組まざるを得なくなり、最終的にはそれなりに習熟して、あげく大学の講義で教えている。ある新しい分野を学びたければ、それを教える講義を担当するのが早道であるとは、国を問わず物理学者の間で語られる格言の一つであるが、その変型版と言えるかもしれない。

図5・36が、宇宙生成ニュートリノ（左）、天体ニュートリノ（右）のケース

での予想分布である。天体ニュートリノのほうが 10^{15} eV程度のやや「低い」（それでも超高エネルギーだけど）エネルギーのニュートリノが多いため、角度分布がより広がっている。地球によるニュートリノ吸収効果が弱いためだ。

この分布の違いを使ってある種の統計的手法を使い、観測データはどちらのケースにより近いかを定量的に判定する。計算手法や感度について、IceCube実験プロジェクトとして正式に審議し（例によって内部レフェリーが任命された）、合意をとることができた。

思いもしない結果

2年近くにわたったこうした改善を経て、2008年のIC‐40以降2014年までの6年分の観測データのブラインド解除が2015年夏に承認された。次いで論文発表を念頭にもう1年追加した7年分の観測データをブラインド解除した。2008年から2015年までの、実に2426日間にわたる大量の観測データを使ったのだ。

見つかったのは、推定エネルギー 4×10^{15} eV（4000兆電子ボルト）のトラック型の信号だった（図5・37左）。バート&アーニーよりもさらにエネルギーが高い。記録更新だ。2014年6月に南極氷河に突き刺さっていた、宇宙ニュートリノであることは間違いない。

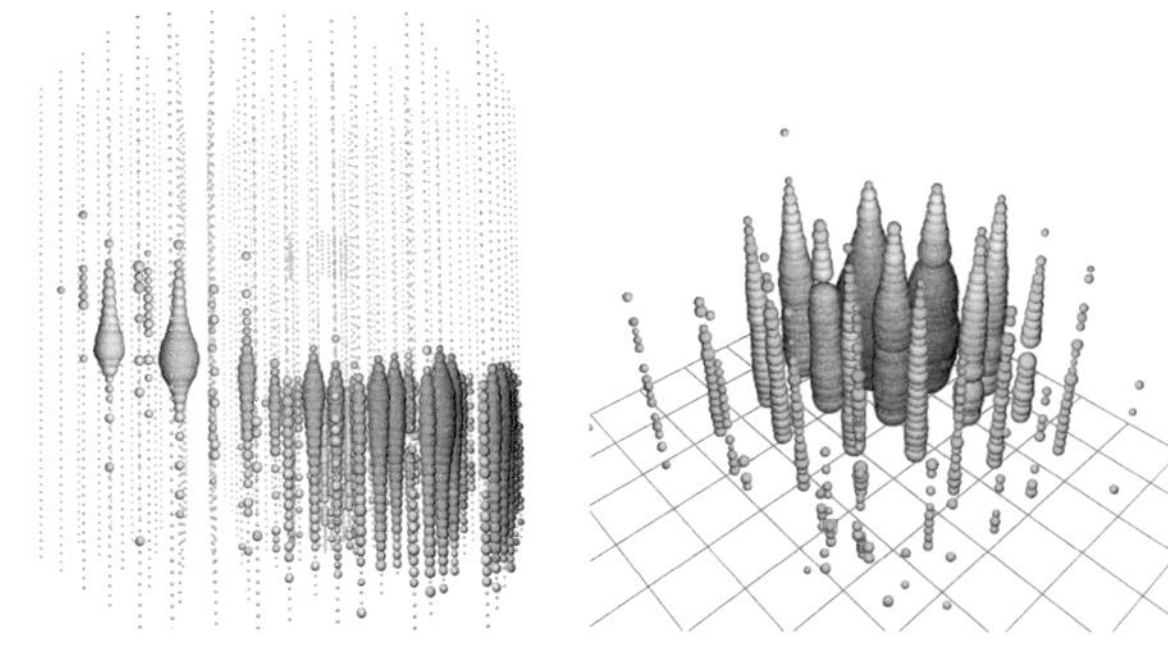

図５・37　更新したEHE解析により同定された新たな宇宙ニュートリノ信号。いずれも10^{15}eVを優に超えるニュートリノであり、天体ニュートリノの中でも最もエネルギーの高いものである。これを放射した宇宙エンジン天体は、陽子を少なくとも10^{16}eV（１京電子ボルト）のエネルギーにまで加速させて、噴き出さなくてはならない。

５・３節で議論したように、トラックタイプはニュートリノのエネルギーの推定誤差が大きい。４０００兆電子ボルトのミューオンを生み出したわけだから、親のニュートリノのエネルギーは４０００兆電子ボルトよりは高い。ざっと10^{16} eV（1京電子ボルト）程度である確率が一番高かった。

だが、10^{18} eVには達していない。検定すると天体ニュートリノではなく、宇宙生成ニュートリノとしてよい確率はわずか2・2％だった。２０１７年にさらに2年分のデータを追加して探索したが、エネルギーにして６×10^{15} eVのシャワー型のニュートリノ信号が新たに同定され（図5・37右）、天体ニュートリノのコレクションはさらに増えたが、やはり1垓電子ボルトの最高エネルギー宇宙線にその起源を持つ宇宙生成ニュートリノとするには、エネルギーが低すぎた。天体ニュートリノが「雑音」信号として網にかかるが、本丸の10^{18} eV ニュートリノは検出できずという、IceCube 実験を始めたときには思いもしなかった結果となった。

無情の世界

10^{20} eV（1垓電子ボルト）以上にも達する凄まじいエネルギーの宇宙線を噴き出すような、宇宙エンジン天体の中でもずば抜けたパワーを実現可能にする理論的選択肢はそう多くない。1990年代から議論されてきた理論的予想を考慮すると、IceCube 実験によって宇宙生成ニュートリノが検出されるはずであった。これがないということは、逆にこれまでの考え方を修正する必要がある。

これは重要な知見であるということで、EHE解析の結果は再び速報論文として、フィジカルレビューレターズ誌に掲載され、編集者が選定する注目論文にもなった。2016年12月のことである。この仕事により、宇宙エンジン天体について何が分かったかは次章で議論する。

天体ニュートリノが発見されたことで宇宙エンジン天体全般については、解明の見込みが立ってきたことは確かだ。だが、10^{20} eV（１垓電子ボルト）もの宇宙線を噴き出す、エリート中のエリートとも言えるクラスの宇宙エンジンについては、謎が深まったとも言える。５・８節で触れた、近傍の活動銀河核と超高エネルギー宇宙線の方向に相関があるというピエール・オージェー実験の結果は、データがたまるとともに相関がなくなっていき、今では誰も信じていない。荷電粒子である宇宙線を直接測定するという研究手法も、やはり楽観的な方向には進まなかったのだ。

僕ら日本グループが立ち上げて推し進めてきたＥＨＥ解析は、超高エネルギー天体ニュートリノを初めて同定し華々しい成果を出した。だが、本来目指していたお宝は見つからず、お宝の量の上限値を出すという結果に終わる。この上限値自体は科学的には意義のある数字であり、エンジン天体を議論するときに考慮することが不可欠となる成果ではあるが、狙った宝そのものを手にすることはできなかった。

IC-9、IC-40、IC-86突貫解析、６年データ、７年データ解析と、実に５度もひたすらブラインド解除提案を行った石原さん（IceCube メンバーの中で最多記録保持者だろう）は、高エネルギーニュートリノ天文学の急速な進展をルポしたアメリカの本でこう書かれた。

「(宇宙ニュートリノを発見はしたけれども) Aya Ishihara はまたも三振を食らった」と。

この結末を考えたとき、僕が脳裏に思い起こすのは、伝説的ロックバンド、ローリングストーンズの名曲「無情の世界」だ。原題は、You can't always get what you want. 欲しいものが常に手に入るとは限らない。その通りだよ、ミック。

だがこの不朽の名曲は、こう唄って終わる。頑張っていれば、必要なものが手に入るなんてことも時にはあるだろう、と。2017年、この歌の文句通りのことが起きる。第7章の主題だ。

第6章

超高エネルギー放射起源は？

6・1　どのような天体がエンジンなのか？

エンジン天体検索

なんにせよ、必要なのはパワーである。とんでもないエネルギーに陽子を加速するのだから。人工の加速器がそうであるように、陽子や電子などのミクロな荷電粒子の加速に使われるのは電場と磁場である。最低限必要な磁場のエネルギーは、加速にかかる時間がエンジンの中を旅する時間よりも速くないといけないという条件からざっくりと見積もることができる。加速にかかる時間を速くするには磁場密度を強くする必要があり、エンジン中を旅する時間を長くするには、エンジンそのものが大きければよい。

この大きなエンジン空間には加速に使う磁場を満たす必要があるから、結局トータルな磁場のエネルギーはコレコレよりも高くなければいけません、という必要条件が導ける。見積もられた磁場のエネルギーと γ 線やら電波やら、つまりは電磁波として放射されるエネルギーとは大体バランスがとれていると考えれば、結局エンジン天体は最低これくらいは（たとえ一時的にでも）輝いているべきだという条件に帰着することができる。

計算すると、必要なパワーは、

1　陽子を10^{16} eV（1京電子ボルト）に加速するには、太陽の10万倍から１００万倍

2　陽子を10^{20} eV（1垓電子ボルト）に加速するには、太陽の10兆倍から１００兆倍

という巨大なものだ。まさに2・1節で紹介した騒乱的天体の出番である。IceCube 実験で捉えた最も高いエネルギーのニュートリノはＥＨＥ解析で捉えた事象群（前章の図5・37〈301ページ〉）であり、そのエネルギーは10^{16} eV 程度であるから、エンジン天体は少なくとも太陽の10万倍以上のパワーを持つ必要がある。この程度のパワーを放つ最も知られた現象は、2・1節でも触れた超新星爆発だ。

また活動銀河核の多くもこの程度の出力がある。この二つが誰しも念頭においていたエンジン天体候補だった。だが通常観測される超新星爆発では、高エネルギーのγ線放射は観測されていない。ただし、観測体制がある程度整った現代に発生した近傍の超新星爆発は１９８７年に起きた１９８７Ａだけであり、その他多くは遠方の他所の銀河で起きたものであ

るため、信号があっても微弱すぎて、現在のγ線観測では検出できていない可能性が高い。

より検出可能性があるのは超新星残骸だ。超新星爆発後も、爆発からの衝撃波が周辺のプラズマ環境の中で起きている。これがエンジンだ。実際に、多くの超新星残骸からはγ線が観測されている。ただしそのパワーは、せいぜい太陽の100万倍に届くかどうか、といったところなので、エンジンとしては中型であり、陽子を10^{16} eV（1京電子ボルト）程度に加速するのが関の山と見られている。

パワーを考えれば、やはり2・1節で紹介した活動銀河核も最右翼である。特にその中でも電波領域で明るく輝くクエーサーや、ある種の電波銀河は毎秒太陽の100兆倍近いエネルギーを（電波または可視光の領域で）噴き出している。これらは超大型のエンジン天体の候補であった。

こうした超新星残骸やパワフル活動銀河核は、電波、可視光からγ線に至る長年の観測の蓄積から、どの場所にどの程度の明るさのものが存在しているのか、一覧となった表が作られている。天体カタログと呼ばれるこの表を基に、高エネルギーニュートリノを放出しそうな天体をリストアップし、IceCube 実験で捕まえた宇宙ニュートリノ信号（候補）との方向の相関を見てみる。これが最も直感的で分かりやすいエンジン天体探索と言えよう。5・

10節で触れたニュートリノ点源解析と呼ばれる手法の一つである。

二つの可能性

ＨＥＳＥ解析によって集められた宇宙ニュートリノ事象の到来方向を天球上に描画したのが図６・１（３１０ページ）上図である。大半のニュートリノは銀河系の外から来ていることは一目瞭然だ。天の川方向には事象の集中が見られないからだ。超新星残骸は我々の銀河にいくつも存在しているが、これらの方角とも相関はない。超新星残骸は少なくともIceCube実験で検出できるほどのニュートリノを噴き出すパワーがなかったことが分かる。

一方、銀河系外にはパワフルな騒乱的天体が数多くいる。だが天体カタログからリストアップした、活動銀河核やクエーサーなどの天体との相関は確認できなかった。検定してみると、宇宙空間から一様に飛来していると考えて矛盾はない、という結果である。

ＨＥＳＥ解析は、10^{14} eV（１００兆電子ボルト）以上の高エネルギー帯域のニュートリノを集めているので、もうひと桁低いエネルギー帯である10兆電子ボルトでは、５・10節で触れたミューオンを使った伝統的な点源解析が一番感度が高い。

図６・１下図に結果を示した。一見して分かるように、宇宙のどこか特定の場所がニュー

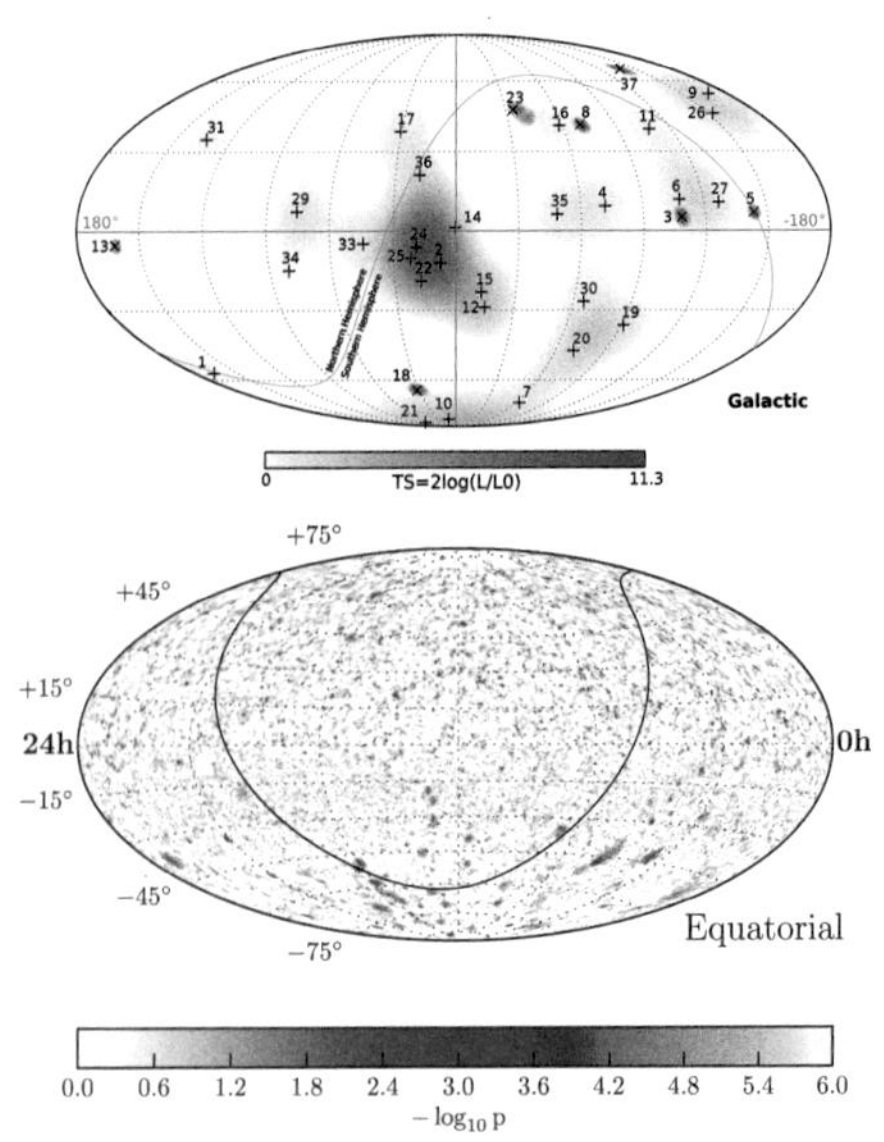

図6・1　(上図) 2010年から2013年までの3年間のデータを使ってHESE解析により同定された宇宙ニュートリノ信号候補の到来方向分布。銀河座標系を使って描画している。赤道面が天の川、すなわち我々の銀河系の面に相当する。宇宙の特定の方向によらず、どの方向でも同じ強度でニュートリノが来る（大気ニュートリノ雑音はもちろんこの場合に相当する）という仮説から実際のニュートリノの数がどれくらい多いか少ないかを色で示している。全部で37発の宇宙ニュートリノ信号候補が検出されている。うち大気ミューオンまたは大気ニュートリノによる贋作は、15個程度混入しているが、どれが贋作かは判別できない。HESE解析で同定されたニュートリノのエネルギー領域は10^{14}eV (100兆電子ボルト) から10^{15}eV (1000兆電子ボルト) 程度である。2014年発表。(下図) 2008年のIC40以降7年間の観測データを積み上げて行ったニュートリノの点源探索の結果。図5・25の2017年版である。黒線が天の川である。この図は赤道座標系で示している。

トリノで明るく光っているということはなく、カタログからリストした天体との相関も見つかっていない。

この結果から言えることは、

１　エンジン天体はなんであれニュートリノの見かけの輝度は暗い。見かけというのは、たとえ本当はパワフルで明るくても、距離が遠いために暗く見える場合も多いからだ。

２　1京電子ボルトの陽子を噴き出すためには太陽の10万倍から１００万倍、1垓電子ボルトの陽子を噴き出すためには太陽の10兆倍から１００兆倍というパワーが常に放射されているわけではなく、ある一時期にだけ爆発的に放射があり、普段はそこまで明るくない。

という二つの可能性がある。特に後者の場合は重要で、騒乱的天体として知られるものの多くは、その活動が時間的に変動している。ある特定の時間に集中してニュートリノを放射する現象を捕まえたいが、いつ放射が起こるか、そしてその長さはどの程度か（1時間？1週間？1ヶ月？）よく分からないため、現状では、十分な観測感度がニュートリノでは達成できていない。γ線など、電磁波の観測情報による活動の時間的変動と同じだと仮定して天体との相関を探した解析もあるが、相関は見つかっていない。まだニュートリノ観測の感度が足りないのだろう。

背景放射の解析

ここで出番なのが背景放射の解析だ。僕らは宇宙ニュートリノを観測し、その量やエネルギー分布を測定している。これはニュートリノ背景放射の情報だ。2・2節で述べたように、背景放射は宇宙全体に散らばる無数の天体からの放射の足し上げだ。天体の同定はできないが、謎のエンジン天体について一般的な情報を語ってくれる。このデータを見てみよう。

図6・2に背景放射のスペクトルを示した。図2・5（49ページ）に今回のニュートリノ観測のデータが加わったものである。HESE解析のあと、伝統的な解析手法であるアップ・ミュー解析でも天体ニュートリノ成分が見つかり始め、そのデータも描画している。

この図の縦軸は輝度、すなわち、横軸で示されたエネルギー帯において、宇宙からどの程度のパワーで放射しているか（有り体に言えば「明るさ」だ。目には見えないが）を示している。

一見して分かるのは、10^{14} eV（100兆電子ボルト）から10^{16} eV（1京電子ボルト）のエネルギー

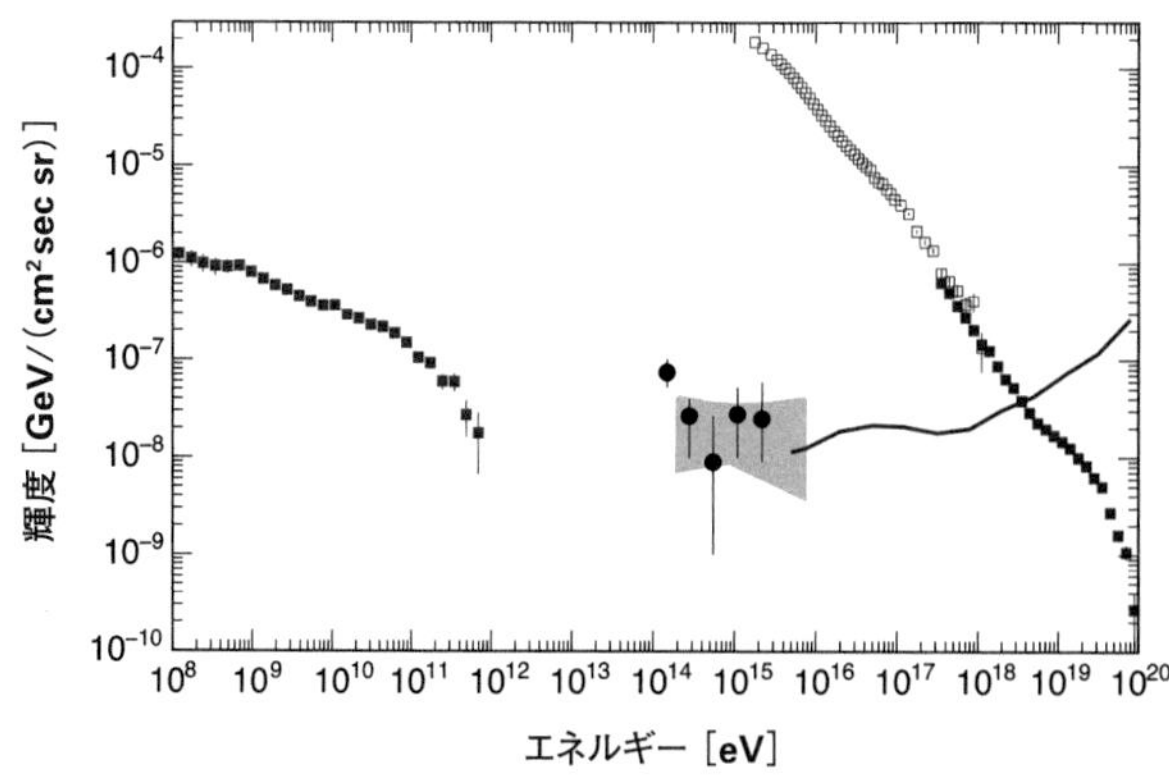

図6・2　宇宙からの背景放射の輝度分布（エネルギースペクトル）。図2・5にIceCube実験によるニュートリノ観測の結果が加わった。一番左側が γ 線背景放射、中央の黒点が、HESE解析による天体ニュートリノ背景放射のスペクトル、その背後にある色塗り部分がアップ・ミュー解析による背景放射解析から推定されたニュートリノ輝度の推定値、そのすぐ右から一番右端の 10^{20}eV（1垓電子ボルト）域まで伸びている曲線がEHE解析によるニュートリノ輝度の上限を示している。右側の点の列は高エネルギー宇宙線背景放射の観測データだ。

で放射されている天体ニュートリノの輝度は、10^{19} eV（1000京電子ボルト）以上の超高エネルギー宇宙線のパワーと同程度あるということだ。

何度も説明してきたように、最大1「垓」電子ボルトにも達するこれら宇宙で最もエネルギーの高い背景放射は、銀河系外空間にある極めてパワフルな宇宙エンジン天体からのものだ。超高エネルギー宇宙線と、IceCube実験で測定されたニュートリノ背景放射の輝度が同じであるということは、両者はもしかしたら同じ宇宙エンジン天体で放射されたかもしれないという可能性を提示している。

ワックスマン－バーコール限界

最もパワフルな宇宙エンジンの「エリート」から放射された超高エネルギー宇宙線陽子がすべてニュートリノを作ったとしよう。エンジン天体からの放射時に陽子が光子と衝突してニュートリノを作る場合でも、銀河団の中を漂っている間にガスと衝突してニュートリノを作った場合でも（いわゆる「宇宙貯蔵庫説」。2・5節参照）、一回の衝突でざっと陽子の5～10%のエネルギーがニュートリノに取られる。とすると、たとえ衝突頻度が多かったとしても、ニュートリノの背景放射の輝度は、超高エネルギー宇宙線と比べて30%程度にしかならないはずだ。

だが、ここにトリックがある。2・4節で述べたように、極めて高いエネルギーの宇宙線は、ご近所さんとかお隣さんにある宇宙エンジン天体からの放射しか届かない。10^{19} eV（100京電子ボルト）以上の宇宙線の場合、約30億光年以内だ。

ところがニュートリノの場合は「宇宙の果て」からだって飛来することが可能だ。ざっと

100億光年以内にある宇宙エンジン天体からの放射は皆、背景放射に寄与する。つまりより多くの天体から加勢を受ける。この分だけ量は増える。増加率は30億光年と100億光年の比の程度で、約3倍だ。

つまり、ニュートリノは宇宙線陽子の30％程度のエネルギーしか持ち出せないが、背景放射に絡むエンジン天体の数が多いことにより分量は3倍増える。0・3×3は0・9だから、結局超高エネルギー宇宙線の輝度と宇宙天体ニュートリノの輝度は同程度ということになる。

宇宙はビッグバン以降急速に膨張しているなどの宇宙論的効果を考慮する必要があるので、正確な計算はもう少しややこしいけれども、輝度が大体同程度という結論は変わらない（「大体」の程度を決めるのは宇宙論的効果である）。

これが、前章でも触れたワックスマン―バーコール限界と呼ばれるものだ。もし、超高エネルギー宇宙線陽子がすべてニュートリノを生成するような極めて効率のよい変換機構があったとすれば、宇宙天体ニュートリノの量は超高エネルギー宇宙線の輝度と同程度であり、それを大幅に超えることはないという議論である。

図6・2に示されたIceCube実験の観測結果は、このワックスマン―バーコール限界に

近い環境でニュートリノが生成されていることを示唆している。1000京電子ボルトとか1垓電子ボルトといった超高エネルギー宇宙線を生み出すエンジン天体のエリートから、えらく効率よくニュートリノが放射されているという描画だ。

一方で、10^{16} eV（1京電子ボルト）を遥かに超えるような極めつきの超高エネルギーニュートリノはEHE解析でも検出されていない。そのようなニュートリノ放射の輝度はこれ以下ですよ、という上限値が図6・2の曲線で示されている。この制限に抵触しないためには、ニュートリノは効率よく作られるけれども、あまり高いエネルギーのニュートリノはそんなにたくさんできないという仕掛けが施されている必要がある。

この仕掛けは大きく分けて2種類考えられており、一つは元になるエネルギーの高い陽子の量、または高いエネルギーを持つ陽子の衝突相手となる光子の量が少ないために、高いエネルギーのニュートリノを作る衝突頻度が少ないという場合、もう一つは極めて高いエネルギーのニュートリノを作り得る衝突は結構な頻度で起きているけれども、磁場が強いために、衝突後に生成された中間生成物（パイ中間子やミューオン）が崩壊してニュートリノになる前に磁場でくるくる軌道を曲げられてエネルギーを失ってしまうという場合だ。どちらも不自然な仕掛けではない。したがって理論的に現在提案されているシナリオの多くはこれらの仕

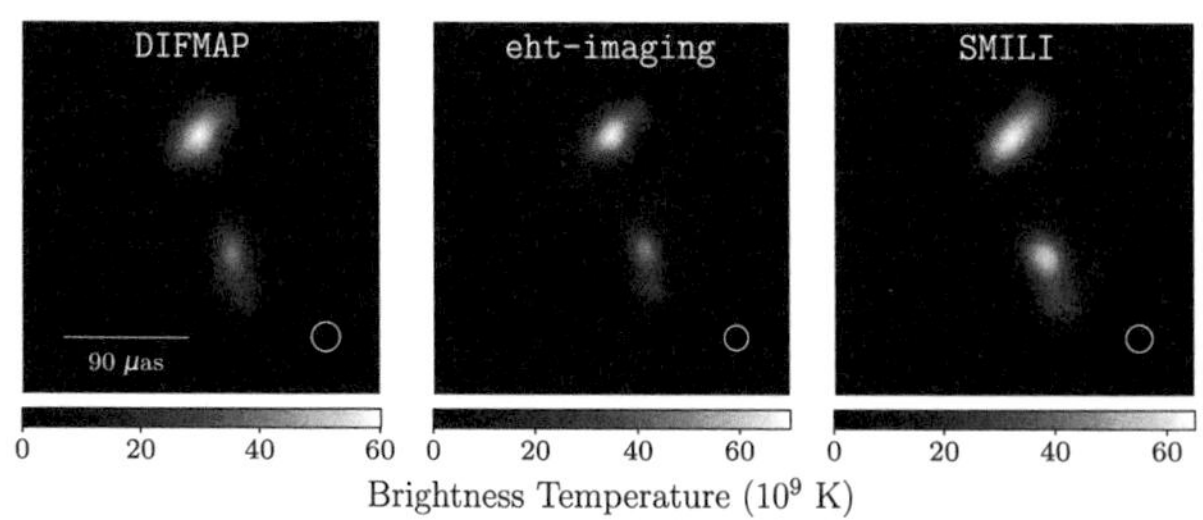

図６・３　クエーサーの代表格3C279。イベント・ホライゾン・テレスコープによる電波観測で画像処理されたイメージである。３通りの画像処理技術によるものをそれぞれ示している。おとめ座にあり、距離は約65億光年。クエーサーの中では近い距離にあり詳細な観測が可能である。対になったジェット構造が見えている。The Event Horizon Telescope Collaboration, Astrophysical Journal, Vol 875, L4（2019）

掛けを施すことで、ＥＨＥ解析による制限を回避している。

エリートエンジン天体候補の最右翼

では、「ワックスマン―バーコール限界」的な環境を持ち、かつパワフル極まりないエンジン天体は何か？　古くから議論されてきた天体候補は２種類あった。一つは活動銀河核（ＡＧＮ）のうち、ジェットが極めて明るく特に電波領域で輝いているようなものである。電波クエーサーと呼ばれ、遠方宇宙に多く存在している（図６・３）。

このうちジェットが我々の銀河を向いているものはＦＳＲＱと呼ばれ、さらに有力候補として考えられてきた。ニュートリノ生成に必要な宇宙線陽子の衝突相手となる光子も豊富に存在し、効率的なニュートリノ放射が可能である。

もう一つはγ線バースト（GRB）と呼ばれ、ミリ秒から数十秒といった極めて短い時間に爆発的に10^5〜10^6 eV（10万〜100万電子ボルト）のγ線を放射する天体である。宇宙の中で最も破壊的な活動の一つとして知られ、その機構は長年の謎であったが、今では中性子でできた特殊な星の合体や、超新星爆発の中でも極端に大規模なものによる現象であろうと理解されている。

この二つが「ワックスマン――バーコール限界」的特徴を持ち得るエリートエンジン天体候補の最右翼であった。どちらもその活動は時間的に大きく変動するため、前述したニュートリノ点源解析のような、方角に基づいた解析では、相関がとれない可能性は十分ある。また天体カタログによる探査の限界もある。

例えば電波クエーサーにしても、図6・3に示した3C 279のような「有名人」は当然、点源解析でもマークされ、その結果この天体は少なくとも明るいニュートリノ天体ではないことが分かっている。だからと言って、クエーサーあるいはFSRQがエリートエンジン天体でないとは言い切れない。宇宙には他にもたくさんの同種の天体があるし、天体カタログに載っているもの以外にも我々が知らないだけで（あるいは現在の観測感度では見つからないだけで）、未知のクエーサー・ＦＳＲＱが他にも多く存在しているかもしれないのである。

６・２　宇宙生成ニュートリノ上限が語ること

最右翼候補からの脱落

たとえ未知の電波クエーサーやγ線バーストがあったとしても、もしそれらがエリートエンジン天体で、超高エネルギー宇宙線陽子を放射したなら、必ず宇宙生成ニュートリノは作られる。０・６「垓」電子ボルト（6×10^{19} eV）以上なら、宇宙空間を満たしている「冷たい光」との衝突は避けられないからだ。

すでに話してきたように、ＥＨＥ解析ではこの起源のニュートリノは見つからず、宇宙生成ニュートリノの輝度はこれ以下ですよという上限値をつけている。これは言うならば、宇宙空間全体で起きている超高エネルギー宇宙線と冷たい光の衝突頻度はこれ以下ですよ、という総量制限になっている。

「総量」だから我々の銀河系のみならず、遥か遠方の宇宙で起きる衝突も含めてその量が制限されているということだ。これがクエーサーやγ線バーストがエリートエンジン天体である可能性を小さくしてしまった。最右翼候補からの脱落である。

これらのスーパーエリートは、宇宙の遠方に多く見つかっている。100億光年は当たり前、120億光年くらい遠方のものも見つかっている。宇宙の年齢は約140億年だから、これらは宇宙が「若い」ときの放射を見ていることになる。より遠方の天体を観測するのは、宇宙の歴史を過去に遡るのと同じことなのだ。

若い時代の宇宙は天体を爆発的に輝かすほどの燃料に恵まれていた。だから、遠方に多く見つかるのだというのが大まかな考え方である。逆に比較的近傍にある天体からの放射は、もはや若くない「最近」の宇宙からの信号である。例えばＦＳＲＱの親戚のような天体が近い距離によく見つかっているが、ＦＳＲＱほどの明るさはない。「燃料切れ」に近い状態にあるのだろうというのが最近の学説である。

若い時代の宇宙は、現在より温度も高い。そもそも熱い「火の玉」ビッグバンから宇宙の歴史は始まったからだ。超高エネルギー宇宙線陽子の衝突相手である「冷たい光」も今より温度が高かった。言ってみれば少しだけぬるい光である。ぬるい光は冷たい光よりもエネルギーが高い。その分だけ低いエネルギーの陽子も衝突を起こすようになる。光のエネルギーが倍になれば、陽子のエネルギーは半分しかなくてもよい。するとより多くの宇宙線陽子が衝突を引き起こせることになる。

若い時代の宇宙は、現在よりサイズも小さい。100億光年の彼方にある天体から放射された陽子が、その天体を旅立った100億年前は、宇宙の大きさは現在の3分の1しかなかった。「冷たい光」はより小さな空間に詰め込まれていたのでその分密度は大きくなる。よって宇宙線陽子との衝突頻度は増えることになる。

若い時代の宇宙が持つこの二つの特徴により、もし超高エネルギー宇宙線を放射するスーパーエリートエンジン天体が遠方に多く存在するものであったなら、宇宙生成ニュートリノの量は飛躍的に多くなる。IceCube実験のEHE解析でとっくに見つかっていても不思議ではない分量だ。現実には宇宙生成ニュートリノはまだ観測にかかっていない。というわけで、電波クエーサーやγ線バースト天体といった、特に遠方に分布している連中は、少なくとも超高エネルギー宇宙線の大半を生み出すようなものではなかったという結論となる。第2・5節の図2・8（74ページ）に帯状で示していた、宇宙生成ニュートリノの輝度の予想のうち、上半分はEHE解析によって否定されたことの帰結である。

一方で、この結論は超高エネルギー宇宙線の主成分は陽子であることが仮定されている。もし主成分が陽子ではなく、ヘリウム核とか炭素核などの原子核であったならば、「冷たい光」との衝突で作られるニュートリノの量は大幅に減る。したがって電波クエーサー、FSRQ、γ線バーストが超高エネルギー宇宙線起源ではないという、この結論は土台が揺らぐことになる。

だが、この結論はおおむね正しいであろうという傍証が他にもいくつかある。いずれも天体ニュートリノを考えることによって得られる知見だ。

クエーサーの場合からいってみよう。そもそもクエーサーまたはFSRQで作られるニュートリノの多くは、10^{16} eV（1京電子ボルト）以上のエネルギーを持つことが理論モデルで予想されていた。10^{17} eV（10京電子ボルト）を超えるような超高エネルギー陽子に対しても衝突相手となる光子が豊富に存在していると考えられているからだ。であるならば、FSRQやその親戚にあたる活動銀河核が超高エネルギー宇宙線の故郷だとして、超高エネルギー宇宙線背景放射の観測データから逆算して、10^{16} eV（1京電子ボルト）以上の領域での天体ニュートリノの背景放射量を予想できる。

この予想量は、IceCube 実験のＥＨＥ解析によって信号を同定できるくらいの量に達していた。だが実際には、10^{16} eV（1京電子ボルト）以上のニュートリノは捉えられていないことから、この論理を逆にたどりＦＳＲＱやその親戚たちが、スーパーエリートの宇宙エンジン天体クラスの多数派である可能性を支持しない、という示唆が得られる。

そもそも IceCube 実験で観測された宇宙ニュートリノ起源としては、これらの天体の旗色はあまりよくない。ＦＳＲＱの「親戚」にはいろいろあるが、一つの種族はブラックホールからのジェットが我々の銀河系の方を向いているという分類によって得られる。この種族はブレーザー銀河と呼ばれている。

他にも、ＦＳＲＱほどパワフルではないが、割と近傍の宇宙に見つかる、やはりジェットがこちらを向いている活動銀河核の一種（BL Lac と呼ばれている）もこのカテゴリーに入る。諸説あるが、ＦＳＲＱと違ってもはや若くない時代の宇宙で活動しているので、燃料が豊富にないためにやや暗いのだろうと考えられている。BL Lac 天体は、陽子を1「垓」電子ボルト以上に加速するほどのパワーはないと考えられており、エンジンとして超大型とは言えない。

だが、このBL Lacも含めたブレーザー銀河は、Fermi衛星で観測している10^9 eV（10億電子ボルト）のγ線放射天体の主役であることが分かっている。

図2・3（43ページ）にある、天の川の外の明るい輝点のほとんどがこのブレーザー銀河であり、電磁波の背景放射を示した図2・4（45ページ）の右端にあるγ線背景放射の主要起源もブレーザー銀河である。Fermi衛星で観測されたFSRQとBL Lac天体の場所は分かっているので、これらの方向からのニュートリノ信号をすべて積み上げ、その量が他の方向からのニュートリノ信号より多いかどうかを調べた解析がIceCubeで行われた。「積み重ね解析」（Stacking analysis）という手法である。FSRQやBL Lac方向からの信号は特に多くないことがこの解析から分かり、IceCubeで検出した宇宙ニュートリノの主要な起源ではないということが結論付けられている。

この「積み重ね解析」の威力はγ線バースト天体の場合はより鮮明だ。γ線バーストは文字通り短期間に起こる爆発的現象であり、この現象を専門にモニターしている天文衛星がいくつか地球を周回している。代表的な衛星がNASAが打ち上げ運用しているスイフト（Swift）だ。

スイフトは、γ線の爆発をキャッチするとすぐにその場所を同定し、観測情報を天文観測専用のネットワークにアラートとして送信する。したがって、いつ、どの方角に（多くは距離も推定される）、どの程度の規模の爆発があったか、情報が蓄積されている。

IceCube側ではこの情報を基に、γ線バーストが起こった時刻にその方角に記録されたニュートリノ信号の有無を調べることができるのだ。前章で触れた、メリーランド大学のオハコの解析だった。同期した信号はないわけではなかったが、大気ニュートリノ雑音が偶然同期していたと考えてまったく矛盾はなく、1000例以上にも上るγ線バースト現象との同期解析では、ニュートリノ放射の証拠はまったく見つかっていない。これらすべてのバースト現象を「積み重ねる」ことで、天体ニュートリノ背景放射に対するγ線バースト天体の寄与はわずか1%以下であるという結論を得ている。やはりγ線バースト天体は、超高エネルギー宇宙線のエンジン天体ではなさそうである。

6・3 残った仮説

いくつかの可能性

じゃあいったい、どこのどいつなんだ。そう聞きたくなるわけである。いくつかの可能性が提案されている。

まずは、まだ観測感度が足りないせいでよくは理解されていないけれども、爆発的なエネルギーを出し得る天体である。代表例が低輝度のγ線バースト天体だ。今まで観測されてきたγ線バースト天体よりも1万倍くらい輝度が低いが、それでもかなりのパワーを持っており、超高エネルギー宇宙線起源天体として機能し得る。現在の探査衛星では十分な数を検出することができないので、まだその存在は確証されていないが、可能性のある候補である。

もう一つの代表例は潮汐破壊現象というものだ。巨大ブラックホールに星が吸い込まれながら、強烈な重力による潮汐力によって破壊される。X線の観測でこの現象が注目されるようになった。突如としてＸ線が爆発的に放射され、その後も繰り返し時間的に変動する強い放射を繰り返す現象だ。このときに強力なジェットが形成されることがあることは、電波望遠鏡による観測でも分かっている。ＴＤＥと呼ばれるこの現象はまだ検出例も少なく、詳しいことはほとんど分かっていない。だが、新興の有望株かもしれない。

マグネターと呼ばれるとりわけ強大な磁場を持つ中性子星も、候補として提唱されている。巨大な磁場をまとって、誕生直後はミリ秒という速い周期で回転している可能性がある天体である。ある種の超新星爆発に付随して観測されている場合が多い。これも新興の天体で分かっていないことが多い。

これらの天体は、まだよく理解されていないエンジン天体候補であり、予想が難しい。電波からγ線に至る観測が蓄積していくことで理解がより深まっていけば、ニュートリノ観測との緻密な比較によってスーパーエンジン天体として同定することができるかもしれない。「老舗（しにせ）」のブレーザー銀河にもまだ可能性がないわけではない。現在ニュートリノ観測でついている制限では、超高エネルギー宇宙線のすべてをブレーザーで説明することは難しいけれども、１割、２割の話なら問題はない。苦しいのは確かであるが。

別の種類の有望株は、宇宙貯蔵庫モデル（２・５節参照）の応用だ。銀河団の中に活動銀河核があるとする。ブレーザー銀河のようにジェットがこちらを向いていなくてもよい。クエーサーのような、爆裂的に輝くものでなくてもよい。

その場合、陽子を1「垓」電子ボルト以上に加速できるほどの超大型エンジンにはならないかもしれないが、炭素核などの原子核を垓電子ボルト程度にまで加速するくらいは可能な程度のエンジンにはなるだろう。比較的暗い活動銀河核なので、宇宙線の衝突相手となる光子は少なく、エンジン内でそれほどニュートリノは作られない。だが、噴き出した宇宙線が銀河団内を漂うあいだにガスと衝突し少しずつニュートリノを作り出す。宇宙空間に数ある銀河団からの、こうしたニュートリノ放射の足し上げを IceCube 実験は背景放射として観測しているとする説である。

この場合はいわば2段階機構である。まず超高エネルギー宇宙線が「まずまず大型」のエンジンによって放射される。そのあと、ニュートリノが時間をかけて銀河団内で放射されるわけだ。ニュートリノは時間をかけてじわじわ放射されるので、時間的に変動する現象とはならない。方角情報だけが頼りである。このシナリオでは、正否の確証を得るほどの信号数を現在の IceCube 実験で得ることはできない。より大型のニュートリノ観測装置が必要となるだろう。

この章では、どのような天体がニュートリノを出しているのか議論してきた。γ線バーストや電波クエーサーなどのスーパーエリート的エンジンは候補として脱落し、他の可能性が考えられている。だが、この議論の多くはいわば状況証拠の積み重ねによっている。IceCube実験によるニュートリノ観測結果には別の解釈も可能ではあるし、ここで議論してきた考え方には反論もある。

なにせ状況証拠だ。基本的人権を尊重する社会では状況証拠だけで犯罪者として断罪されないのと同じで、状況証拠だけで反論の余地なくこの天体Aはダメ、天体Bがまさに超高エネルギー宇宙線の故郷たるエリートエンジン天体だと断言することはできない。天体を一つでも同定して直接証拠を得なければ最終的な決着にはならないだろう。

だが、直接証拠となり得たニュートリノ点源解析も、現在のところニュートリノ天体を指し示すに至っていない。なにか別の手を考えておくべきだ。しぶとくなくてはこの世界では生きていけない。

第7章
放射天体を同定せよ

7・1　新戦略――ニュートリノ即時同定解析

ビジョン

高エネルギーニュートリノ放射天体を一つでもいいから同定したい。僕だけでなく、IceCube実験に携わるメンバー皆の願いであった。背景放射の解析では、エリートエンジン天体について確かにある程度の全体像をつかむ「状況証拠」は提供した。少なくともエンジン天体が満たすべき特徴を提示した。

だが、そうした天体の一つは「コレです」、と言うことはできない。具体的な例があってこそ、理解も進む。それにニュートリノ「天文学」と名乗るなら、星の一つでも、銀河の一つでもいいから、新しい天体を発見したいではないか。

そう思う人間が多いからこそ、IceCube実験メンバーの多くが早くからニュートリノ点源解析をやっていた。手っ取り早く天体同定ができるかもしれないからだ。

だが僕は点源解析ではまだ結果は出ないと思っていた。ニュートリノでは背景放射が先に見つかる。また万一見つからなかったとしても、ニュートリノ量や輝度の上限値から有意義な仕事が先にできると考えていた。まさにその通りのことが起きたのが、前章までのストーリーだ。

後からなら何だって言えるよ、とツッコミが入ってもいいところだ。後出しジャンケン厳禁の IceCube 実験の精神からも正しいツッコミだ。だけれども突っ込まれることは承知のうえで言わせていただくと、一応僕なりの根拠はあった。

まず、点源解析が得意とするエネルギー帯である 10^{12} ～ 10^{13} eV（1兆～10兆電子ボルト）では、大気ニュートリノ雑音が多すぎた。贋作問題の壁が高すぎる。探索するエネルギー帯を少し上げてもう少し雑音の少ないところに出ていくほうが簡単だ。で、ある程度エネルギー帯を上げれば、これは背景放射を探索するほうが断然、感度が出る。

今、距離 R にある天体からのニュートリノ放射を考えよう。この天体から地球に届くニュートリノの数は R^2 に反比例する。距離が2倍になれば、数は4分の1に落ちるというわけだ。

ところが、一辺 R の空間の体積は R^3 だ。つまり距離が倍になれば、体積は8倍になり、もし天体の数密度が同じならばその空間に含まれる天体の数も8倍だ。背景放射は全空間からの「星の数」ほど多数の天体からの放射の足し上げだ。なので、距離が2倍になると「4分の1」にヘタる効果よりも、空間に含まれる天体の数が「8倍」になる効果のほうが大きく、得をする。ニュートリノは「幽霊粒子」であり、遠方からでも宇宙を貫通して届くという特性を考えると、この天体数が増えるという因子がてきめんに効くのだ。

もちろん、宇宙はビッグバン以降膨張を続けており、その効果を適切に計算に取り入れなくてはならないが、それでもある条件の下ではこの結論は変わらない。このある条件というのは多分、実際のニュートリノ天体が満たしていそうな条件だった。というわけで一応自分なりにきちんと計算した結果、勝算アリと踏んでいたのである（わざわざこの計算結果を公表はしなかったが、アメリカのグループが類似した道筋をたどりその結果を論文にした。俺も論文にしときゃよかったと思ったが、面倒くさがりの性格の報いを受けたと言うべきだろう）。

背景輻射が先に見つかる。そのニュートリノ信号がやってきた先には未だ知らぬニュートリノ放射エンジン天体が鎮座しているはずだ。だが、ニュートリノは途方もない遠方からでも届き得ることを考えれば、ニュートリノがやってきた方角に存在する無数の銀河がすべて放射天体候補になり得るのが原則だ。

もちろん、これまで議論してきたように、エリートエンジン天体となり得るための条件を課せばそれなりに数を減らせるだろうが、一つに絞ることなどとても無理だろう。

もっとアリそうなのは逆に、天体カタログに掲載されているような有名人は一つもない、もっともらしいエリートエンジン天体はこの方角には見つからないよ、という事態だ。所詮、宇宙について我々が知っていることなどたかが知れている。存在を知らなかった無名の天体が実はエリートエンジン天体だった、なんてことだって十分あり得るわけだ。

この状況下でできることは、唯一つ。宇宙からはるばる飛来したニュートリノが南極に突き刺さるや直ちにその情報を全世界に流す。ニュートリノが来た方角に望遠鏡やら、衛星搭載検出器やらを向けてもらう。前章で議論したように超高エネルギー宇宙線を放射するエリートエンジン天体候補の多くは、ある時期に爆発的に輝くような種類のものだ。低輝度γ線バースト天体にせよ、マグネターにせよ、爆発以前にはそこに存在することすら分かりようがないような突発的な天体だ。ニュートリノが来たときに、同じ方角にそうした爆発を捉えたなら、これこそがニュートリノの故郷です、と答えることができるかもしれない。この可能性に賭けようと考えていた。

バート&アーニー発見の2年前には、僕の中にすでにこのビジョンがあった。2010年5月にアメリカ・メリーランド大学であったIceCube実験プロジェクト会議で、EHE解析を進化させ、エネルギーが頭抜けたニュートリノ信号を受信したら即時に同定しその情報を世界に配信したい、とブチあげた。

だが、この本をここまで我慢強く読んでいただいた読者の方には予想できるとは思うが、ご多分にもれずこのビジョンも簡単には実現しなかった。

7・2 技術と政治の障壁

挑戦できる時期をじっと待つ

なにせ、それまで時間をかけてブラインド解除提案にまで持ち込み、審査を突破してようやく観測データをすべて精査するという手続きで進んでいたわけだ。それをすべてすっ飛ばし、取得したデータを片っぱしからコンピューターにかけ、宇宙ニュートリノ信号を同定したら、即、その情報を公開します、というわけだから、スンナリと受け入れられるわけがなかった。

ここには技術的な問題と政治的な問題がある。技術的な問題から説明しよう。

ブラインド解除提案やら何やらで慎重すぎるようなステップを踏むのは、後出しジャンケンを防止することだけでなく、想定外の事態が起きるのを防ぐためでもあった。探索網の予期せぬ綻びから、とんでもない贋作を宇宙ニュートリノです、と拾い上げることのないように万全を期さなければならない。なにせ狙うのはレアなお宝だからだ。ましてや信号同定情報を即時に公開する場合に、想定外の間違いが起きゴミクズのような事象を誤って宇宙ニュートリノとして情報配信してしまったら、IceCube実験の信用は失墜する。さらには、もし信頼性が抜群の信号同定アルゴリズムができたとしても、その処理速度は速くないといけない。南極点のIceCube実験観測所に設置してあるコンピューターの計算処理能力で軽く捌けるくらいのライトなプログラムでないと、「即時に」信号を同定しその情報を配信することなど不可能だ。

政治的な問題はさらに厄介だ。僕らは多大な労力とお金をかけて世界最高感度でニュートリノ探索を始めた。そのうえで見つかった宇宙ニュートリノ信号は、IceCubeプロジェクトメンバーの大事な財産だ。その成果を論文にすらせずに、先に他人に公開してしまえるのか。その他人が僕らより先に何らかの仕事をさっさとして、成果をまとめてしまったなら、僕ら自身のクレジットは消えるとまでは言わないが、それまでの苦労が報われるような大きさのものにはならないだろう。トンビに油揚げ、ということになってしまうのだ。ニュートリノ観測ご苦労様、ここから先はこっちでやるからね、と言われて頭にこない人はプロジェクト内にはいないだろう。

技術的な問題に対する当時の僕の解答はこうだった。ＥＨＥ解析は比較的シンプルだ（シンプル・イズ・ベスト――5・4節参照）。信頼度だってあると。だが、２０１０年春の段階では、IC‐9とIC‐22と2度のブラインド解除の経験があり想定外のことはなにもなかったが、IC‐40の結果はまだ出ていなかった。信頼度高いよ〜という僕の主張には皆を頷かせるだけの説得力はまだなかった。ましてや政治的な問題に対しては僕も答えを持ち合わせているわけではなかった。

というわけで、このときは「ああ、またシゲルがなんか言ってるけどなあ」という受け止め以上のものはなかったと思う。悔しいが実力不足だ。そうこうしている間にＥＨＥ突貫解析の騒動が始まり、我々日本チームもとてもこの問題に人員を割く余裕はなくなった。

この間に、この即時解析の路線を細々と進んでいたのがドイツグループだった。大気ニュートリノが99・99％以上を占めるデータを解析し、ある一定の時間内に同じ方向から事象が来たら、あるいは天体カタログから事前に選定した「有名天体」の方角から信号があったら、それはもしかしたら宇宙ニュートリノによる爆発を捉えたのかもしれないとして、その情報を覚書を事前に結んだ少数の望遠鏡チームに送っていたのだ。

その覚書には、IceCube側から来た観測情報を外部に漏らさないこと、何らかの成果が出たらIceCube実験チームと協議し共同で成果を発表することが明記してあった。政治的問題への一つの対処法である。

挑戦していることは認めよう。だが、これは少なくとも僕の趣味ではなかった。望遠鏡チームに送っている情報はほぼすべて、大気ニュートリノによる贋作と考えてよい代物だった。どちらかというと、これでなにか見つかったら儲けもの、という思想であった。人様に観測してもらおうというのにゴミを送ってどうするんだ、というのが僕の考えだ。これはかなりの確率で宇宙ニュートリノだよ、と自分たちが自信を持てるような信号だけを送るべきだ。

実際、観測情報を受け取っていたγ線望遠鏡チームにいた僕の個人的な知り合いは、「またIceCubeからなんか来たよ、どうせ大気ニュートリノなんだろ」という感じで明らかに迷惑そうだった。狼少年効果がすでに現れていた。また覚書を結んだ一つや二つくらいの望遠鏡でなにか成果が出るなら苦労しない、というのもある。電波、可視光、X線からγ線に至るまで多様な波長帯で世界の多くの天文施設が協力してくれなければ、エンジン天体の尻尾を捕まえることは難しいだろうと。

だが、批判だけするのはフェアではない。僕はこの問題を頭の片隅においておき、EHE解析で挑戦できる時期をじっと待っていた。

7・3　機は熟した

技術的な問題をクリアできる見込みが立つ

ゴングは2014年に鳴った。高エネルギー宇宙ニュートリノ発見による怒涛の日々も終わり、主要な成果はIceCube実験による一連の論文として出版されていた。プロジェクトのクレジットはある程度確保され、これはすなわち政治的問題が解決可能になってきたことを意味する。我々の財産である宇宙ニュートリノ検出情報を即時公開してもいいんじゃないか、という心の余裕がメンバーに生まれてきた。

EHE解析のほうも、5・17節で述べたように、次なる探索へ向けてアップデートの時期に入っていた。改善点の一つは、トラック型とシャワー型の事象を識別してそれぞれ別途の網にすることだった。これはバート&アーニー型の探索網の大きさを限定する代わりに、トラック型がメインとなる宇宙生成ニュートリノをより大きな網で探索するための仕掛けだ。これを即時解析という観点から考えると別の意義がある。

ニュートリノが来た方角に望遠鏡を向けてもらうなら、ニュートリノ方向の推定誤差は小さくなければならない。極端な話、その誤差が望遠鏡の視野角より遥かに大きければ、望遠鏡をどの方向に向けるべきか分からなくなる。せっかくの追尾観測の機会が失われかねない。

バート&アーニーに代表されるシャワー型はニュートリノ入射角度の推定が難しい。だがトラック型は現状でも１度を切るくらいの角度分解能は出せている。追尾観測をしてもらうなら、まずはこちらをアラートとして世界に送信すべきだ。

アップデートEHE解析で見つかった二つのニュートリノ信号である図５・37（３０１ページ）で言うならば、左側の事象だけを即時解析システムの対象にし、右側のタイプは捨てる。つまりトラック型とシャワー型の識別アルゴリズムの開発が進んだこの時点は、即時解析システムにEHE解析を組み入れるうえでもちょうど良いタイミングと言えた。EHE解析自体は、宇宙ニュートリノの発見を始め、何度ものブラインド解除をくぐり抜けた実績も積み上げ、グループ内の信頼度も抜群だ。技術的な問題をクリアできる見込みも立ってきたわけだ。

即時解析を担当するワーキンググループは、γ線バースト解析を担当していたグループとなった。γ線バースト解析も、例えばスイフト衛星からのγ線バースト検出情報をアラートとして受け、ニュートリノを探索していた。この向きを逆向きにし、IceCube のほうから検出情報をアラートとして（スイフトに限らず世界中の天文研究者に）送信するのが即時解析によるニュートリノ通報システムであるから、関連性が高い。

なにより、γ線バースト解析のメッカであるメリーランド大学は、IceCube 実験の計算機システムを担当していた。南極現地のデータ処理に責任を負い、システムに精通している。ニュートリノ通報は南極の計算機処理システムに組み込むわけだから、メリーランド大学チームの関与は必須の条件だ。

即時解析全体の取りまとめは、メリーランド大のエリック・ブラウファス、ワーキンググループのリーダーは、ジョージア工科大学のイグナシオ・タボアダだ。ここに千葉大チームとしてＥＨＥ解析を即時信号同定用に再開発するというミッションを掲げて乗り込んだ。ウイスコンシン大はＨＥＳＥ解析を即時信号同定用に改良するというプランを掲げてきた。宇宙ニュートリノ発見に絡んだ両解析が同じ目標に向かって進む。上々の組織とチームだ。

二つの改善点

ＥＨＥ解析の改良を直接担当したのは、はるばるアメリカから千葉大にポスドクとしてやってきたマット・レリックだった。主な改善点は二つあった。宇宙ニュートリノ信号同定の最終段階である、チェレンコフ光総光子数―ニュートリノ入射角度平面での弁別（図５・９〈１８２ページ〉、あるいは図５・26〈２５５ページ〉右）は、10^{18} eV（１００京電子ボルト）が主要エネルギー帯である宇宙生成ニュートリノを念頭に最適化していた。

だが、ここで狙うのは天体ニュートリノだ。10^{15} ～10^{16} eV程度のもっと低いエネルギーを持つニュートリノがターゲットだ。最適化をやり直す必要がある。

最適化に際しては通常客観的な指標があった。考え方は二つあり、もし宇宙からのニュートリノ信号候補が見つかった場合に、贋作がそこに混入する確率を最小にするか、あるいは何も見つからなかった場合にニュートリノ量の上限値を最も厳しくつけられるようにする、というのが基本的な考え方だ。

どちらも雑音混入量がかなり小さくなるような厳しい基準によって信号―雑音弁別ラインが引かれる。だが今回はもう少し甘くしてもいいと考えていた。半分くらい大気ニュートリノ雑音を誤認定してもいいから、より多くのアラートを送信し、天体同定のチャンスにつなげたい。

こうなると、もはや客観的な指標はないも同然だ。マットと相談し、年間2〜4発くらいの天体ニュートリノ候補を同定できるくらいの弁別ラインにしよう、大気ニュートリノ雑音の混入は年間2発程度まで許容しよう、という方針にした。

僕らの主観的な基準である。こうして決めた信号弁別ラインが図7・1である。宇宙生成ニュートリノを念頭においていた従来のEHE解析よりも、より「暗い」すなわちチェレンコフ光の量が少なく、エネルギーがより低いものまで拾い上げるように変更しているのが分かるだろう。

図7・1には別のご利益もある。雑音の分布（上図）と天体ニュートリノの予想分布（下図）の違いから、個別の事象それぞれについて、天体ニュートリノである確率を計算することもできる。これまで何回か述べたように、大気ニュートリノでも宇宙から来たニュートリノでも同じニュートリノだ。個性はない。つまり100％の信頼度でもって、これは宇宙から来たニュートリノですと断言することは原理的に不可能だ。

できることは、この図に現れた分布の違い（これは結局は大気由来の雑音は上から降ってく

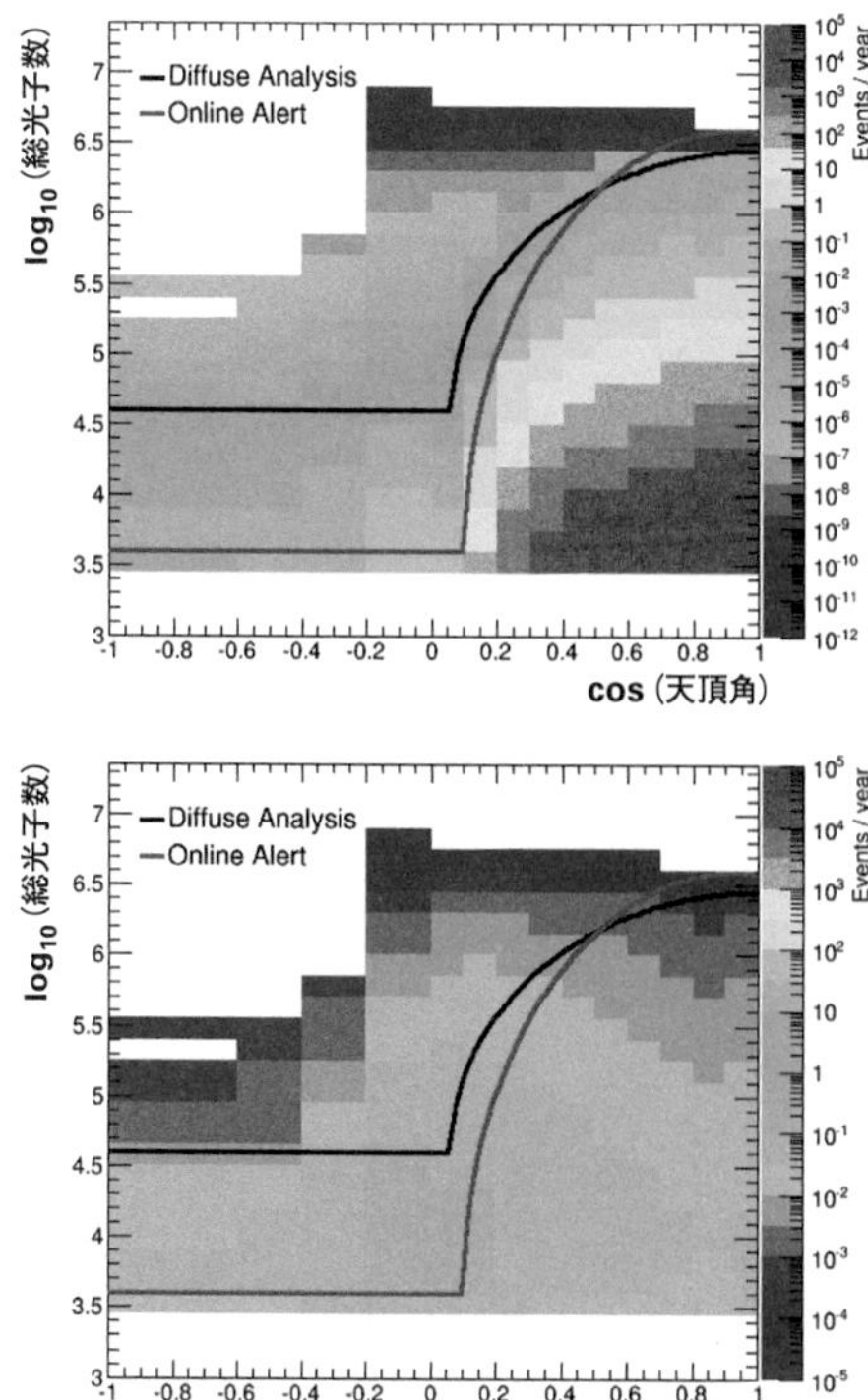

図７・１　EHE即時解析における宇宙ニュートリノ候補同定最終段階。天頂角度（x軸）Vsチェレンコフ光総光子数（y軸）平面上での数分布。上図が、大気ミューオン・大気ニュートリノのコンピューターシミュレーションによる擬似データの分布。下図が、天体ニュートリノ信号の予想分布。Online Alertとラベルしてある曲線から上にある事象は、宇宙天体ニュートリノ候補として同定される。Diffuse Analysisとラベルしてある曲線は、「伝統的 EHE解析」すなわち、より高エネルギーの生成ニュートリノを本丸の信号としていた解析での弁別ラインである。2017年発表。

ることが多いことと、エネルギー分布が両者で異なることの反映だ。当然、天体ニュートリノのほうがエネルギーの高いものが多い）から宇宙ニュートリノである可能性を、確率として推定することである。ニュートリノ検出アラートを受けて、追尾観測するかどうか悩む天文研究者に有益な情報となるだろう。これは宇宙ニュートリノである可能性大だから無理してでも望遠鏡を向けてみようかとか、今晩は割とヒマだから雑音確率が高いこいつもいっちょ観測してみようかとか、いろいろな状況があるだろうから。

もう一つの改良は、到来角度の推定だ。ＥＨＥ解析では「失敗しません」というドクターＸ大門未知子先生のモットーにそって角度推定のアルゴリズムを作ってきた。だが、ここで必要なのは精度だ。角度推定の誤差が小さいほどよい。そこで天体ニュートリノ候補として同定した事象は、もう一度今度は精度を追求した角度推定アルゴリズムを使って再解析することにした。この結果、約９割の信号が誤差０・８度以内で方向を推定できるというレベルに達した。

準備は整った――果報は寝て待て

信頼性のチェックも大切だ。シミュレーションによる擬似データだけで判断するのはよくない。実際のデータを使った試験も行った。例えば、信号弁別ラインを大幅に緩め、1日4発くらいの事象がかかるようにする。もちろんその大半は大気ニュートリノ雑音だ。だが、1日あたり4発という頻度は、大気ニュートリノのコンピューターシミュレーションに基づいて計算している。

そこで、南極から毎日送られてくる実際のデータにもこの緩いフィルターをかけ、本当に1日4発なのかを約半年にわたって確かめた。この試験は「心拍試験」とニックネームがついていた。その他にも、シャワー事象の混入頻度は無視できるほど小さいか、解析時間は必ず長くても数分以内に終わり、データ処理のパイプラインを詰まらすことはないかなど、多岐にわたる細かいチェックが実施された。

政治的な問題のほうも最早さして障害にはならなかった。プロジェクトの評判が高まった今がチャンスであるという共通認識のようなものができていた。逆に僕のほうが心配されたくらいだ。宇宙生成ニュートリノに代表される超高エネルギーニュートリノを僕が長年探索していることは皆が知っていた。本当に頭抜けたエネルギーのニュートリノが来たら、この即時同定システムによってすぐに世界の研究者に配信されるだろう。僕らが発見論文を書くより先に事が進んでしまう。それでいいのか、というわけだ。もういいよ、というのが僕の答えだった。天体を同定するチャンスを逃すわけにはいかないから。論文だって、インパクトは落ちるだろうけど、あとから書けるわけなので。

いつものようにプロジェクトメンバー全員の承認を経て、即時解析とそれによるニュートリノ検出通報システムは稼働した。HESEが2016年4月、EHEが2016年7月から運用を始めた。運用開始以降、2017年春までに9本のアラートを配信したが、追観測による同定には至らなかった。そもそも宇宙ニュートリノではなく大気ニュートリノ雑音である確率はHESEで70%、EHEで50%である。また、可視光による即時追観測を実現するには夜間に観測可能な方角でなければならない。すぐには結果が出ないことは不思議ではない。果報は寝て待てだ。期待半分の心持ちで2017年秋を迎えた。

7・4 IceCube-170922A

待ち人来る

そして、第1章で書いた2017年9月23日がやってきたのだった。待ち人来る(きた)だった。

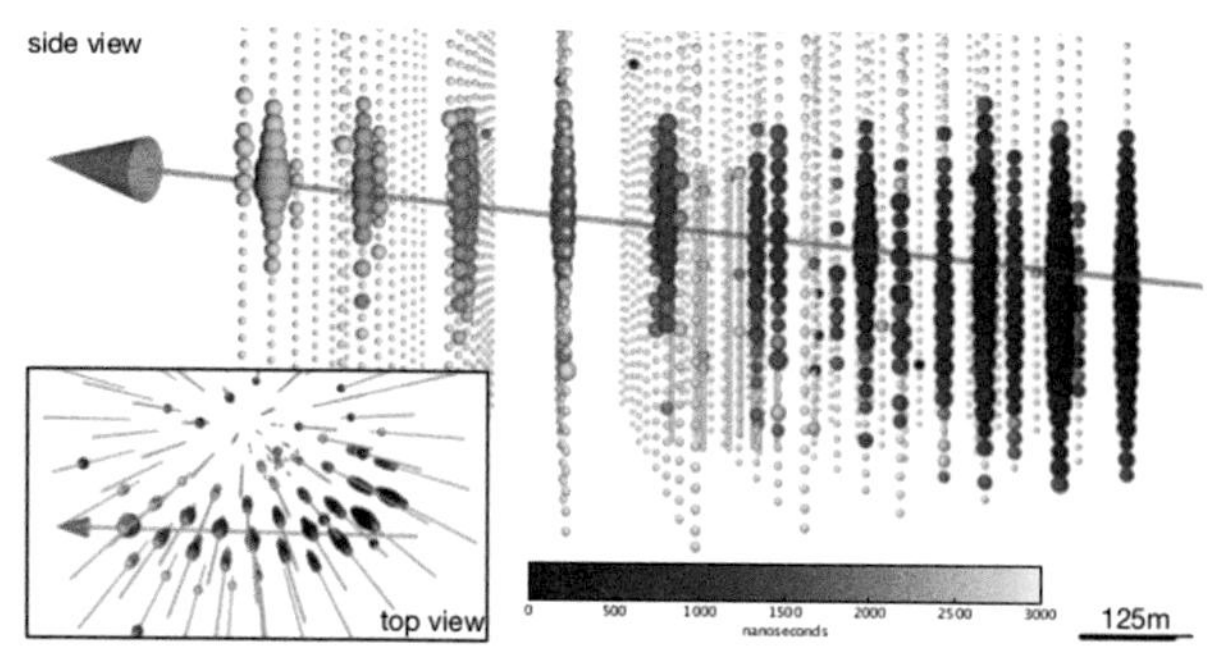

図７・２　IceCube-170922Aのイベントディスプレイ。氷河内の各検出器に信号が記録された時間を色で示している。色のついた円の大きさは、検出器に記録されたチェレンコフ光子数の対数に比例している。約３マイクロ秒の長さをかけて、このミューオンは～１km の長さのIceCube検出器アレイを横切った。矢印は推定されたトラックの方向である。90%信頼度で 0.97°2 の精度で到来方向が決まった。2018年発表。

すぐさま、イベントをチェックすると高エネルギーニュートリノの典型的なイベントであることが分かった。水平５・７度下方から IceCube 検出器アレイ内を突っ切るミューオントラックである。EHEが対象とする高エネルギー宇宙ニュートリノの水平方向からのトラックそのものだ。IceCube-170922A と名付けられたこの事象はまさに想定通りの顔をした信号だった。しかも検出器ほぼ中央を横切る長いトラックであるため角度もよく決まった。

図７・２に示したのがこの信号だ。トラック型のためエネルギー推定の幅は大きいが、90％の確率で１・８×10^{14} eV か

ら4・3×10^{15}eV（180兆電子ボルトから4300兆電子ボルト）の間にある。大気由来の雑音ではなく宇宙ニュートリノである確率は56・5%と最終的に判定された。

信号の面構えを確認した僕は、すぐに日本の天文研究者のグループにIceCube-170922Aは価値があり真剣に受け取るよう呼びかけた。当時広島大の田中康之氏がかなた望遠鏡で、東大の諸隈智貴氏が木曽観測所のシュミット望遠鏡ですぐに観測することを請け合ってくれた。ここから歯車が急速に回り出した。

彼ら日本の天文研究者は、ニュートリノ天体候補の一つであったブレーザー銀河に着目していた。6・2節で述べた、巨大ブラックホールから噴き出すプラズマジェットがたまたま我々の銀河方向に向いている活動銀河核の一種族だ。この節で議論したように、ブレーザーはすでに最右翼候補からは外れている。だが、超高エネルギー宇宙線起源の中の少数派としての存在ならまだ可能性は残っている。それに10億電子ボルトの γ 線帯の宇宙では主役天体だ。悪くない選択だった。

失敗に学ぶ

実は、この戦略はもう少し実際的な理由にも基づいていた。この前年2016年12月にE

HE即時解析はニュートリノ信号を同定し、アラートを世界に送信していた。IceCube-161210Aと呼ばれた（世界時で2016年12月10日に検出された）。170922Aよりしょぼい信号でエネルギーも少し低かったが、角度はよく決まり方角的にも日本から夜間の観測が可能であった。田中さんたちは、かなた望遠鏡で観測を試みた。だがニュートリノ角度推定誤差1度の円内にあるどの天体にフォーカスすべきなのか絞ることができず、このトライは中途半端に終わっている。だが、これは良い意味で練習試合だった。まずやってみることで、何が問題となり得るのか洗い出すことができる。

電波で比較的明るい活動銀河核が念頭にあったのだが、誤差1度の円内にこれは6天体もあった。かなた望遠鏡の視野は10分角（6分の1度）しかないので、この6天体を限られた時間ですべて観測するわけにいかない。どうしようと迷っているうちに時間切れとなったようだった。

この失敗から彼らは学んだ。事前にどの天体を見に行くかは明確に決めておくべきこと。またその数は多すぎないこと。少ないほうが観測時間を稼げる。ブレーザーは活動銀河核の中でも数は少ない種族であり、ニュートリノ事象の到来方向誤差円内に存在するブレーザーは数個程度だ。一つ一つを限られた時間内に観測することが可能である。そこで、田中さんたちは事前に独自のブレーザー銀河候補のカタログを電波・光学観測データ等の情報から作成し、次なる追尾観測に備えていた。これが功を奏するのだ。練習を重ね失敗から学ぶ姿勢が大事なのは科学研究も同じである。

青天の霹靂

独自カタログでリストされ、かつIceCube-170922A近傍に入っていたブレーザー天体候補は7つあった。かなた望遠鏡は日本時間の9月23日、24日の二日間観測を実施し、これら7つのうち、TXS 0506+056と呼ばれる天体が過去に比べ極めて明るく、しかも輝度が減光フェーズにあることを明らかにした。

ＴＸＳ？　聞いたこともない天体だった。完全にノーマークだ。Fermi衛星によるγ線天体のカタログには載っているらしい。だが「有名人」でないことは確かである。

幸運だったのは、田中さんがFermi衛星のγ線望遠鏡チームのメンバーでもあったことだった。Fermi衛星のデータを素早く確かめることができたのだ。ＮＡＳＡは、方角を入れるとその場所のγ線観測データを見ることができるＦＡＶＡというシステムを運用している。これは知識さえあれば誰でも使うことができる（僕はこの存在を知らなかった）。

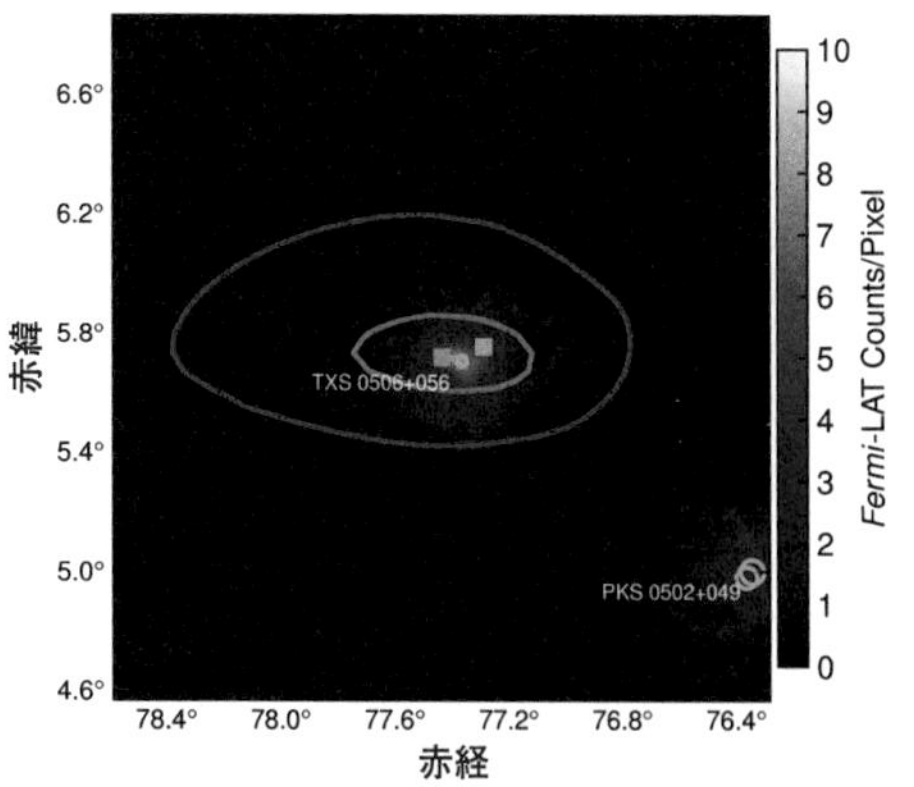

図7・3　高エネルギーニュートリノ事象IceCube-170922Aの到来方向のFermi-LAT望遠鏡による観測。オレンジ四角は、アラート情報に載せた当初のニュートリノ推定方向位置、緑四角は最終的な推定による位置を示す。灰色と赤の曲線はそれぞれ50%、90%信頼度での到来方向誤差を表している。ブレーザー銀河TXS0506+056の位置は丸で示した。背景は9年半に及ぶ観測で得られたFermi-LAT 検出器の光子のカウント数である。このブレーザーが明るく輝いている様を示している。2018年発表。

ＦＡＶＡのデータは、Fermi望遠鏡の公式な結果ではなく、感度もFermi「純正」の解析パイプラインによるものよりも若干落ちるらしいが、素早いチェックには十分だ。ＦＡＶＡでチェックした田中さんは、TXS 0506+056がγ線でも数ヶ月前から通常よりも遥かに明るく輝き始めていたことを知った（図7・3）。フレアと呼ばれる現象だ。

誰もこの天体に注目しておらず、TXS 0506+056がフレアを起こしていることなど、Fermi

チームの人間も含めて誰一人知らなかったのだ。青天の霹靂と言うべきだろう。IceCube-170922A の先には、TXS 0506+056 というブレーザー銀河があり、しかも、それがγ線フレアを起こしているという速報が Fermi チームから電子配信されると大騒ぎとなった。

触発された世界中の多数の天文観測施設がさらなる観測を実施することになる。10^{11} eV（1000億電子ボルト）以上という、さらに高いエネルギーを持つγ線に感度を持つ、地上設置型のγ線望遠鏡が競うように追観測を始め出した。僕も知り合いがいたアメリカのチームに観測を依頼していた。

結果を出したのは、ドイツのマックス・プランク研究所を中心としたヨーロッパチーム（日本も近年になって参加した）が建設した望遠鏡ＭＡＧＩＣだった。9月28日以降総計約13時間にも及ぶ観測の結果 10^{11} eV（1000億電子ボルト）以上の高エネルギー帯で、ということは Fermi 衛星が観測しているエネルギー領域の実に100倍以上高いところで TXS 0506+056 からの信号検出に成功する。

ＭＡＧＩＣは実は IceCube と覚書を結んで長年にわたりニュートリノ観測情報を受けていたプロジェクトだった。ニュートリノとγ線観測をどうにか結びつけようとしていた人たちを僕はよく知っていた。彼女たちの執念がこの機会に結果を出したのだ。僕の趣味ではないと前節でコキおろしていたけれども、それでも苦労していたのを知っていたから本当に良かったなあと思っていた。長年の試みが報われないつらさはよく分かっているから。

こうして史上初めてニュートリノの検出を受けてγ線フレア信号が 10^9 ～10^{11} eV（10億から1000億電子ボルト）で検出された。高エネルギーニュートリノ天体候補として、このあまり知られていないブレーザー TXS 0506+056 がいきなりヒノキ舞台に登場したのだ。

だが、僕にとって勝負はここからだった。

7・5　真夜中の攻防第２幕

「観察」から「物理学的結果」へ

ニュートリノ信号 IceCube-170922A の先にγ線を放射して輝くブレーザーがあり、かつ通常の5倍以上もの明るさだったというのは、ただの偶然じゃないのか、本当はニュートリノとは無関係じゃないのか、という疑問に明快に答えることが最重要だと僕は考えていた。

ニュートリノの到来方向の先に「たまたま」γ線天体があり、その天体は「たまたま」フレアを起こして爆発的に明るかったということがどのくらい頻繁に（あるいは稀に）起こるのか数字を出さなければ、この観測結果はただの「観察」以上のものにはならない。

この偶然確率の推定が、「観察」から「物理学的結果」へと昇華するのに必須の因子である。まっとうな実験物理学者なら誰しもそう考える。

Fermi γ線望遠鏡でフレアが見つかったと聞いてすぐに僕はこの計算に取り組むことに決めた。だが、この種の計算解析をやるといきなり手をあげてきたグループが他にもいた。ドイツのあるグループだった。

種をまき、大事に育てて、いざ収穫だというときになって横から割り込んでくる連中は必ずいる。ニュートリノ即時同定解析を実現するために皆が汗をかいていたときに、アンタ方はいったいどこにいたんだ、という話である。だがIceCubeメンバーであれば、どのような解析だろうと全員に遂行の権利があるのが原則だ。上等だよ、俺たちと競争だ、というわけでまたも前線に出ることになった。

そこで、僕のグループの若者たちのなかで最もハードワーカーで、サイエンスにもこだわりを持っていたルーと組んで解析を始めた。ルーはイギリスであのピエール・オージェー実験に参加して学位を取り、２０１４年にポスドクとして僕のグループにやってきた。彼女も上澄みだけとって解析するような連中には負けたくないというガッツがあり、猛烈に働いた。

僕らの戦略はこうだ。ＥＨＥ即時同定解析のシミュレーションをやる。たくさんの擬似データができる。これら一つ一つの（擬似）ニュートリノ信号の到来方向の先にγ線天体があるかどうかをチェックする。あった場合に、二つの仮説を試す。

一つは、ニュートリノ信号は、γ線の明るさとはまったく無関係にやってくるという場合（無関係仮説と呼ぼう）。つまりニュートリノとγ線天体はまったく無関係である。もう一つは、ニュートリノの頻度は、γ線の輝度の変動に比例しているという仮説だ（こちらは関係仮説と名付けることにする）。

この手続きにより、ニュートリノ信号の先にあるγ線の明るさ（天体がなかった場合は明るさゼロとする）の確率を計算する。

例えて言えば、明るさ10等星以上を見る確率は、ニュートリノ―γ線無関係仮説の場合は何％、γ線の変動に比例しているという関係仮説の場合は何％、ということが計算できるのだ。

この確率の違いを使って、IceCube-170922A の先で TXS 0506+056 が1時間に1平方メートルあたり1発の γ 線を地球に届かせるほど輝いていたという今回の観測事実が、無関係仮説が実は正しいのに誤って関係仮説のほうを支持してしまう頻度を計算する。この誤認頻度が低いほど、TXS 0506+056 が 170922A を放出した天体であるという確証が強くなるわけだ。

このやり方と数学的な枠組みは僕が白紙から組み上げ（ベルリンであった IceCube プロジェクトの会議に向かう途中、成田空港のロビーで最初の版を作った〈図7・4〉）、ルーが実際の計算プログラムとデータ解析を遂行して、勝負に挑んだ。

対するドイツチームは、ニュートリノ点源解析で使われた解析・数学的枠組みをコピーして、この目的のために改変するというやり方をとった。また彼女たちの「関係仮説」は、γ 線の量の変動ではなく γ 線の輝度そのものが、ニュートリノの頻度に比例しているとするものだった。これは IceCube 実験の点源解析ではおなじみとなっている仮定だった。

緊迫の集中審議

２０１７年10月11日日本時間夜中午前０時半、最初の電話会議が開かれた。以降、計12回

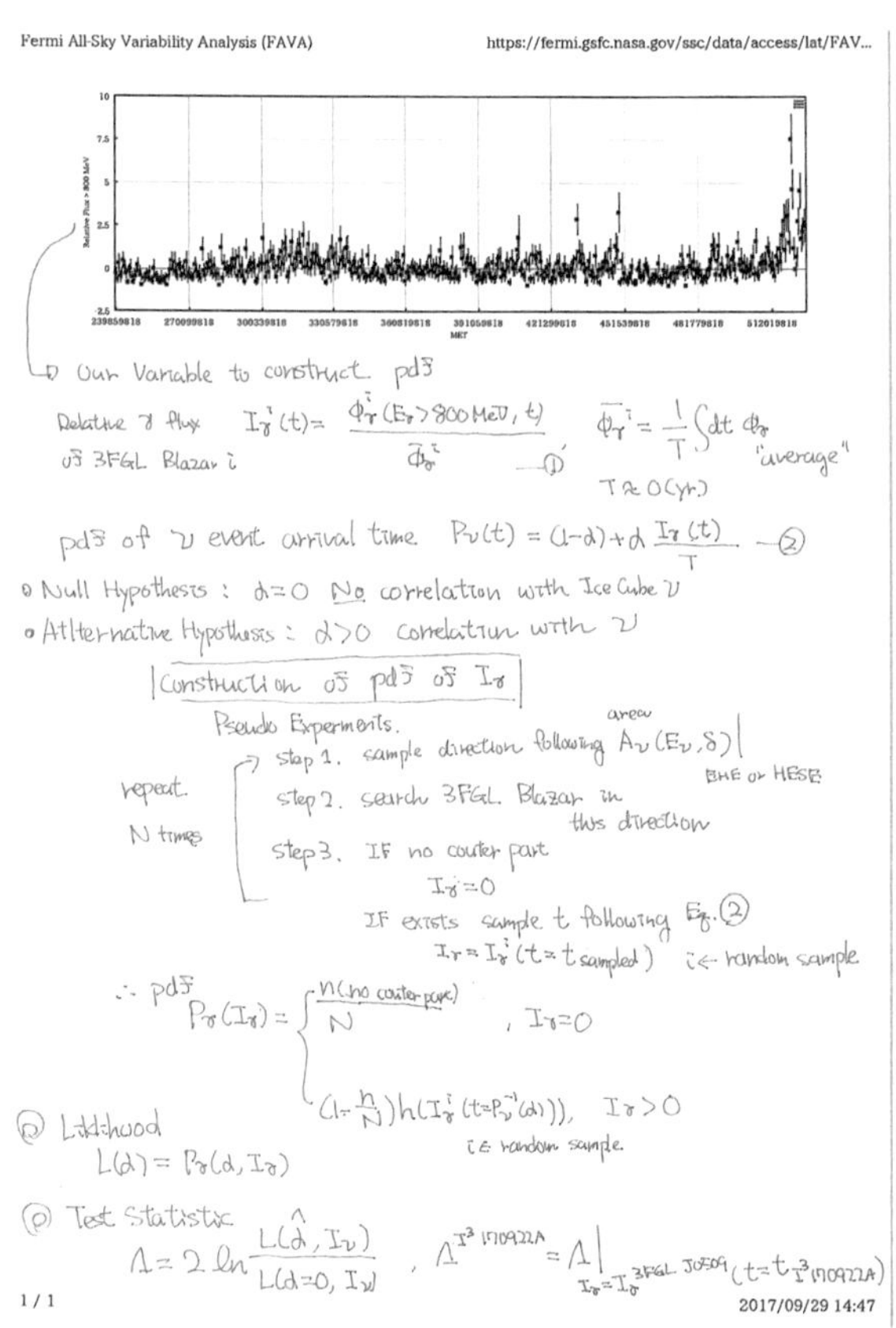

図７・４　誤認頻度を計算する数学的枠組みを記述する著者の走り書き。ベルリンで開催されたプロジェクト会議中に急遽行われたIceCube-170922Aに関する解析関係者の打ち合わせでこれをそのまま見せて、この線にそってTXS 0506+056がニュートリノ放射天体であるか否かを評価する仕事を千葉大グループとして行うと宣言した。

もの電話会議が、週3回程度のペースで重ねられる。バート&アーニーのとき以来の、緊迫した集中審議期間だった。

どのような手法をとるにせよ、Fermi γ 線望遠鏡で見つかった γ 線天体のデータが必要だ。僕らは、Fermi チームにいた林田将明氏に協力してもらい、天体カタログに掲載されていた銀河系外天体全2257天体のうち、無作為抽出した500天体のデータを提供してもらった。このデータは9年半に及ぶ Fermi 衛星の観測期間において γ 線の強さを28日間ごとの平均値としてまとめてあるものだ。ルーはこれを使って関係仮説誤認頻度を素早く計算した。基になったこのデータはドイツチームにも提供したし、ルーは計算コードまで公開していた。

だが、ドイツチームは28日間ごとという時間幅でいいのかなどと枝葉末節に文句をつけるだけで、結果をなかなか出さない。遅れてようやく出たドイツチームの数値はルーの数値と合わず、議論は前に進まなかった。

結局、ミスはドイツ側にあり、EHE解析は水平方向から来た信号に一番大きな網となっているため宇宙のすべての方角を同じ感度で探索しているわけではないことを考慮していなかった。さっさと計算コードを見せてくれればすぐに分かったのだが。またドイツチームは、主要メンバーがIceCube実験とFermiチーム双方に所属しているということを最大限に「活用」し、いつのまにか全２２５７γ線天体すべてのデータの提供を受けて自分たちの解析に使用していた。競争するのは歓迎だが、そのやり方のセコさにうんざりしてくるというのがルーと僕の偽らざる思いだった。

問題はまだあった。僕が白紙からつくった数学的枠組みはこれまでのIceCube実験点源解析のやり方とは違っていたため、その手法の正しさをきちんと第三者が検証する必要があった。そこで専任のレフェリーを割り当て、ドイツ・千葉の双方の手法をきちんと評価することにした。

こういうところの公正さは、IceCube実験チームの長所だ。レフェリーを務めたのは、あのＨＥＳＥ解析を生み出した若武者ネイサンだった。ネイサンは恐るべき根気強さと集中力でもってこの仕事をやりぬき、僕らもいくつかの有用な指摘を彼から受けたことで、自分たちのやっていることに理解が深まってきた。

二つの違い

最後まで残った、我々とドイツ側の違いは、数学的枠組みを除くと2点あった。一つは、

「関係仮説」の違いだ。僕らは、γ線の量の変動がニュートリノ信号の頻度に比例するとしていたが、ドイツチームはγ線輝度の絶対値が比例するという仮定を置いていた。ニュートリノ放射機構を考えれば、そのどちらもあり得る。γ線で明るい天体が、ニュートリノでも明るいとは必ずしも言えないが、ある天体に着目したときにγ線の数が2倍になれば、ニュートリノの数も2倍になるだろう、というのが僕らの仮定。γ線で2倍明るい天体は、ニュートリノで見ても2倍明るい、というのがドイツチームの仮定。これはどちらもあり得る話で、どちらが正しいとは言えない。そこで両論を併記することにした。

もう一つの違いは、ニュートリノ信号の角度推定に関する取扱いだ。角度の推定精度は、平均的には、90%信頼度で0・8度程度だ。ところが、今回IceCube-170922Aの推定方向とブレーザーTXS 0506+056の方向の違いはわずか0・1度しかなかった。一般的には角度が0・1度しか違わなければ、例えば0・5度違っていた場合よりも、このブレーザーが放射天体だという仮説をより強く支持する。じゃどれくらい「強く」支持するのか?

この数値化は、数学的にはガウス分布と呼ばれるよく知られた関数を使って評価するのが一般的だ。IceCube点源解析もこの手法を使っていたし、ドイツチームも踏襲していた。だがEHE解析など、より困難な背景放射解析で揉まれていた僕らは、このやり方を今回適用することは間違っていると考えていた。信号事象がたくさんあるときは、ガウス分布でいいだろう。だが今回はわずか１事象、IceCube-170922Aだ。数が少ないので信号ごとの個性が反映される。実際、170922Aをいくら解析しても、推定方角が放射源から０・１度しか違わない確率と０・５度違う確率に違いがあるという明白な証拠はなかった。

そこで僕らはガウス分布は妄想だと判断し、０・５度以内の違いなら皆同じ、という保守的な取扱いを選択したのだ。これは、研究者としての価値観の違いであり、妥協する気は毛頭なかった。

だが、僕らはIceCubeチームの過半数を説得することはできなかった。点源解析をやっている人間の数は多いし、彼らはガウス分布教の信者だった。幾度かの電話会議でやりあったあげく、両方の結果を公表するが、ガウス分布を使った結果がメイン、使わないほうはメインの数値がどのくらい動き得るかを論証するための補足として取り扱うことになった。

170922AはTXS 0506+056と無関係なのに、関係していると誤って解釈してしまう頻度は、ガウス分布を使うと０・０００２、つまり10万回観測すれば、２回くらい起こるという結論だった。ガウス分布を信じない保守的な手法では、０・０００１７、１万回くらい観測すれば２回くらい起こる。頻度としては10倍の違いがある。１万回に２回だとしても、それなりに小さい数字であり、TXS 0506+056がIceCube 170922Aの放射天体だとしても良い値だ。

最後の詰め

ただこれだけでは、結果として不十分だ。IceCube即時解析は、170922A以前にも9本のアラートを送信していた。これらすべてのアラートについても同じ解析を繰り返して、その結果を考慮するのがより公平な結果だとされる。

過去のデータを掘り返して、解析し直した。EHEデータについては長年解析をやってきた石原さんがルーとともに、これらアーカイブデータの解析を突貫工事で担当した。170922AとTXS 0506+056の相関に匹敵するような関係は他の事象には見つからなかった。この試行の結果を考慮すると、関係仮説誤認頻度は10倍になる。1000回の実験をすると、2回ほど誤認定は起こるというのが最も保守的な見積もりとなった。この値はバート&アーニーが発見されたときに、これがつまらない贋作なのに宇宙ニュートリノだと誤認定してしまう頻度と偶然にもほぼ同じであった。

痛み分け

こうして10月から11月にかけての怒涛の170922A集中解析週間は終わりとなった。競争としては痛み分けといったところだ。競争することで自分たちの解析手法を深く理解することができたのは良い点だ。

だが、全面勝利とはならず、僕らのクレジットは確保できたけれど、目指していたものより不十分だった。点源解析の手法を模倣してあとは腕力で挑んできた相手に対して、背景放射解析の経験を活かしかつオリジナリティーを大切にするやり方で応戦した僕らはアンダードッグだったかもしれない。これは科学研究に対する思想の違いであるとも言える。だが僕はこのやり方を改めることはない。僕はこれしかできない。

7・6　ニュートリノフレアの発見

さらなる傍証

今回のニュートリノとγ線の相関の強さは、本当はまったく無関係なのに関係仮説を誤って支持する頻度が1万回観測して2回程度であるくらいのものであると結論付けられた。間違い頻度が10万回に1回くらいなら文句なしの発見なのだが、わずか1発のニュートリノ信号だけでそこまでのレベルに達することは不可能だ。TXS 0506+056がニュートリノ放射天体であることを強く示唆するものの、万人が疑問の余地なく結論するには至らないとも言える。バート&アーニーの発見のときと類似した状況である。

しかし、ここにさらなる傍証が登場した。輝度が変動する天体を対象に点源探索解析を行ってきたスイスとドイツのグループは、TXS 0506+056方向の過去のアーカイブデータをあたり、2008年からの9年半分の期間に相当するサンプルを詳細解析した。そして2014年12月を中心とする約110日間の期間にニュートリノ事象数が大気ニュートリノ雑音から13±5事象超過していることを発見する。ニュートリノでも「フレア」が起きていたのだ。大気ニュートリノ雑音が偶然見せかけのフレアを作る確率は１万分の２程度と算定された。

この観測結果は、ニュートリノとγ線の相関観測とは独立したものだ。違うデータが同じようにTXS 0506+056がニュートリノ放射天体であることを示している。これを見て懐疑的な研究者もTXS 0506+056がニュートリノ天体である可能性が極めて高いと考えるようになった。疑問の余地ないクリーンな発見というのはそうそう起きない。未知の現象の多くは観測なり実験なりの感度ギリギリのところでようやく顔を覗かせるからだ。高エネルギー宇宙ニュートリノの発見もこのニュートリノ天体の同定も同じだ。そこから少しずつ証拠を積み上げて結論を確固たるものにしていく。そして最後は歴史の審判を受けるのだ。

7・7 マルチメッセンジャー観測データは語る

マルチメッセンジャー観測

TXS 0506+056はほぼ無名のブレーザーから、高エネルギーニュートリノ天体第1号の地位にまで上り詰めた。ニュートリノ信号IceCube-170922Aを発端にして、電波から、可視光、紫外光、X線からγ線まで、人類が持つ宇宙の観測手段を総動員した観測が行われた。複数の（「マルチ」）宇宙からの使者（「メッセンジャー」）を手段にした天文学研究、その名もマルチメッセンジャー天文学による観測が華々しく始まったのだ。

様々な波長による電磁波観測の中で最も解像度が高いのは電波による観測だ。図7・5がその画像だ。噴き出しているジェットは角度にして5ミリ秒角だ。遥か彼方にある天体でも、ミリ秒角の分解能があれば、このように構造を分解できる。電波観測の威力だ。

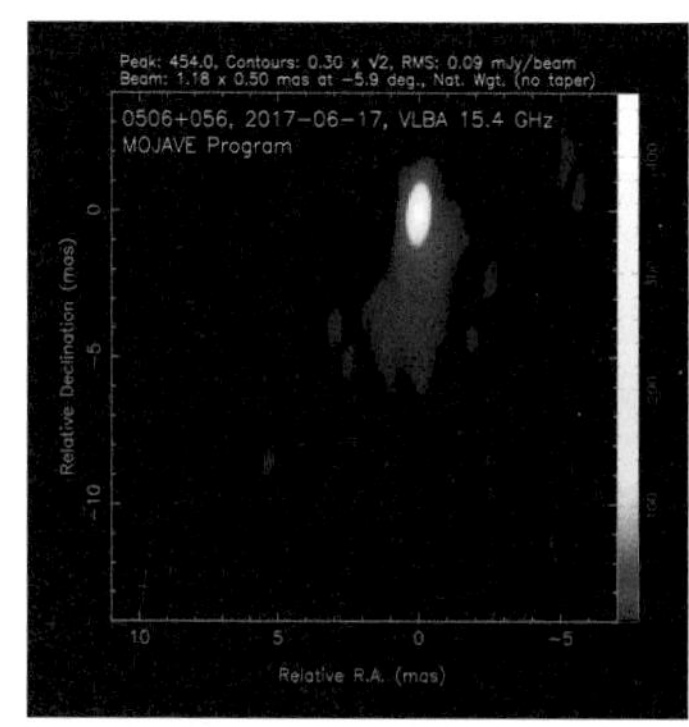

図7・5　電波望遠鏡観測によるTXS 0506+056の姿。ジェットの先端部分が明るく輝いている。(出典 The MOJAVE Program)

遠距離にある天体だった

一方、TXS 0506+056は有名人ではなかったため、その距離さえ知られていなかった。距離は赤方偏移と呼ばれる、可視光における一種のドップラー効果を測定することで推定できる。赤方偏移は可視光の波長分布を詳細に測定することで得られるが、このブレーザーは波長分布が「のっぺり」としていて、簡単には赤方偏移は測れなかった。

日本のすばる望遠鏡もトライしたが、雑音の海に沈み結果は出なかった。長大な観測時間をかけなければ、測定できそうにない。「売れっ子」すばる望遠鏡は他にも多くの観測ターゲットが山積みで、TXS 0506+056だけに観測を割くわけにはいかなかった。結果を出したのは13時間半という異例の観測時間を注ぎ込んだイタリアの天文学者のグループで、赤方偏移の値は０・３３７、距離にして約40億光年の彼方にある天体だった。

これはγ線天体の中では遠いほうだ。「有名人」になる条件の一つは、かなり明るい（すなわちγ線によって膨大なエネルギーを放射している）ということだ。TXS 0506+056はトップ50には入っていたが、有名人になるほどではない。だが注目するほどの明るさではなかったのは、距離が遠かったせいだったことが分かったのだ。

この距離を考慮すると、TXS 0506+056はγ線天体の中でも特筆すべきパワーでγ線を放射していることが分かった。フレアのパワーは太陽の10兆倍以上、まさに６・１節で議論した超高エネルギー宇宙線天体の故郷たるスーパーエリート天体の条件を満たしている。陽子を１「垓」電子ボルト以上に加速できそうだ。

多波長観測のデータ

だが、データをよく見ると、そうは問屋が卸さなかった。

図７・６に電波からγ線に至る多波長観測によって得られたTXS 0506+056の放射スペクトルを示した。ふたこぶの山があるのが分かるだろう。左側の山は電波から可視光にかけ

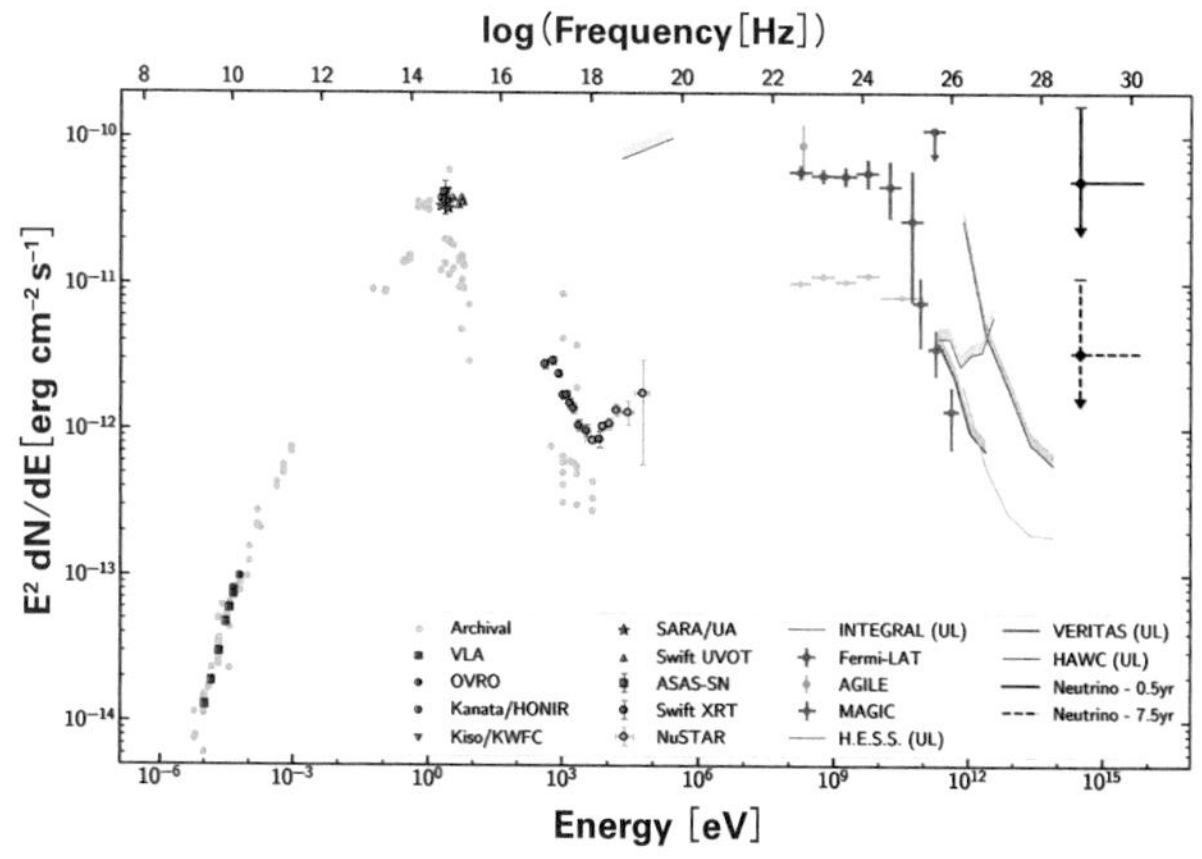

図7・6　多波長帯の追観測で測定されたTXS 0506+056のエネルギースペクトル（SED）。縦軸は輝度、横軸はエネルギーである。グレーの点は、γ線フレア前に測定された過去のデータ。IceCube-170922Aから得られたニュートリノエネルギー流量の上限値は、右の黒線で示されている。実線が期間0.5年（γ線フレアの期間）、破線が期間7.5年（IceCube-IC-86による全観測時間）で平均したものである。2018年発表。

ての放射で、右側の頂が平らな山はγ線の放射だ。Fermi γ線望遠鏡による観測データはこの右の山である。

このふたこぶ構造は、ブレーザー天体でよく見られるもので電子に起因する放射機構で説明できることが分かっている。左側の山は磁場によって電子の軌道が曲げられることによる電波から可視光の放射、右側の山は高エネルギー電子が、低いエネルギーの光子を「蹴り出して」作られるγ線放射として理解できる。

この観測データも、10^{12} eV（1兆電子ボルト）程度まで加速された電子による放射として説明がつくのだ。電子を1兆電子ボルト程度には加速できるエンジン天体かもしれないが、超高エネルギー宇宙線陽子が加速されている痕跡も、陽子と光子が衝突してニュートリノを作り出している痕跡も、このふたこぶスペクトルからは見いだせない。

ふたこぶの間の谷間が問題となっている。図7・6の x 軸 10^{3} eVのあたりだ。これはX線領域だ。谷間ということは、この天体はX線では明るくないということを意味している。

X線の観測は、例のスイフト衛星で行われた。ペンシルベニア州立大学のグループがリーダーシップをとり、IceCube のニュートリノ速報が来たら、スイフト衛星によってX線で追観測をするプロポーザルを提出し承認されていた。実施された追観測では TXS 0506+056 は確かにX線でも光っていたが、いつもとあまり変わらない明るさだったのだ。

もし陽子が、1「垓」電子ボルトもの超高エネルギー領域まで加速されていたとしたら、周囲の光子との衝突でニュートリノを作るだけではなく電子や光子も放出する。これら電子や光子はすぐに他の光子と衝突を起こして、多数のより低いエネルギーの光子に変換される。この成分がX線領域に現れる。ならばX線で明るく輝くべきなのだ。

そもそも200兆電子ボルトから4000兆電子ボルト程度の推定エネルギーを持つ

IceCube-170922A を作った陽子の衝突相手としてはＸ線が最も自然である。陽子と光子の衝突の仕方を我々は地上実験でよく理解しているので、Ｘ線と衝突すべし、というのは自然な結論だ。だが、その衝突相手のＸ線の量が少ないということはニュートリノ生成効率が高くないことを意味する。「ワックスマン―バーコール限界」的な環境とは言えない。

この問題を解決すべく理論家は様々な提案をしているが、どれが正しいという決め手はまだない。最も保守的な考え方はニュートリノ検出は幸運だったというものだ。

そもそも IceCube-170922A は背景放射成分である。天体一つ一つから地球まで届くニュートリノの数は０・０１だったとしよう。小さすぎて、あらかじめ着目していた天体Ａからのニュートリノ検出は絶望的だ。

だが、宇宙には他にも「星の数ほど」天体がある。ニュートリノ天体が１０００個あるとしよう。一つの天体からのニュートリノの数は０・０１ならば、これに天体数１０００をかけて、ざっと10天体くらいからはニュートリノが届くはずだ。これは「万馬券問題」と同じメカニズムだ。めったにはないが、ゼロではない当たり馬券が、10枚出たわけだ。この幸運なる10天体の一つが TXS 0506+056 であるという考え方だ。

これが正しければ、このブレーザー銀河からのニュートリノの量は１個（つまり IceCube-

170922Aだ）ではなく0・01個、つまり100分の1小さくてよい。そうであれば、電磁波スペクトルと矛盾しない。X線は暗くてもよい。

一方で、TXS 0506+056はただのブレーザーではなく、なにか特殊な環境を抱えたエンジン天体なのではないかという考え方もある。ジェットが層構造を持っているとか、いろいろな可能性が俎上に載せられている。特に2014年のニュートリノフレア現象の裏には何かメカニズムが働いているはずなのだ。これらは将来の観測によって明らかになっていくだろう。

一筋縄では理解できないが、ニュートリノ放射天体が同定されたことで、少なくとも一つはエンジン天体の機構について具体的なとっかかりが得られたというのはマルチメッセンジャー観測の威力だ。どの天体を見るべきかが分かっていれば、その観測データを基になにが起きているかを推定することができる。僕らはようやく、そのスタート地点に立ったのだ。

しかし第6章で論じたように、活動銀河核の一種族であるブレーザーは、スーパーエリートエンジン天体の多数派ではないはずだ。大ボスは他にいる。その大ボスをあぶり出すのが次の僕らのターゲットだ。

第8章

未来の展望

8・1　IceCube-Gen2

Gen2 計画のミッション

何よりも天体をもっと同定したい。隠れている大ボスを見つけたい。そのためには、IceCube 実験観測装置自体の性能を引き上げる。実験研究の道筋としては王道だ。僕らは、IceCube をさらに大きく拡張する次世代計画を持っている。第二世代（Generation2）と南極に生息しているジェンツーペンギン（Gentoo）にちなんで IceCube-Gen2 という実験だ。

今ある IceCube 実験装置の周囲にさらに検出器を埋設し、約10倍の大きさを持つ巨大なニュートリノ検出網を構築する。

ニュートリノ点源観測の結果を検討すると、あともう少しでニュートリノ天体が分解できる可能性が高いことが分かっている。背景放射のデータから宇宙にはどれくらいの高エネルギーニュートリノがあるか我々は知っている。6・1節で論じたワックスマン――バーコール限界に近い量だ。この量のニュートリノを作るためには、一つ一つの天体はニュートリノ

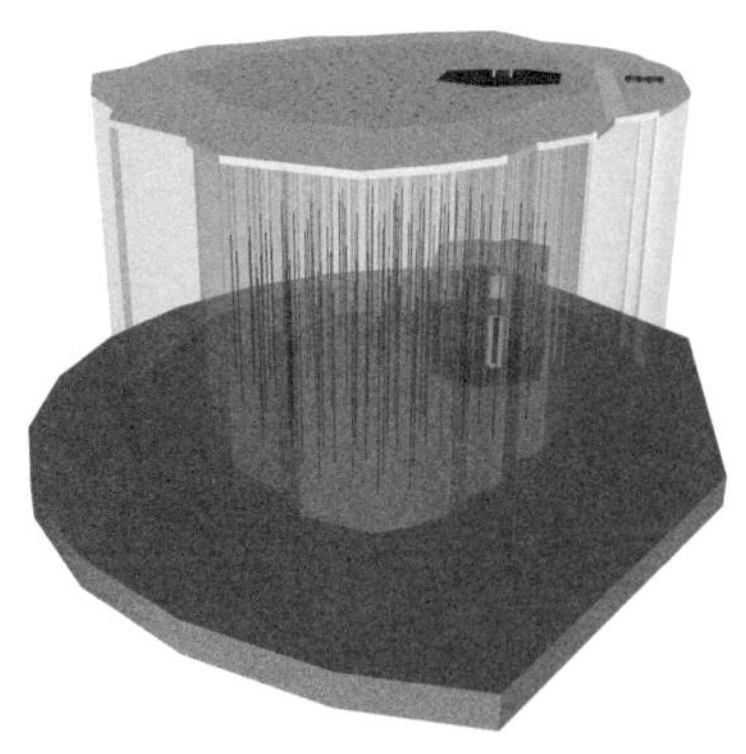

図8・1　IceCube-Gen2観測装置の概観。真ん中右側に赤色で濃く塗られているのが現在のIceCube。この周りにチェレンコフ光観測装置をさらに埋設し巨大な観測網を作り上げる。(IceCube Collaboration)

で明るいけれど天体の数は少ないという場合と、一つ一つは暗いけれど天体の数はやたら多いという二つの極端なケースが考えられる。

前者であればすでに今の点源探索で天体が同定されていたはずなので、この可能性はほぼない。一方、後者であれば同一方向から複数のニュートリノ信号を検出する可能性が高まるが、今のところデータにはそうした特徴は見つかっていない。

真実はその中間にあるだろう。それならば観測網をもっと大きくし、今の何十倍もの数の宇宙ニュートリノを集めれば多くのニュートリノ放射天体を発見できるという試算がある。最新の点源探索のデータを見るとすでにその兆候がある。というわけで、Gen2計画はニュートリノ放射天体をより多く発見することが最大のミッションである。

背景放射観測もまだ精度が足りない。特に10^{16} eV（1京電子ボルト）あたりから上のエネルギー領域にどのくらいニュートリノがいるのか、もっと正確なことが分かればスーパーエリートエンジン天体が満たすべき特徴をもっと明らかにすることができる。また、このエネルギー帯で、ニュートリノ即時同定による速報の数を増やすことができれば、マルチメッセンジャー観測でスーパーエリートエンジン天体の尻尾を捕まえることもできるだろう。検出器が大きくなれば、ＥＨＥ解析が目指していた宇宙生成ニュートリノの発見も射程に入る。Gen2はこれらのミッションを実現できるのだ。

日本グループが開発する新しい検出器

だがIceCube実験を10倍大きくするために、建設費用を10倍かけるわけにいかない。建設予算はほぼ同じで、網の大きさは10倍にするよ、という虫のいい要求をクリアしなければならないのだ。これを実現するには新しい技術を利用した高性能チェレンコフ光検出器が必要だ。性能を上げ、より少ない数の光検出器で網を作る。1立方キロメートルの大きさの網を作るのに5000台の光検出器を埋設したのが今のIceCube実験であるが、500台の検出器で１立方キロメートルの網にできれば帳尻が合う。もっとまばらに検出器を埋設しても高エネルギーニュートリノからのチェレンコフ放射を確実に捉えるような性能を持った検出器を開発せねばならない。

この検出器は小型である必要もある。建設費用の中で、氷河の切削費はかなりの部分を占める。切削にかかる費用は、ストリングの穴の大きさに比例する。より小さい縦穴で済めば、より安価に検出器を埋設できるわけだ。

こうした条件を見据えて僕ら日本グループが開発し、製作しているのが新型「卵形」検出器、通称Ｄ‐Ｅｇｇである。

８・２　新型検出器Ｄ‐Ｅｇｇ

卵形のモジュール

２０１３年秋、ドイツ・ミュンヘンであったIceCubeのプロジェクト会議のときである。横にいた石原さんが、「こんな検出器がいいんだよね」と突然、紙にかいた落書きのような絵を見せてくれた。そこには、縦に細長い卵のような形をした図形の中に上下二つの向きに光電子増倍管とおぼしきデバイスの絵がかかれていた。D‐Eggとの最初の出会いである。IceCubeのチェレンコフ光検出器であるDOMは図5・4（153ページ）からも分かるように、球形のガラス球の中に光センサーや電子回路が格納されている。口径10インチ（約25センチ）の光電子増倍管が一台下向きに入っており、ガラス球の下側半分に入ってきた光を検出できるようになっている。上側半分はその意味では無駄になっている。

これはもったいない。そこで、もう少し小さな光電子増倍管を2台、上下の向きにそれぞれ入れ込めれば小型でかつ高性能の検出器モジュールになるんじゃないか、それが石原さんの考えであった。ただ2台の光電子増倍管を格納しようとすると、構造上球形は無理だ。もう少し細長い形状にしないと入らない。それで卵のような形になっていた。

そもそもDOMのように、光センサーや回路、電源をガラス球に入れる必要があるのは、氷河深くに埋設するときに氷河から強烈な圧力がかかるからだ。最も圧力がかかるのはDOMを沈めた縦穴（ストリング）内の水が再凍結して再び氷河の一部になるときで、最大で700気圧もの圧力がかかる。これに耐えねばならない。球は力学的に最も堅牢な構造であり工作も容易であるため、球形ガラスを使うのは当然の選択であった。だが細長くすると強度はガタ落ちだ。簡単にはいかない。

「江戸っ子１号」の製作会社と組む

僕は、この手の耐圧・そして防水能力を持った装置を開発した経験がなかった。素人同然だ。IceCube の建設時は、光電子増倍管の開発・評価・較正はかなり手がけたが、ＤＯＭ自体の設計はウイスコンシン大のＰＳＬ（Physical Sciences Lab）所属のエンジニアたちの仕事であった。経験豊かなエンジニアのグループと組まないと、とても日本で開発などできない。

石原さんはそこにも答えを用意していた。キッカケは新聞の片隅に載っていた記事を目にしたことだった。町工場が力を合わせ、深海生物探査モジュール「江戸っ子1号」を製作したという記事だった。調べると、全体の技術面・製作を事実上統括していたのは、深海における調査・観測装置を製作している日本海洋事業という会社だった。国の研究機関である海洋開発研究機構と組んで多くの海洋・深海プロジェクトに絡んでいるようだった。深い氷河に沈める検出器と深海に沈める検出器なら類似性はある。ここと組もうじゃないか、というのが提案だった。

「ニュートリノですか」。日本海洋事業所属のエンジニアである、清水賢さんの第一声だった。２０１４年春だった。早速日本海洋事業の方々にお会いして、こちらの計画を話したときのことだ。ニュートリノのことなんて考えたこともなかっただろうことは容易に想像がつく。だが、まったく畑違いの分野からの話に興味津々のご様子であった。場所も深海からいきなり南極だ。だがそれも、面白いチャレンジと受け取っていただけたようだ。将来計画Gen2はまだ初期の構想段階であり、予算の裏付けなんてものはまったくない。にもかかわらず僕らと組んでＤ－Ｅｇｇ開発に取り組んでいただけることになった。これはいける。研究費をかき集めて急遽Ｄ－Ｅｇｇの開発はスタートした。

耐圧ガラス容器は、江戸っ子１号の中核企業でもあった岡本硝子さんが担当した。光電子増倍管はもちろん浜松ホトニクス。光学ジェルは信越化学工業さんだ。光学ジェルは地味だが重要な要素で、ガラス容器と光電子増倍管の間に埋め込むシリコーンだ。硝子と近い屈折率をもたせることで入ってきた光をもれなく光電子増倍管の光電ガラス面に送り込むとともに、光電子増倍管自体を耐圧ガラス容器に接着させる役割も担う。日本の持つ技術を組み合わせて、Ｄ－Ｅｇｇは開発されることになった。内部の構成をどのようにするか、試作機を何度も作り性能を評価しながら一つ一つ決めていった（図８・２）。

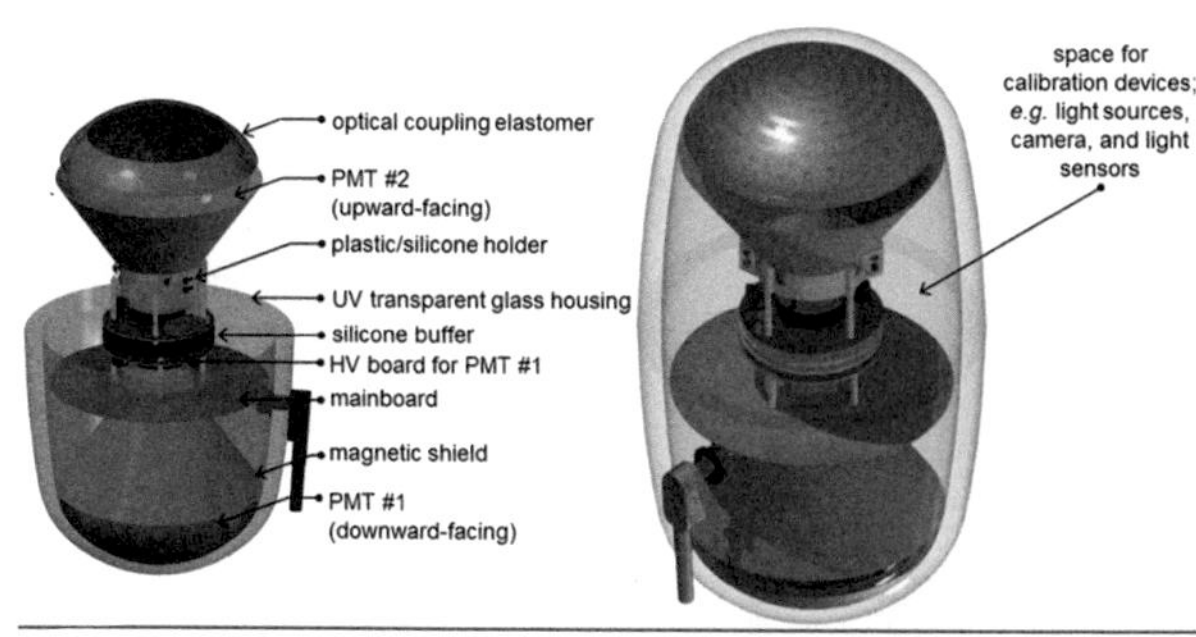

図8・2　D-Egg検出器の構成。卵形の耐圧ガラス容器内に2台の光電子増倍管（PMT #1、PMT #2）が上下に格納される。

日本の技術系企業の良いところは、海のものとも山のものとも分からないものでも、面白そうと思うと最初は採算のことなどあまり考えずに取り組むことだ。出来上がった試作品をこちらで評価し、まだこの部分を改善しなくては、と無理難題を企業側に返す。でも「う〜ん……（約20秒の沈黙）、やってみます」とまた取り組んでくれるのだ。

アメリカやヨーロッパではこうはいかない。これはモノづくりという伝統が残っている日本の良さだと思う。町工場も、職人仕事で作っているのでこちらの無理な要望にもなんとか応える余地がある。規模がもう少し大きな企業でも、大量生産で作る製品を持ちつつも僕らとの「零細」プロジェクトに付き合える機動力を開発部門が持っている。これがなければ、大学における基礎研究は到底回っていかないだろう。ニュートリノ自体はなんら経済的利益をもたらさないから、僕らは基礎研究のなかでもとびっきりの「金にならない」研究だ。それでもこうしたサポートを受けることが（まだ）できたのだ。

日本が主要プレーヤーに

こうして、千葉大学サイドは石原さん、企業サイドは清水さんを司令塔にして、D-Eggの開発は行われた。開発はもちろん順調には進まなかった。相変わらず七転び八起きである。チェレンコフ光は紫外光で、波長が短いほど数が多い。だからより短い波長の紫外光に感度があれば性能が上がる。

図8・3　試験中のD-Egg検出器。これが南極点に行く日も近い。

だが、この要求は700気圧にも耐えてくださいという強度面からの要請とは多くの場合真逆の方向にいく。しかも氷点下30度とか40度の低温でもちゃんと働かなくてはいけない。まったく簡単なことではないのだ。また金をかければできます、というのは解にならない。限られた予算の中で実現できなければ基礎科学のプロジェクトは日の目を見ないのだ。まさに「無理難題」を言っていることは自覚していた。

紆余曲折の詳細は省略するが、あちこち頭を打ちながらＤ－Ｅｇｇは完成度が上がってきた。現行のＤＯＭに比べて30％小型であるのに、感度としては実質的に倍の大きさを持つ検出器となったのだ。Gen2のフェーズワンとして、今のIceCube実験装置をアップグレードすることになった２０１８年、Ｄ－Ｅｇｇはドイツの開発するmDOMとともに、主要検出器に選定された。最初のIceCubeの建設ではＤＯＭの開発・製作は日本でできず、自分の非力さを思い知らされるだけだったが、あれから15年が経ち、日本はついに実験装置全体における主要プレーヤーにもなることができたのだった。

２０２３年初めに予定されているIceCube実験のアップグレードに提供するＤ－Ｅｇｇを３００台製作するための作業が真っ只中だ。ホスト国アメリカと緊密に連携しながら進めなければならず苦労は絶えないが、将来良い花を咲かせられるように、今は畑を耕しているという心境だ。

8・3　次なる一手

IceCube-Gen2 に向けた最初の一歩は、IceCube 実験のアップグレードだ。2019年から正式にスタートし、新型の検出器を約700台、IceCube 実験の中心部に密に埋設する。南極点現地における建設は2022年末から2023年初頭である。

この検出器の追加は、ニュートリノそのものの性質を研究する新しいデータを生み出すことが主要目的であるが、ニュートリノ天文学にとっても待ち望まれたものだ。ニュートリノの到来方向をより精度良く決めるためである。

宇宙からのニュートリノ信号の到来方向の決定精度は天文学的研究にとってまだ満足すべき水準に至っていない。氷河の中でチェレンコフ光がどのように散乱されているか、その詳細がまだ完全には掴みきれていないことが誤差の主因である。

トラック型で0・8度程度、シャワー型に至っては10度以上の誤差があり、天体同定の感度を著しく限定してしまっている。密に検出器を埋設し、かつ氷河深くで紫外光を打ち出す光源も同時に埋め込むことで、散乱の様子をより正確に測定する。この情報を使うことで、方向決定の精度をもっと高めることを目指している。

これが実現すれば、マルチメッセンジャー観測に提供するニュートリノアラートからより多くの天体を同定することができる。またシャワー型の信号もアラートに加えることが可能になるだろう。現状の10度以上もの誤差では、対応天体候補はたくさんありすぎて、「たまたま」それらしいエンジン天体があったんでしょうという無関係仮説を否定できない。方向決定精度が上がれば、この問題点はより小さくなり、シャワー型の信号もアラートに出しても天体発見につながる成果を出せるかもしれない。

また、いったん氷河内の散乱が理解できれば、過去のデータを再解析することで点源解析をやり直し、ニュートリノ天体を新たに同定することも狙える。全86ストリングでデータを取り始めた２０１１年から考えても、10年に及ぶ大量のデータがある。この量に「質」を加えれば、眠っていた新しい発見を掘り起こせるかもしれないのだ。

Gen2を実現するためにも、このアップグレードは必須のステップである。新しいテクノロジーが実際に南極点環境で機能することを実証しなくてはならない（Ｄ‐Ｅｇｇももちろんその対象である）。アップグレードはGen2に向けた実地試験という性格も帯びている。

その先にはGen2が待っている。超高エネルギーニュートリノによって同定されたエリートエンジン天体のカタログができるだろう。その中にはまったくノーマークだった新種の天体も掲載されているに違いない。そしてマルチメッセンジャー観測によって、エンジンの動力と機構が明らかになるだろう。ニュートリノで見た宇宙の全体像は僕らの想像を超えているはずだ。それが新しい手段で宇宙を探査したときに繰り返されてきた歴史なのだから。

あとがき　ニュートリノの神様

うまくいかないこともあれば良い成果を手中にすることもたまにはあった。だけれども、うまくいかないときのほうが圧倒的に多かった。

IceCube-170922Aによって天体を同定した成果を発表する記者会見のときだったと思う。アメリカ・バージニア州アレクサンドリアにいた。フランシスの後を継いでウイスコンシン大学グループのトップとなっていたアルブレヒト（あの建設1年目の南極での大将）が僕のところにやってきて「千葉は本当によくやったよ」と声をかけてきた。

長年、彼とは一緒にやってきたが、そんなことを言われるとは考えもしなかったので、つい「本当にそう思うか？」と間の抜けた返事をしてしまった。場がしらけてしまうので「ありがとよ」と言っておいたが、内心では「そうは言うけど、けっこうキツいもんがあったよ」と思っていた。

だが不満を言うべきではないのだろう。第3章で書いたように、IceCube実験に参加してニュートリノを狙う仕事を始める以前は、うまくいかないことがほとんどすべてだったわけだから。超高エネルギー宇宙線を吐き出すエンジン天体を突き止めるという目標にはまったく近づいた気がしなかった。

だが、ニュートリノが道を変えた。確かに検出はものすごく難しい。しかし、それに見合うだけのものがあった。ニュートリノがもたらしてくれる知見の全貌はまだベールに包まれている。とはいえ、大きな光明がIceCube実験によって見えたことは確かだ。僕は無神論者だけれども、ニュートリノの神様がたまに良い風を吹かせているんじゃないか、そんな気がする。

ニュートリノの神様は他にも大事なご利益を僕に授けてくれた。僕と一緒に働いてくれた才能ある研究者たちとの出会いだ。石原さんがいなければ、到底僕はここまでたどり着いていなかった。彼女との出会いは僕だけではなく、IceCube実験全体にとっての僥倖である。

また、間瀬さんやルー、マット、そして僕が千葉大で始めたときに参加してくれた保科さんなど、一緒に働いてくれた人の仕事があったから今があるのだ。僕のようなところに、これほどの人たちがなぜやってきたのだろう。ニュートリノの神様のいたずらなんじゃないだろうか。

ニュートリノ天文学の次の時代を拓くのは、こうした次世代の人たちだ。ニュートリノの神様さん、彼らに向けて良い風を吹かせてください。

＊　＊　＊

本書で言及された数字や科学的事実については、気鋭の理論物理学者であるペンシルベニア州立大学の村瀬孔大氏のコメントに大いに助けていただきました。感謝いたします。また、タイミングよく原稿の催促をオブラートに包んだ形で送ってくる光文社の編集者である小松さんがいなければ、本書は決して形にはならなかったと思います。ありがとうございます。とはいえ、本書の内容については筆者である私に全面的な責任があります。

２０２０年３月

吉田　滋

本書で引用した図版については、一般書の性格に鑑み、一部を除いて出典は省きました（論文誌で発表された年のみ記載）。

本文図版制作　デザイン・プレイス・デマンド

吉田滋（よしだしげる）

1966年大阪市生まれ。東京・横浜・札幌育ち。宇宙物理学者。千葉大学大学院理学研究院教授。千葉大学ハドロン宇宙国際研究センター長。専門は高エネルギーニュートリノ天文学、宇宙線物理学。ユタ大学高エネルギー天体物理学研究所研究員、東京大学宇宙線研究所助手を経て、現職。従事した観測プロジェクトの場所は、山梨県北巨摩郡から始まり、ユタ州の砂漠ときて、ついには南極点と、どんどん人里から離れていくが自身は都会型の人間だと思っている。2014年、第5回戸塚洋二賞、'19年、「超高エネルギー宇宙ニュートリノの発見」で第65回仁科記念賞を受賞。

深宇宙ニュートリノの発見　宇宙の巨大なエンジンからの使者

2020年4月30日初版1刷発行

著　者 ── 吉田滋
発行者 ── 田邉浩司
装　幀 ── アラン・チャン
印刷所 ── 堀内印刷
製本所 ── ナショナル製本
発行所 ── 株式会社光文社
東京都文京区音羽1-16-6(〒112-8011)
https://www.kobunsha.com/
電　話 ── 編集部03(5395)8289 書籍販売部03(5395)8116
業務部03(5395)8125
メール ── sinsyo@kobunsha.com

 ISBN 978-4-334-04472-5

1038
バンクシー
アート・テロリスト
毛利嘉孝

21世紀のピカソ？ 詐欺師？ ビジネスマン？ 反体制のヒーロー？ いったい何者なのか？ 活動の全体像、文化的文脈とは？ 多くの謎に包まれたアーティストに迫る格好のガイドブック。

978-4-334-04446-6

1039
つつまし酒
懐と心にやさしい46の飲み方
パリッコ

人生は辛い。けれども、そんな日々にも「幸せ」は存在する。いつでもどこでも、美味しいお酒とつまみがあればいい。「飲酒」と「酒場」を愛するライターによる〝ほろ酔い〟幸福論。

978-4-334-04447-3

1040
美を見極める力
古美術に学ぶ
白洲信哉

いまブームの日本美術。西洋美術との大きな違いは、実際に使うことで「美」を育てていくところにある。目利きになるための最良の入門書にして「特異な美」の深みへといざなう一冊。

978-4-334-04449-7

1041
続・秘蔵カラー写真で味わう60年前の東京・日本
J・ウォーリー・ヒギンズ

もっと見たい！ の声に応え続編。蔵出しのプライベート・フィルムの傑作も加え、選りすぐりの544枚を惜しみなく公開。東京&全国各地の昭和30年代の人々と風景がカラーで蘇る。

978-4-334-04450-3

1042
科学的に正しい子育て
東大医学部卒ママ医師が伝える
森田麻里子

ママであり医師でもある著者が、医学論文約170本を徹底リサーチして生まれた、いま最も「使える」育児書。世界の最新研究を知るだけで、もう育児に迷わない！ 楽になる！

978-4-334-04452-7

1043
アルゲリッチとポリーニ
ショパン・コンクールが生んだ2人の「怪物」
本間ひろむ

「生きる伝説」2人はどんな人生を歩み、演奏スタイルを追求してきたのか。音楽的事象を軸に綴りながら、20世紀後半から現在までのクラシック音楽史を描き出す。【名盤紹介付き】

978-4-334-04453-4

1044
アイロニーはなぜ伝わるのか?
木原善彦

「言いたいことの逆」を言っているのに、なぜ相手に意図が伝わるのか? 人間が操る修辞の、技術的な結晶であるアイロニーの可能性を、古今東西の文学を通じて探っていく。

978-4-334-04454-1

1045
21世紀落語史
すべては志ん朝の死から始まった
広瀬和生

「志ん朝の死」で幕を開けた21世紀の落語界。その現在に至るまでの出来事を、落語ファンとして客席に足を運び続けた立場から振り返り綴る。「激動の時代」を後世に伝える一冊。

978-4-334-04455-8

1046
中学の知識でオイラーの公式がわかる
鈴木貫太郎

天才の数式は最低限の知識で誰でもわかる。数学0点で再生2200万回超のユーチューバーが保証。動画もあるから迷わない。目指すのは丸暗記ではなく真の理解。予習ナシで今出発!

978-4-334-04456-5

1047
御社の新規事業はなぜ失敗するのか?
企業発イノベーションの科学
田所雅之

「3階建て組織」を実装できれば、日本企業はイノベーティブに生まれ変わる――ベストセラー『起業の科学』の著者が大企業に舞台を移し、新規事業を科学する!

978-4-334-04457-2

1048
首都圏大予測
これから伸びるのはクリエイティブ・サバーブだ！

三浦展

本当に人を集める力のある街はどこか？　首都圏在住者への大規模調査とフィールドワークを通じてわかった、東京郊外の趨勢を忖度なしの徹底予測。

978-4-334-04451-0

1049
体育会系
日本を蝕む病

サンドラ・ヘフェリン

パワハラ・忖度・過労自殺・組体操事故・#KuToo…不合理な同調圧力は学校から始まる。愛する日本が先進国であるために、負の連鎖を破る特効薬を日独ハーフの作家が緊急提言！

978-4-334-04458-9

1050
ONE TEAM（ワンチーム）のスクラム
日本代表はどう強くなったのか？
増補改訂版『スクラム』

松瀬学

2019年の流行語大賞にも輝いた「ONE TEAM」。その象徴はスクラムだ。長谷川慎コーチ、堀江翔太、稲垣啓太、具智元が明かす、フィジカル勝負、心理戦、頭脳戦の攻防。

978-4-334-04460-2

1051
段落論
日本語の「わかりやすさ」の決め手

石黒圭

段落を意識すると、文章力はもちろん、読む力や話す力までも伸ばすことができる――思考をわかりやすく整理してくれる「段落」の可能性を、日本語研究の第一人者が明らかにする。

978-4-334-04461-9

1052
期待値を超える
僕が失敗しながら学んできた仕事の方法

松浦弥太郎

情けない失敗だって、むしろチャンスなんだ。仕事で苦しい思いを抱えていても、自信は取り戻せる。元『暮しの手帖』編集長による、勇気がわいて少しだけ前向きになれる仕事論。

978-4-334-04462-6

1053
女性リーダーが生まれるとき
「一皮むけた経験」に学ぶキャリア形成
野村浩子

女性の思考と行動が社会を変える――。四半世紀にわたって女性リーダーの取材を続けてきた著者が国内外の女性役員にインタビュー。キャリア形成のヒントを探る。【推薦・金井壽宏】

9784-334-04463-3

1054
自己分析論
高橋昌一郎

「私とは何か」は答えのない問いだから、日本の学生が苦しんで当然。就活で便利ツールを使った攻略法から人生における「本当の自分発見」まで。探究を続ける人のための道案内。

978-4-334-04464-0

1055
搾取される研究者たち
産学共同研究の失敗学
山田剛志

突然届いた特許の「権利放棄書」、企業からの無理難題、研究者を守らない大学、心を病む助教、院生、学生……。産学共同研究政策は、研究者のためになっているのか？

978-4-334-04465-7

1056
芸術的創造は脳のどこから産まれるか？
大黒達也

創造性とは何か？　脳科学や計算論、人工知能に関する膨大な論文を通じて、「天からの啓示」とされる閃きのメカニズムを解析。カギは「脳の潜在記憶」にあった。

978-4-334-04466-4

1057
「自分らしく生きて死ぬ」ことがなぜ、難しいのか
行き詰まる「地域包括ケアシステム」の未来
野村晋

何が「地域包括ケア」の実現を不可能にしているのか。現役厚労官僚が柏市や岡山市での実践を基に具体的な行政手法を紹介。自治体や医療・福祉関係者、企業や市民に次の一歩を促す。

978-4-334-04467-1